中等职业学校数控专业教学用书

机械制图及CAD

（第二版）

主　编　张仁英
副主编　胡　胜
参　编　蒋秋莎　刘玉霞
　　　　梁山秀　江德龙

重庆大学出版社

内 容 简 介

本书是中等职业教育数控技术应用系列教材之一，根据2008年教育部修订颁发的《中等职业学校机械制图教学大纲（2008年修订）》，并采用最新国家标准编写，适用于机械类专业。

全书主要内容有制图基本知识，投影基础，立体表面交线的图形表达与识别，组合体的图形表达与识别，机械零件的表达与识别，标准件与常用件的表达与识别，零件图的识读，装配图的识读，用AutoCAD绘制平面图形及三维图形。

本书以介绍看图方法为主，图文结合，通俗易懂，联系生产实际，便于自学和教学。同时该书将制图知识与AtuoCAD绘图知识相结合，以适应不同岗位对人才的需求。因而也可作为岗位培训用书，供相关人员选用。

为方便教学和自学，根据教材内容配有习题集和课件一套，供广大师生选用。配套习题集按项目编制，每个项目有自测题和综合自测题，形式灵活多样，便于教师了解学生掌握知识的情况，也便于学生进行全面复习，巩固学习成果。

图书在版编目（CIP）数据

机械制图及CAD/张仁英主编.—2版.—重庆：重庆大学出版社，2010.8（2021.9重印）
（中等职业学校数控专业教学用书）
ISBN 978-7-5624-3010-0

Ⅰ.机　Ⅱ.张　Ⅲ.①机械制图—专业学校—教材
②机械制图：计算机制图—专业学校—教材　Ⅳ.TH126

中国版本图书馆CIP数据核字（2009）第124098号

中等职业学校数控专业教学用书
机械制图及CAD
（第二版）
主　编　张仁英
副主编　胡　胜
责任编辑：彭　宁　　版式设计：彭　宁
责任校对：夏　宇　　责任印制：张　策
*
重庆大学出版社出版发行
出版人：饶帮华
社址：重庆市沙坪坝区大学城西路21号
邮编：401331
电话：（023）88617190　88617185（中小学）
传真：（023）88617186　88617166
网址：http：//www.cqup.com.cn
邮箱：fxk@cqup.com.cn（营销中心）
全国新华书店经销
POD：重庆新生代彩印技术有限公司
*
开本：787mm×1092mm　1/16　印张：12.75　字数：318千
2007年1月第1版　2010年8月第2版　2021年9月第12次印刷
ISBN 978-7-5624-3010-0　定价：35.00元

第二版前言

本书第一版自2006年出版以来,受到广大师生的欢迎。为了更好地适应职业教育教学改革与发展的需要,我们在听取了一线教师对教材的意见和建议的基础上,根据2008年教育部修订颁发的《中等职业学校机械制图教学大纲(2008年修订)》,对本书第一版进行了修订,并采用最新国家标准进行了修订。

修订后的教材具有职教特色和鲜明的时代特征。教材结构及组织上与学生的认知规律相匹配,与新型教学模式、课程结构相适应。有利于实施具有职业教育特点的行动导向教学方法。教材形式上图文并茂,符合中等职业教育学生的阅读心理与阅读习惯。

本书以制图知识为基础,看图知识为中心内容,力求对照图形阐述看图的方法和步骤,突出以识图为主,读画结合,学以致用的特点。从而使教材更具科学性,系统性,实用性。同时本书收集了最新的国家标准,因此也可以作为教师和工程技术人员的参考用书。

本书每个项目有学习目标、小结、思考题,可供教师教学时参考和学生复习使用,配套习题集按项目编制,每个项目有自测题和综合自测题。根据教材内容配有课件一套,可进入重庆大学出版社教学资源网站,网址:http://www.cqup.com.cn 进行多媒体教学课件下载。

本书共需120~140课时,各章节参考课时见下表:

绪论	0.5课时
项目一　制图基本知识与技能	9.5课时
项目二　投影基础	28课时
项目三　组合体	16课时
项目四　图样画法	18课时
项目五　标准件及常用件规定画法	12课时
项目六　零件图	20课时
项目七　装配图	12课时
机动	10课时

重庆理工大学米林教授担任总主编。本书的立体润饰图由胡胜完成。此外

本书在编写过程中得到了重庆市教育科学院职业教育研究所的大力帮助，得到了同行教师的支持和关注，在此表示衷心感谢。

最后，限于编者的水平，书中的缺点和错误在所难免，恳请读者批评指正，以便使本书得到不断的完善。

编　者
2009年5月

第一版前言

本书是根据教育部“中等职业学校数控技术应用专业领域技术型紧缺人才培养培训指导方案”精神,以面向21世纪中等职业教育的人才需求为出发点,以数控技术及其应用需求为编写思路。本书以制图知识为基础,识图知识为中心内容,力求对照图形阐述识图的方法和步骤,突出以识图为主,读画结合,学以致用的特点。本书在章节编排上改变了一般机械制图教材惯用思维,根据中等职业学校学生的具体情况,对点、线、面方面的理论知识作了大幅度删减,尽量使章节紧凑主线突出(国家标准—组合体—识零件图),从而使教材更具科学性、系统性、实用性。同时本书收集了最新的国家标准,因此也可以作为工程技术人员的参考用书。

本书每章有学习目标、小结、思考题,可供教师教学时参考和学生复习使用,配套习题集有章节测验和综合测试题。本书共需140~160课时,各章节参考课时见下表:

绪论	0.5 课时
第 1 章　制图基本知识	9.5 课时
第 2 章　投影基础	30 课时
第 3 章　立体表面交线的图形表达与识别	6 课时
第 4 章　组合体的图形表达与识别	22 课时
第 5 章　机械零件的表达与识别	28 课时
第 6 章　标准件与常用件的表达与识别	12 课时
第 7 章　零件图	28 课时
第 8 章　装配图	14 课时
机动	10 课时

本书由重庆工学院教授米林审定,书中的立体润饰图由胡胜完成。此外本书在编写过程中得到了重庆市教科院职教所的大力帮助,得到了同行教师的支持和关注,在此表示衷心感谢。

最后,由于时间仓促,书中的缺点和错误在所难免,恳请读者批评指正。

编　者

2006年2月

目　录

绪 论

一、为什么要学习机械制图

在工程技术中,一个零件或一台设备的生产,一般都会经历构思、设计、制造和装配等过程;且构思、设计、制造和装配等环节一般都由不同的工作人员来完成,怎样才能保证整个生产过程的目标统一呢?那就是设计图。因此,设计图就成为了工程质量的保障依据和工程技术的交流语言。如:修建一幢房子需要房屋建筑图,建筑工人按照设计图要求进行施工,就能修建合格的房屋;在工厂里面加工一个零件,工人只有按照零件图的要求进行加工,才能制造出合格零件;中国正在修建的举世瞩目的三峡工程,也是如此。

图样就是根据投影原理、标准或有关规定画出的图,用以正确地表达机械、建筑物、仪器等的形状、结构和大小。图样是现代生产中重要的技术文件,是人们用以表达和交流技术思想的重要工具。图样是工程技术界的语言,如同人类使用的语言一样。

机械制造领域中所使用的图样称为机械图样(如图所示)。本课程就是研究绘制和识读机械图样的原理和方法的一门重要技术基础课。作为一名中等职业学校机械类专业的学生,今后面临的主要工作,应当是机械制造加工生产、机械产品装配以及生产管理等方面工作,因此熟练掌握机械图样的有关知识,是使每位同学成为一个合格机械制造业工作者的必备条件。

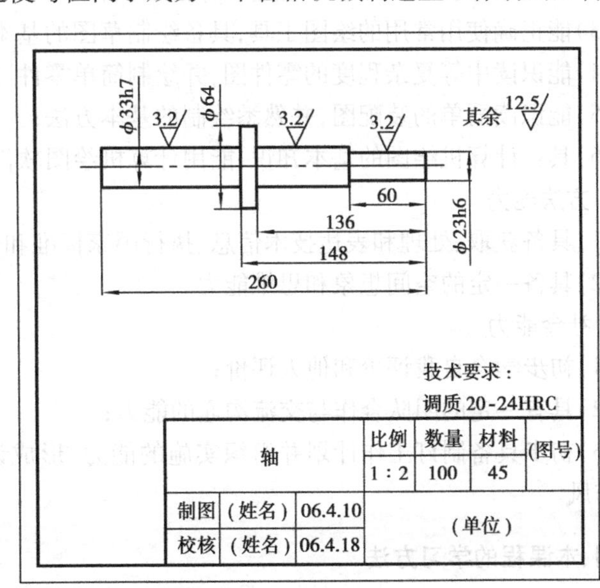

现代科学技术的发展日新月异,在计算机未普及的情况下,大量采用手工绘图,随着计算机的逐渐推广使用,用 AutoCAD 绘图代替了手工绘图,节省了时间,提高了劳动生产率。现在,数控技术在我国迅速普及,无图纸加工已成为机械加工的必然趋势。CAD 与 CAM 的集

成,改变了传统的设计与制造彼此相对分离的状况,使之作为一个整体对产品设计与制造进行规划和开发,实现了信息处理的高度一体化。它具有知识密集、综合性强和效益高等特点,是当前世界上科技领域的前沿课题。目前,数控机床程序的编制一般有三种方法:手工编程、自动编程和CAD/CAM一体化自动编程。常用的做法是用Solidwork、Pro/E造型,用Mastercam编程或用UG、DELCAM、CATIA等集成软件,在同一系统上完成设计与数控编程。随着科学技术的发展,今后还会有许多更新的集成软件。有了程序,我们就可以操作数控机床了。

二、本课程的性质和任务

本课程是中等职业学校机械类专业及相关的其他工程技术类专业(汽修、化工、建材、石油、纺织、农机和轻工等)的一门技术基础课程,是相关职业大类的公共职业平台课程之一。其主要任务是:使学生掌握机械制图的基本知识及其应用,获得读图、绘图能力;提高学生的学习兴趣,培养其分析问题和解决问题的学习能力,形成良好的学习方法,具备继续学习专业技术的能力;在本课程的学习中渗透思想道德素养和职业素养等方面的教育,使学生形成认真负责的工作态度和严谨的工作作风,为今后解决生产实际问题和学生职业生涯的发展奠定基础。

三、本课程的教学目标

通过本课程的学习,学生所获得的综合职业能力,包括专业能力、方法能力和社会能力,具体如下:

1. 专业能力

(1)能执行制图国家标准和相关的行业标准;

(2)能应用正投影法的基本理论和作图方法;

(3)能正确使用常用的绘图工具,具备绘制草图的基本技能;

(4)能识读中等复杂程度的零件图,并绘制简单零件图;

(5)能识读简单的装配图,并熟悉绘制的基本方法;

(6)具备计算机绘图的基本知识,能用计算机绘图软件抄画机械图样。

2. 方法能力

(1)具备获取、处理和表达技术信息、执行国家标准和使用技术资料的能力;

(2)具备一定的空间想象和思维能力。

3. 社会能力

(1)初步学会自我评价和他人评价;

(2)具有一定的团队合作与交流沟通的能力;

(3)初步具备制订工作计划并组织实施的能力;形成认真负责的学习态度和一丝不苟的学习作风。

四、本课程的学习方法

(1)作为中等职业学校中的一名学生,首先要树立"我能行"的思想。只有思想问题解决了,才能在今后的学习中不怕困难,知难而上。

(2)要有细心和耐心的工作作风。对于本课程来说,细心和耐心尤为重要,是能否学好本课程关键的心理因素之一。

(3)本课程的实践性很强,要注意理论与实践相结合。本课程中的图形不可能脱离生活,在生活中不存在的零件我们学习它是没有用的。因此,对于书中的图形我们应想象一下在生活中那里见过,反过来指导我们的学习。

(4)学与练相结合。每堂课后,要认真完成相应的作业,才能使所学知识得到巩固,要“读画结合、以画促读”。

(5)要重视机械制图国家标准的学习。我们在绘制机械图样时,必须严格遵守国家标准的有关规定,否则别人就看不懂;同样在读图时,也要遵循国家标准,这样才能更好地理解图样的内容与相关要求。

项目一　制图基本知识和技能

项目内容

1. 制图国家标准的基本规定。
2. 常用几何图形画法。
3. AutoCAD 的平面图形画法。

项目目的

1. 了解图纸幅面及格式的规定。
2. 理解比例的规定，掌握比例的含义。
3. 了解长仿宋体字、阿拉伯数字和常用字母的规格和写法。
4. 掌握各种图线的型式、主要用途及其画法。
5. 能应用标注尺寸的基本规则，进行常见尺寸的标注与识读。
6. 掌握等分圆周和作正多边形的方法。
7. 了解斜度和锥度的概念，掌握画法及标注。
8. 掌握线段连接的作图原理和方法。
9. 掌握简单平面图形的尺寸和线段分析方法及作图步骤。
10. 了解用 AutoCAD 画平面图形的方法。

项目实施过程

任务一　制图国家标准的基本规定

国家标准《技术制图》和《机械制图》是工程界重要的技术基础标准，它是绘制与识读机械图样的准则和依据，因此，我们必须认真学习和遵守这些规定。我国国家标准（简称"国标"）包括强制性国家标准（代号是"GB"），推荐国家标准（代号是"GB/T"）和国家标准化指导性技术文件（代号是"GB/Z"）"G"是"国家"一词汉语拼音的第一个字母，B 是"标准"一词汉语拼音的第一个字母。例如标准编号 GB/T 4458.4—2003，其中"GB/T"表示推荐性国标，"4458.4"为顺序号，"2003"是该标准发布的年号。

一、图纸幅面及格式（GB/T 14689—2008）

1. 图纸幅面

为了合理利用图纸并便于管理，国家标准对图纸幅面做出了相应的规定，绘图时应优先选用表 1.1 中国家标准规定的基本幅面尺寸。

表 1.1　图纸幅面尺寸　　单位:mm

幅面代号	A0	A1	A2	A3	A4
$B \times L$	841 × 1 189	594 × 841	420 × 594	297 × 420	210 × 297
e	20		10		
c	10			5	
a	25				

2. 图框格式

在图纸上必须用粗实线画出图框,不留装订边的图纸,其图框格式如图 1.1 所示。留装订边的图纸,其装订边宽度一律为 25 mm,其他三边一致,其图框格式如图 1.2 所示。一般 A0、A1、A2、A3 图纸采用横装,A4 及 A4 以后的图纸采用竖装。

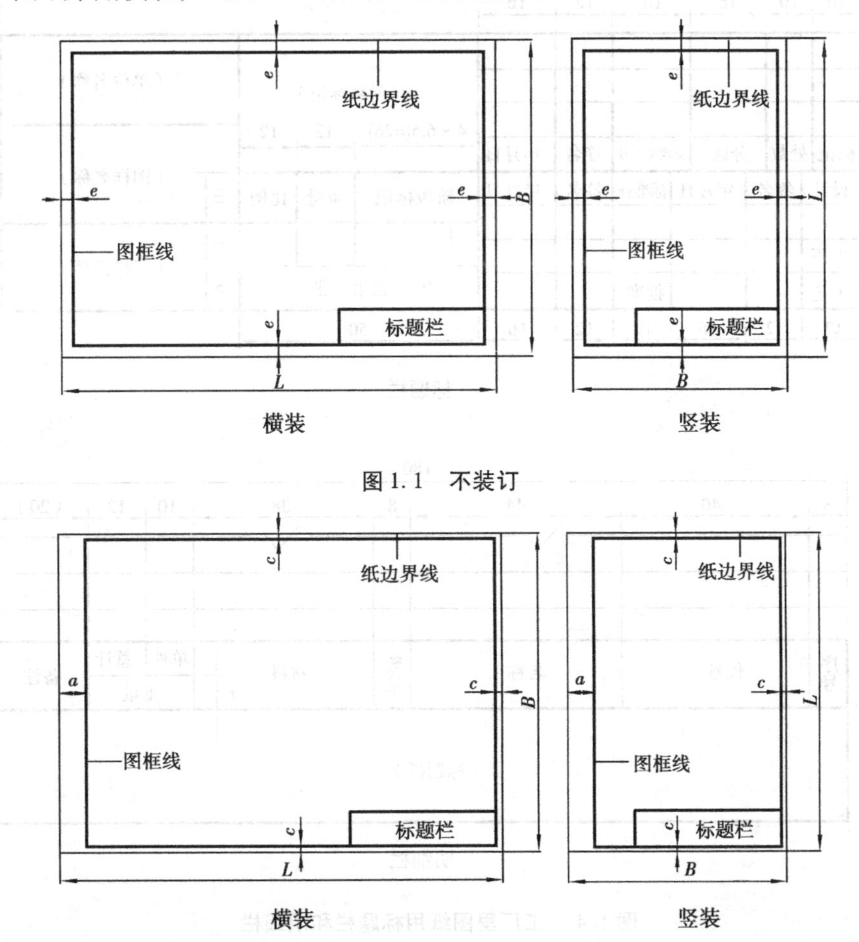

图 1.1　不装订

图 1.2　装订

3. 标题栏和明细栏(GB/T 10609.1—2008)

国家标准《技术制图》对标题栏和明细栏作了明确规定,图框右下角必须有一标题栏。学校中学生常用标题栏和明细栏如图 1.3 所示,工厂里常用标题栏和明细栏如图 1.4 所示。

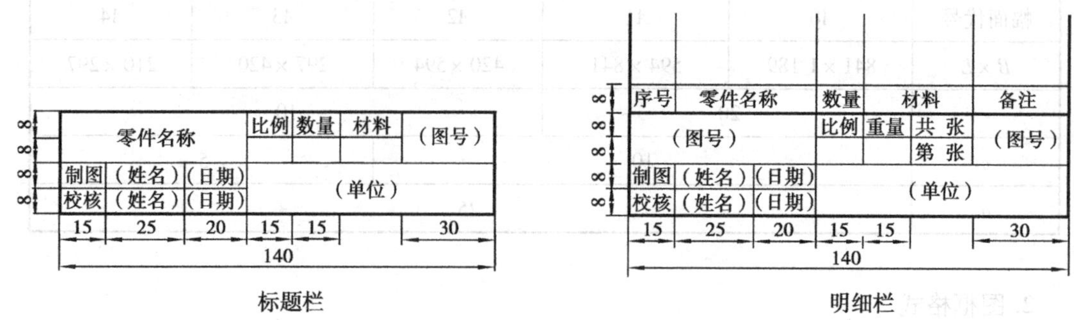

图 1.3　学生练习用标题栏和明细栏

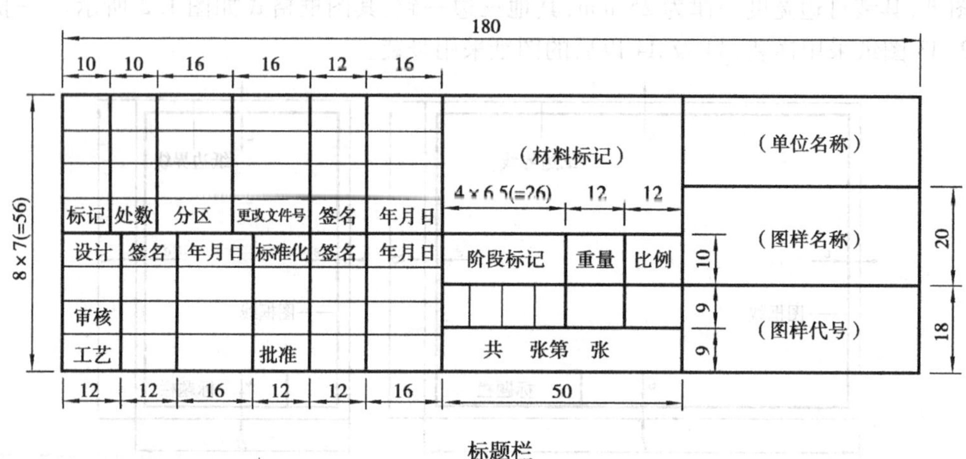

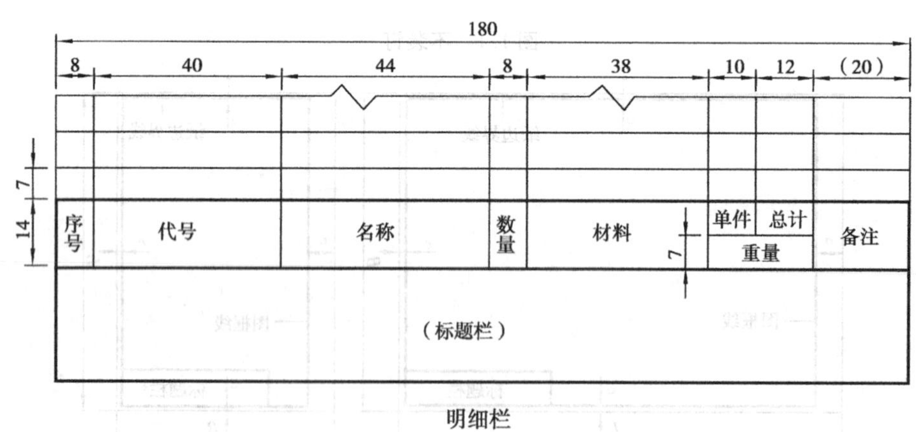

图 1.4　工厂里图纸用标题栏和明细栏

二、比例(GB/T 14690—1993)

零件图一般按照实物的大小画出,但当零件太大或由于复杂程度等原因,图形应分别采用缩小或放大的方法画出。图中图形与实物相应要素的线性尺寸之比称为比例。

1. 比例分类

(1)原值比例 比例为 1 的比例,如 1∶1。

(2)放大比例 比例大于 1 的比例,如 2∶1 等。

(3)缩小比例 比例小于 1 的比例,如 1∶2 等。

2. 选择比例的原则

(1)当表达对象的形状复杂程度和尺寸适中时,一般采用原值比例 1∶1 绘制。

(2)当表达对象的尺寸较大时采用缩小比例,但要保证复杂部位清晰可读。

(3)当表达对象的尺寸较小时采用放大比例,使各部位清晰可读。

(4)尽量优先选用表 1.2 中的比例,必要时允许选用表 1.3 中的比例。

(5)选择比例时,应结合幅面尺寸选择,综合考虑其最佳表达效果和图面的审美价值。

表 1.2 优先选用的比例

种 类	比 例
原值比例	1∶1
放大比例	5∶1 2∶1 5×10^n∶1 2×10^n∶1 1×10^n∶1
缩小比例	1∶2 1∶5 1∶10 1∶2×10^n 1∶5×10^n 1∶1×10^n

注:n 为正整数

表 1.3 允许用的比例

种 类	比 例
放大比例	4∶1 2.5∶1 4×10^n∶1 2.5×10^n∶1
缩小比例	1∶1.5 1∶2.5 1∶3 1∶4 1∶6 1∶1.5×10^n 1∶2.5×10^n 1∶3×10^n 1∶4×10^n 1∶6×10^n

注:n 为正整数

提示:不管采用什么比例画图,图上尺寸仍然要按零件的实际尺寸标注。

三、字体(GB/T 14691—1993)

在图样和技术文件上书写字体都必须做到字体工整、笔画清楚、间隔均匀、排列整齐。

1. 字高

字体的号数即字体的高度(用 h 表示)必须符合规范,其高度系列分为 1.8、2.5、3.5、5、7、10、14、20(单位为 mm)。如 10 号字,它的字高为 10 mm。字体的宽度一般是字体高度的 2/3 左右。

2. 汉字

汉字应写成长仿宋体,并应采用中华人民共和国国务院正式公布推行的《汉字简化方案》中规定的简化字,汉字的高度不应小于 3.5 mm。

提示:在同一图样上,只允许选用一种型式的字体。

四、图线(GB/T 17450—1998、GB/T 4457.4—2002)

1. 机械图样中最常用的线型及其应用

物体的形状在图样上是用各种不同的图线画成的。为了使图线清晰和便于识图,国家标准对图线做了规定。绘制图样时,应采用表 1.4 中规定的图线。

表 1.4 机械图样中最常用的线型及其应用

图线名称	图线型式	图线宽度	一般应用
粗实线	——————	d	可见轮廓线、剖切符号用线
细实线	——————	$d/2$	尺寸线、尺寸界线、剖面线
波浪线	～	$d/2$	断裂处的边界线 视图和剖视的分界线
虚线	- - - - - - - -	$d/2$	不可见轮廓线
细点画线	——·——	$d/2$	轴线、对称中心线
粗点画线	——·——	d	有特殊要求的线或表面的表示线
双点画线	——··——	$d/2$	中断线、假想投影轮廓线

绘制机械图样的图线分粗、细两种。粗线的宽度 d 应按图样的类型和尺寸大小在 0.5 ~ 2 mm选择,细线的宽度为 $d/2$。

图线宽度的系列为 0.13、0.18、0.25、0.35、0.5、0.7、1、1.4、2 mm。

最常用的线型及其部分应用如图 1.5 所示。

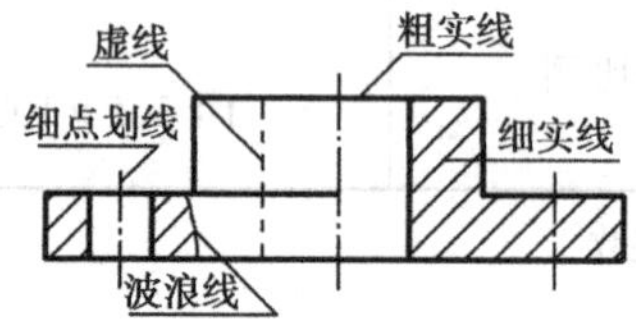

图 1.5 常用的线型及应用

2. 绘制图线的注意事项

(1)虚线以及各种点画线相交或与实线相交时应恰当地相交于画,而不应相交于点或间隙。

(2)虚线为粗实线的延长线时,不得以短画相接,应留有空隙,以表示两种图线的分界。点画线、双点画线、虚线与其他图线接头时都应交在画线处,如图 1.6 所示。

(3)画圆时圆心应以线相交,中心线应超出圆周约 5 mm。如图 1.7(a)所示。

(4)较小的圆其中心线可用细实线代替,中心线超出圆周约 3 mm。如图 1.7(b)所示。

(5)当两种或两种以上图线重叠时,应按以下顺序优先画出所需的图线:

可见轮廓线→不可见轮廓线→轴线和对称中心线→双点画线。

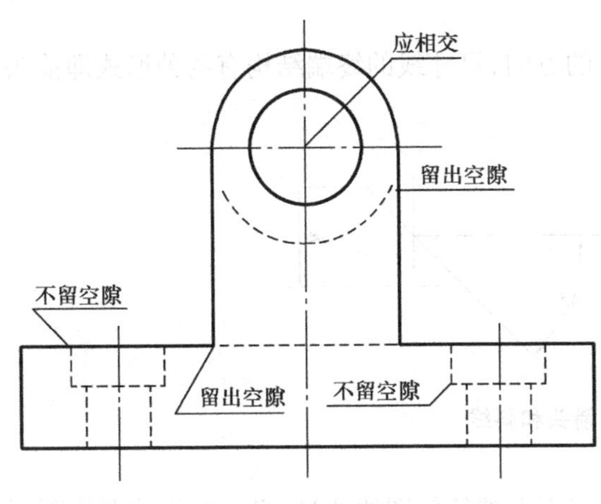

图 1.6　接头处的画法

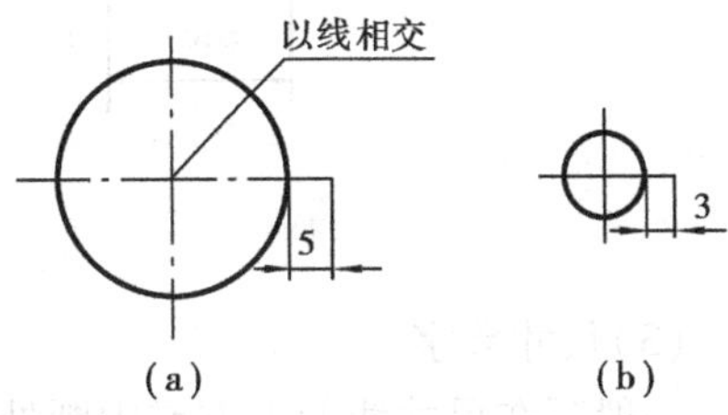

图 1.7　中心线画法

五、尺寸标注法(GB/T 4458.4—2003、GB/T 16675.2—1996)

图形只能表达机件的结构形状,而机件的真实大小则由所标注的尺寸来确定,它是零件制造的直接依据,也是图样中指令性最强的部分。国家标准《机械制图　尺寸注法》(GB/T 4458.4—2003)和《技术制图　简化表示法第二部分:尺寸注法》(GB/T 16675.2—1996)对尺寸注法作了详细规定,这里只介绍其中的一些基本内容。

1. 标注尺寸的基本规则

(1)零件的真实大小以图样上的尺寸数值为依据,与图形大小及绘图的准确度无关。

(2)图样中的尺寸以毫米(mm)为单位时,不需注明计量单位符号或名称(表面粗糙度值以微米(μm)为单位)。

(3)每个尺寸只标注一次,并注在反映该部分最清晰的图形上。

(4)标注尺寸时,应尽可能使用符号或缩写词。常用的符号和缩写词见表 1.5。

表 1.5　常用的符号和缩写词(GB/T 16675.2—1996)

名　称	符号或缩写词	名　称	符号或缩写词
直径	Φ	厚度	t
半径	R	正方形	□
球直径	$S\Phi$	45°倒角	C
球半径	SR	深度	↧
弧长	⌒	沉孔或锪孔	⊔
均布	EQS	埋头孔	∨

2. 尺寸的组成(尺寸的三要素)

(1)尺寸界线

用细实线绘制,由图形的轮廓线、轴线或对称中心线引出,一般与尺寸线垂直,并超出尺寸线终端 3 ~ 5 mm。

(2)尺寸线

尺寸线用细实线绘制,用以表示所注尺寸的方向,尺寸线的终端结构有两种形式即箭头和斜线,如图1.8所示。

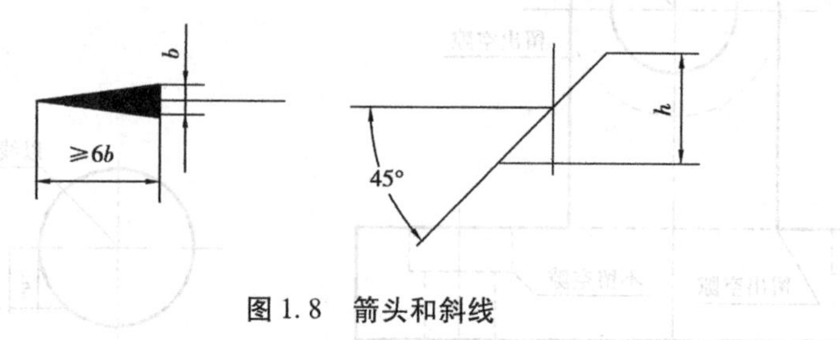

图1.8 箭头和斜线

(3)尺寸数字

一般写在尺寸线的上方或中断处,尺寸数字不得被任何图线通过,必要时将该图线断开。

提示:一个标注完整的尺寸应标注出尺寸数字、尺寸线和尺寸界线。尺寸数字表示尺寸的大小,尺寸线表示尺寸的方向,而尺寸界线则表示尺寸的范围,如图1.9所示标注。

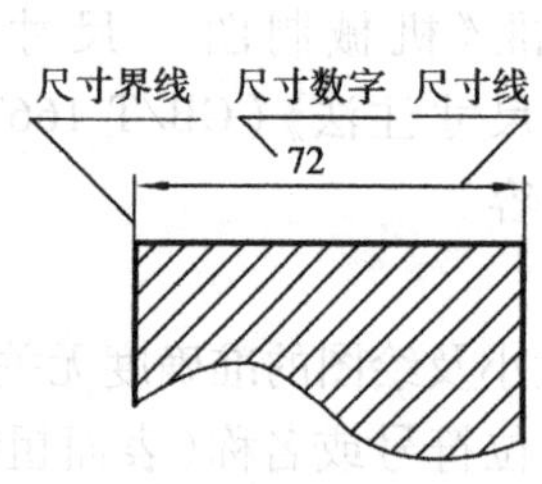

图1.9 尺寸的组成

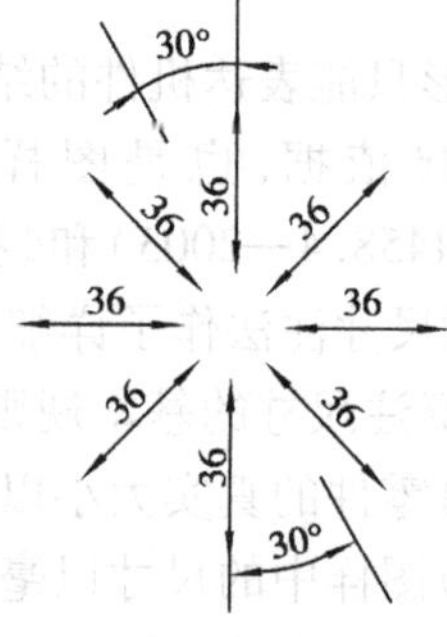

图1.10 线性尺寸数字的注写方向

3. 常见尺寸的标注方法

(1)线性尺寸标注

线性尺寸的数字一般应注写在尺寸线的上方或左方,亦可注在尺寸线的中断处。数字的注写方向,如图1.10所示,并尽可能避免在图示30°范围内标注尺寸,当无法避免时可引出标注。

(2)角度尺寸标注

尺寸界线沿径向引出,尺寸线画成圆弧,标注角度时,角度的数字一律写成水平方向,一般注写在尺寸线的中断处,必要时也可按图1.11形式标注。

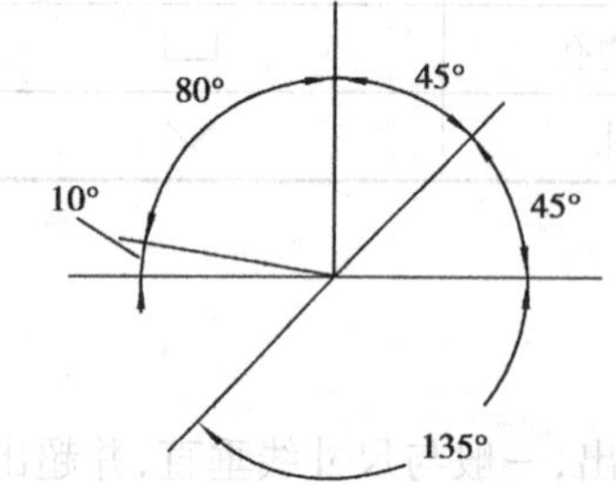

图1.11 角度尺寸数字的注写

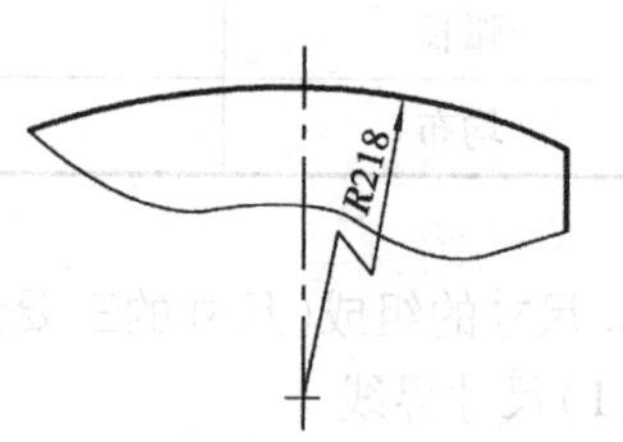

图1.12 圆弧半径的尺寸注法

(3)圆、圆弧和球面的尺寸标注

标注圆及圆弧的尺寸时,一般可将轮廓线作为尺寸界线,尺寸线或其延长线要通过圆心,并在直径尺寸数字前加注 Φ,半径尺寸数字前加注 R。

当圆弧的半径过大或在图纸范围内无法标出其圆心位置时,可将圆心移在近处示出,将半径的尺寸线画成折线,如图1.12所示。

球面在标注尺寸时,应在"Φ 或 R"前加"S",如图 1.13 所示。对于铆钉的头部等零件,在不致引起误解的情况下可省略符号"S",如图 1.14 所示。

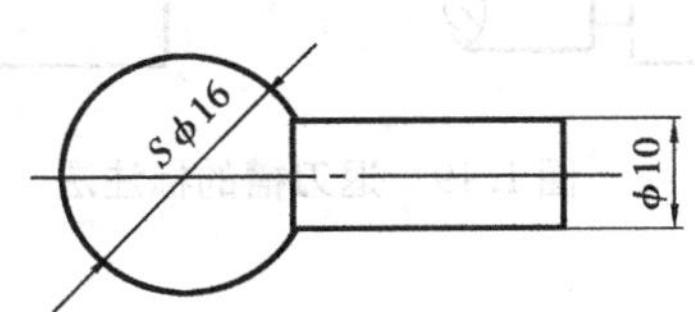

图 1.13　球体的尺寸标注

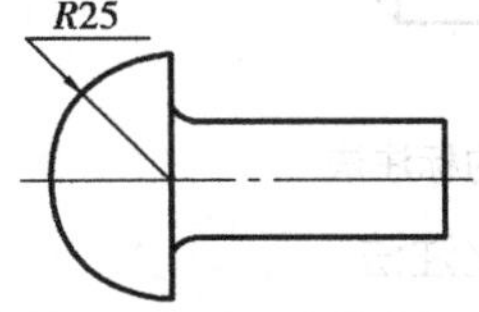

图 1.14　铆钉头部的尺寸标注

(4)小尺寸的尺寸标注

在图样上进行尺寸标注时,如果没有足够的位置画箭头或注写数字时,可按图 1.15 形式标注。

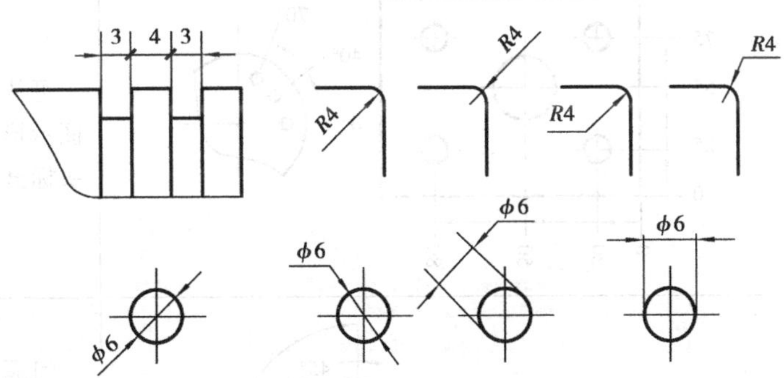

图 1.15　小尺寸的尺寸注法

4. 其他形式的尺寸标注方法

(1)圆弧的长度

标注弧长时,应在尺寸数字左方加注符号"⌒",如图1.16所示。

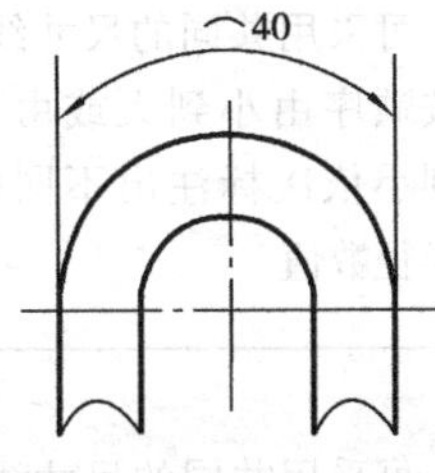

图 1.16　弧长的尺寸标注法

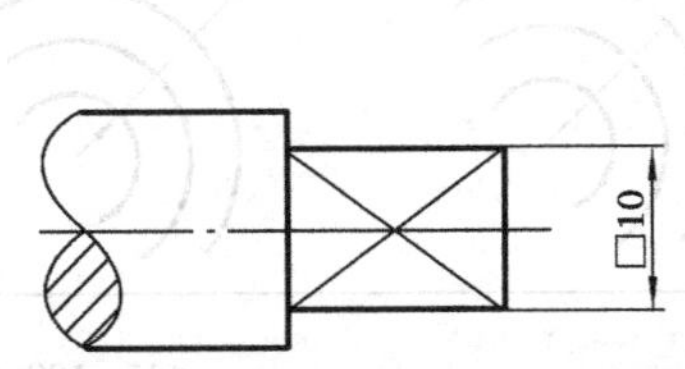

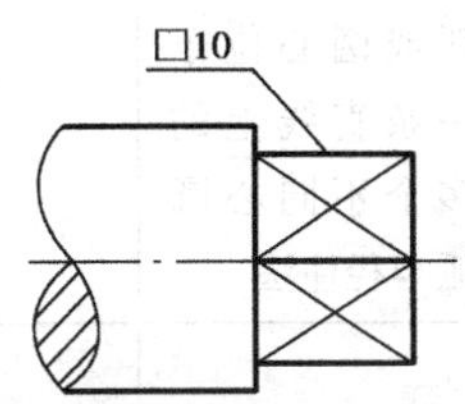

图 1.17　正方形结构的尺寸标注法

(2)正方形结构的尺寸标注法

标注断面为正方形结构的尺寸时,可在正方形边长尺寸数字前加注符号"□"(符号"□"是一种图形符号,表示正方形),如图 1.17 所示。

(3)45°倒角

图 1.18 中的 C 表示 45°倒角,"3"为倒角的宽度。

(4)退刀槽

图 1.19 中的退刀槽可用槽宽×直径或槽宽×槽深表示。

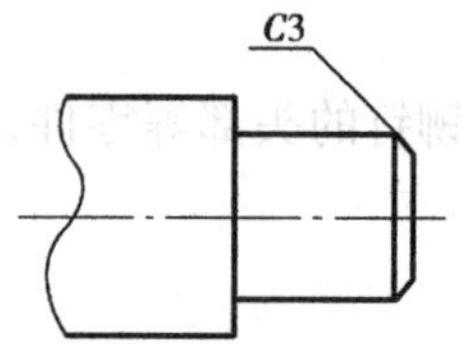

图 1.18　倒角的标注法

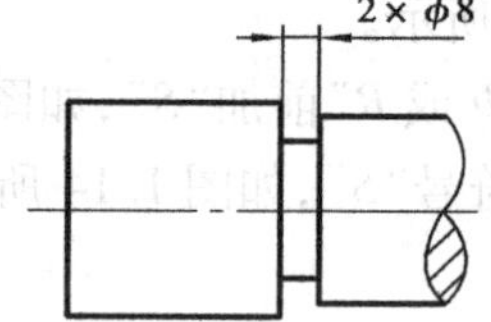

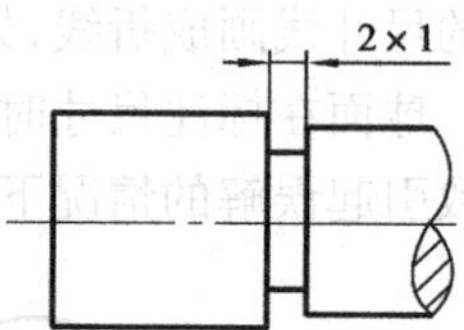

图 1.19　退刀槽的标注法

5. 尺寸简化注法

国家标准技术制图(GB/T 16675.2—1996)规定了尺寸的简化注法,现摘录介绍一部分如表 1.6 所示。

表 1.6　尺寸简化注法

简化注法内容	简化图例	说　明
从同一基准出发的尺寸简化注法	75　55　25　0　0　20　50　80　70°　40°　0°	可从基准点 0 出发按图示形式连续用单向箭头标出
链式尺寸注法	28　28×3(=84)　45°　3×45°　(=135°)	间隔相等的链式尺寸可简化成图示方法标注,但在总尺寸处必须加圆括弧
一组同心圆弧或圆心位于一条直线上的多个不同心圆弧半径注法	R15, R10, R6　R6, R10, R15	可采用共同的尺寸线,按顺序由小到大或由大到小依次标注出不同的半径数值
同心圆或同轴台阶孔注法	Φ30, Φ40, Φ70　Φ15, Φ20, Φ25	可采用共同的尺寸线,按顺序由小到大依次标注出不同的直径数值

续表

简化注法内容	简化图例	说　明
台阶轴直径注法	φ φ φ φ	可采用带箭头的指引线
均匀分布的成组要素注法	8×φ8 EQS	可只在一个要素上标注其尺寸和数量。注写“均布”缩写词“EQS”
圆锥销孔注法	锥销孔 φ4 配作 2×锥销孔 φ3 配作	圆锥销孔均采用旁注法，所注直径是指配用的圆锥销的公称直径
采用指引线标注尺寸	16×φ2.5　φ120　φ100　φ70	标注圆的直径尺寸时，可采用不带箭头的指引线

任务二　常用几何图形画法

我们在画平面图形的时候，有时需要对线段或者圆进行等分，或作具有一定斜度或者锥度的线，可能还需作圆弧连接。下面就线段和圆的等分、斜度和锥度的画法以及圆弧连接分别进行讲述。

一、等分圆周和作正多边形

1. 线段的等分

分已知线段 AB 成 7 等分，作图步骤如下：

①如图 1.20(a)所示，过端点 A 作任一直线 AC，用圆规以相等的距离在 AC 上量得 1、2、3、4、5、6、7 七个等分点。

②连接 $7B$，过 1、2、3、4、5、6 分别作线段 $7B$ 的平行线，与线段 AB 相交即得 7 等分的各点

1′、2′、3′、4′、5′、6′。如图 1.20(b)所示。

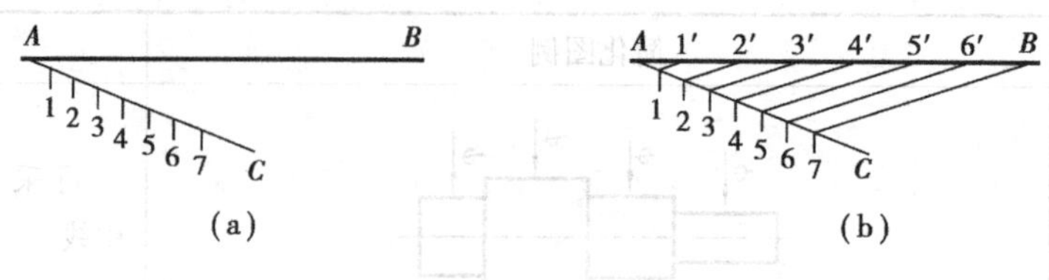

图 1.20　七等分线段

2. 圆周的等分

如图 1.21 所示,分已知圆成 7 等分,作图步骤如下:

①将直径 AB 分成 7 等分(若作 n 边形,可分成 n 等分)。

②以 B 为圆心,AB 为半径,画弧交 CD 延长线于 M 点和 N 点。

③自点 M 和 N 与直径上奇数点(或偶数点)连线,延长至圆周,即得各等分点 1、2、3、4、5、6、7。

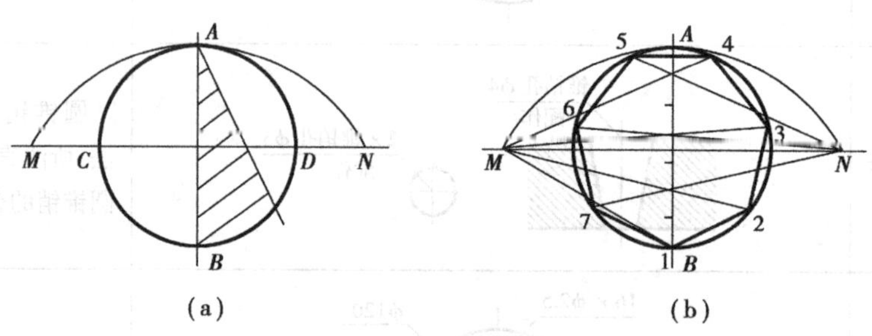

图 1.21　圆的七等分

3. 作正多边形

当把一个圆分成 n 等分后,即可作出圆的内接正 n 边形,本书不再赘述。

二、斜度和锥度的画法

斜度和锥度结构在机器当中广泛采用,如图 1.22 所示。如普通楔键表面有 1∶100 的斜度,键的上、下两面是工作面,装配时需打入,靠楔紧作用传递转矩。车床采用一夹一顶式或两顶式装夹的时候,前、后顶尖均采用了有一定锥度的结构,常用莫氏圆锥的锥度如表 1.7 所示。因此,学习这部分内容有很强的现实意义。

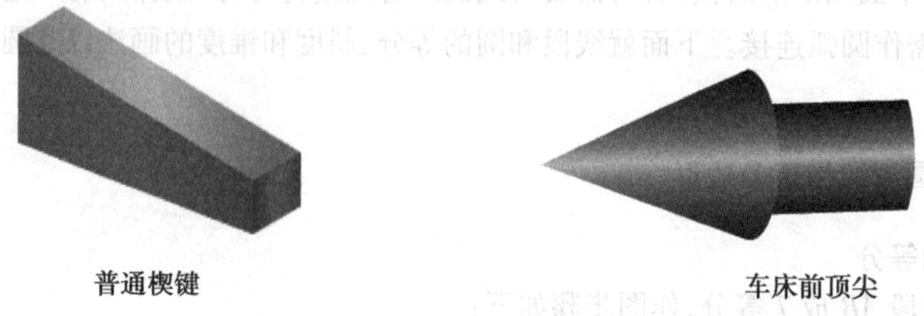

图 1.22　斜度和锥度的应用

表 1.7　常用莫氏圆锥的锥度

号　数	锥　度	号　数	锥　度
0	1∶19.212	4	1∶19.254
1	1∶20.048	5	1∶19.002
2	1∶20.020	6	1∶19.180
3	1∶19.922		

1. 斜度的概念

斜度是指一直线（或平面）相对于另一直线（或平面）的倾斜程度，其大小用该两直线（或平面）间夹角的正切值来表示。通常在图样中把比值化成 1∶n 的形式。

2. 斜度的画法

如图 1.23 所示 1∶6 的斜度，作图步骤如下：

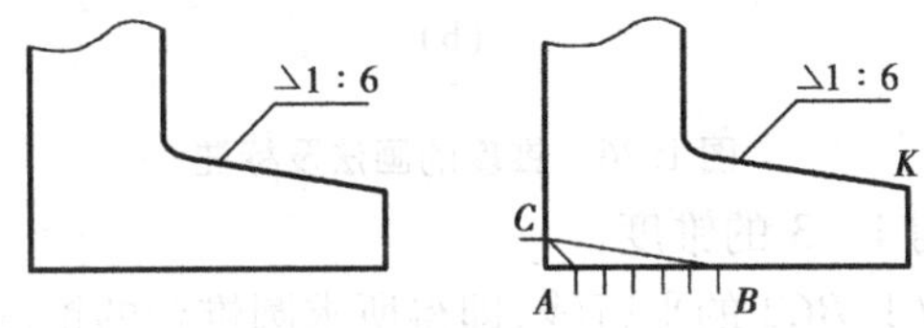

图 1.23　斜度的画法

①自点 A 在水平线上任取六等份，得到点 B。

②自点 A 在 AB 的垂线上取相同的一个等份得点 C。

③连接 BC 即得 1∶6 的斜度。

④过点 K 作 BC 的平行线，即得 1∶6 的斜度线。

3. 斜度的标注

标注斜度时，斜度符号的画法如图 1.24（a）所示。斜度符号的方向应与斜度的方向一致，如图 1.24（b）所示。

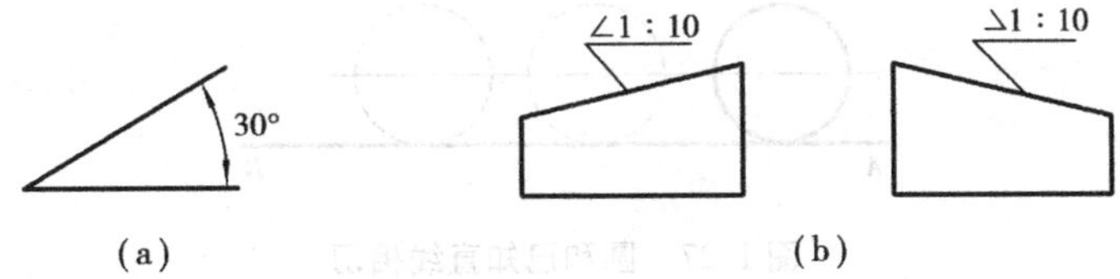

图 1.24　斜度的标注

4. 锥度的概念

锥度是指正圆锥体底圆直径与锥高之比。如果是圆锥台，则为上、下底圆直径之差与圆锥台高度之比，如图 1.25 所示。锥度在图样上也以 1∶n 的简化形式表示。

5. 锥度的画法

如图 1.26（b）所示物体的右半部分是一个锥度为1∶3的圆锥台，其作图方法如下：

①由点 A 沿轴线向右取三等份得点 B。

②由点 A 沿垂线向上和向下分别取 1/2 个等份，得 $C1$ 点和 $C2$ 点。

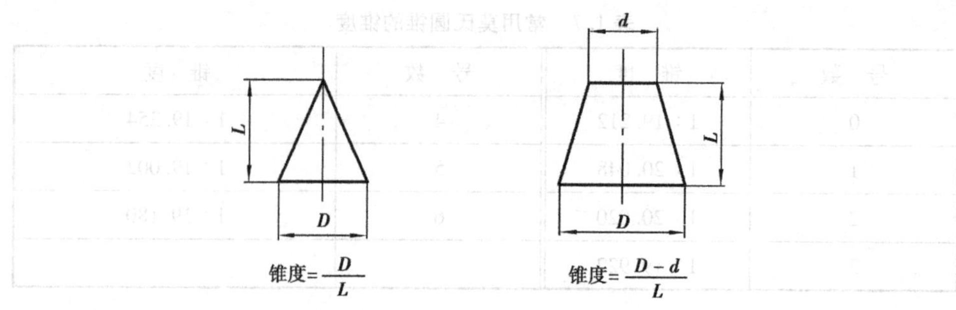

图 1.25　锥度

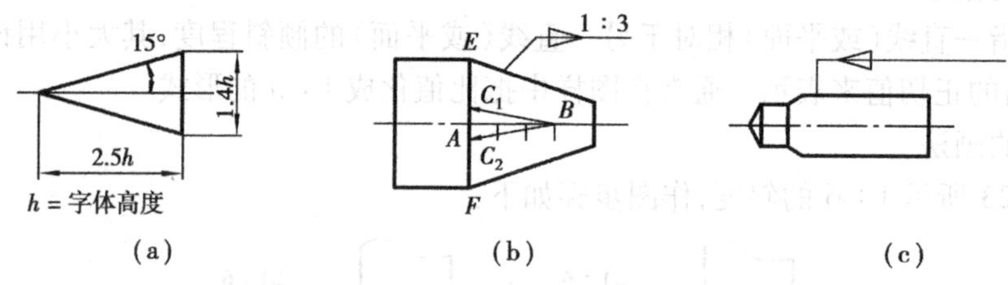

图 1.26　锥度的画法及标注

③连接 $BC1$、$BC2$，即得 1∶3 的锥度。

④过点 E、F 分别作 $BC1$、$BC2$ 的平行线，即得所求圆锥台的锥度线。

6. 锥度的标注

图形符号的画法如图 1.26(a)所示，锥度符号的方向应与圆锥方向相一致，如图 1.26(b)、(c)所示。

三、圆弧连接

圆弧连接有以下 3 种基本情况：

1. 作圆和已知直线相切

作一圆和已知直线 AB 相切，其圆心的轨迹在如图 1.27 所示的点画线上。

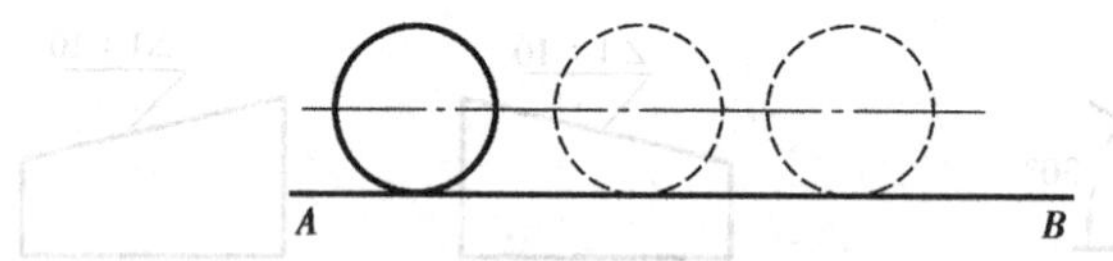

图 1.27　圆和已知直线相切

2. 作圆和已知圆相外切

作一圆和已知圆相外切，其圆心的轨迹在如图1.28所示的点画线圆上(点画线圆的半径为已知圆和外切圆的半径之和)。

3. 作圆和已知圆相内切

作一圆和已知圆相内切，其圆心的轨迹在如图 1.29 所示的点画线圆上(点画线圆的半径为已知圆和内切圆的半径之差)。

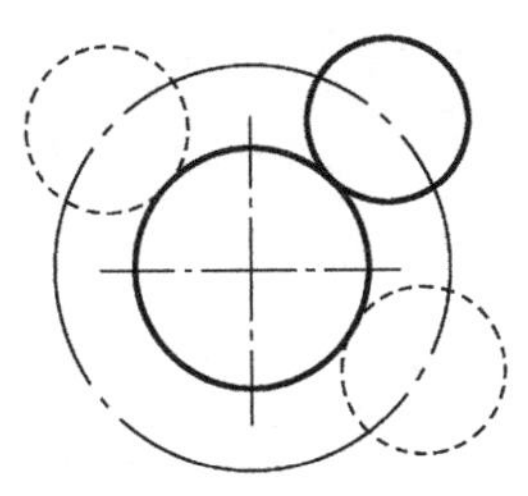

图 1.28　作圆和已知圆相外切

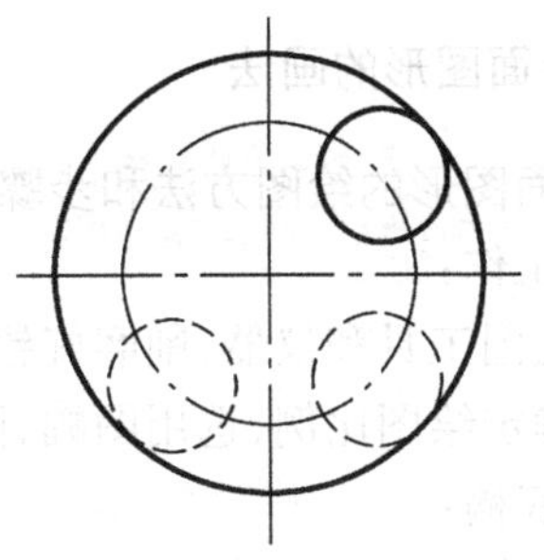

图 1.29　作圆和已知圆相内切

以上圆弧连接 3 种情况应在今后的圆弧连接中灵活应用。各种圆弧连接及作图步骤如表 1.8 所示。

表 1.8　各种圆弧连接及作图步骤

	已知条件	作图方法和步骤		
		求连接圆弧圆心	求切点	画连接弧
两直线间的圆弧连接	R C D A B	C R O R D A B	C O 切点F D A 切点E B	C O F R E B
两圆弧间的圆弧连接	R_1 R_2 O_1 O_2 R	O_1 O_2 O $R-R_1$ $R-R_2$	切点A 切点B O_1 O_2 O	R O_1 O_2 O
	R_1 R_2 O_1 O_2 R	O_1 O_2 $R+R_1$ $R+R_2$	O_1 O_2 A B O	O_1 O_2 A B R O

四、平面图形的画法

1. 平面图形的绘图方法和步骤

准备工作：

(1)绘图工具和仪器，削磨好铅笔及圆规上的铅芯。

(2)确定绘图比例，选用图幅，固定图纸。

绘制底稿：

(3)画底图时用2H铅笔。

(4)先画边框线，标题栏，后画图形。

(5)画图形时，应在图面上合理、均匀地布图，先画轴线或对称中心线，再画主要轮廓线，然后画细节部分。

铅笔描深底稿：

(6)要求：线型正确，粗细分明，连接光滑，图面整洁。

(7)加深粗实线用2B铅笔，写字、箭头用HB铅笔，加深虚线及细线用H铅笔。

(8)铅笔加深的一般步骤：

A. 整理所有的虚线、点画线、细实线；标注尺寸；

B. 加深所有粗实线的圆和圆弧；

C. 从图的上方开始依次向下加深水平方向粗实线，再从图的左方开始依次向右加深所有铅垂方向的粗实线，从图的右上方开始画出所有倾斜方向的粗实线；

D. 加深图框线和标题栏；

E. 写注解和填写标题栏；

F. 检查全图，如发现错误，立即纠正。

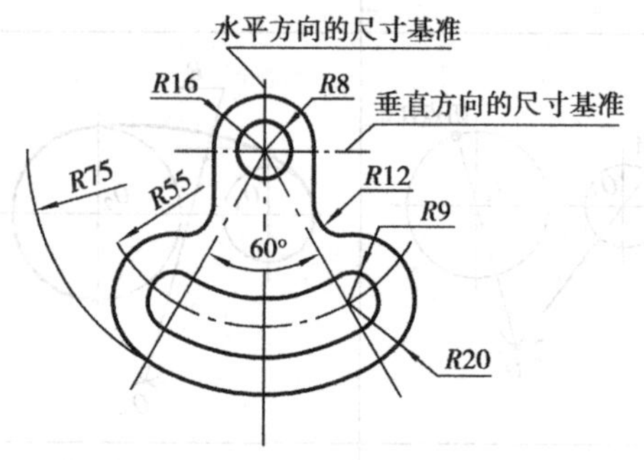

图1.30　连接垫片

2. 平面图形的绘图举例

画出图1.30所示平面图形。

作图步骤：

(1)尺寸分析

平面图形中的尺寸，根据所起的作用不同，分为定形尺寸和定位尺寸两类。而在标注和分析尺寸时，首先必须确定基准。

①基准

所谓基准就是标注尺寸的起点。平面图形的尺寸有水平和垂直两个方向，因而就有水平和垂直两个方向的基准。一般的平面图形常用对称中心线、主要的垂直或水平轮廓直线、较大的圆的中心线等为基准线。

②定形尺寸

凡确定图形中各部分几何形状大小的尺寸，称为定形尺寸。在图1.30中，*R*8确定小圆的大小；*R*16、*R*12、*R*9、*R*20和*R*75确定圆弧半径的大小；这些尺寸都是定形尺寸。

③定位尺寸

凡确定图形中各个组成部分与基准之间相对位置的尺寸，称为定位尺寸。在图1.30中，

R55 和 60°为定位尺寸。

分析尺寸时，常会见到同一尺寸既是定形尺寸又是定位尺寸。图中 R75 既是定形尺寸又是定位尺寸。

(2)线段分析

平面图形中的线段按所给的尺寸齐全与否可分为三类：已知线段、中间线段和连接线段。下面就圆弧的连接情况进行线段分析。

①已知弧

凡具有完整的定形和定位尺寸，能直接画出的圆弧，称为已知弧。在图 1.30 中，R8、R16、R9、R20 、R55、R75 为已知弧。

②中间弧

仅知道圆弧的定形尺寸和圆心的一个定位尺寸，需借助与其一端相切的已知线段，求出圆心的另一个定位尺寸，然后才能画出的圆弧，称为中间弧。在图 1.30 中，R(55 +9)和 R(55 -9)是中间弧。

③连接弧

只有定形尺寸而无定位尺寸，需借助与其两端相切的线段方能求出圆心而画出的圆弧，称为连接弧。在图 1.30 中，R12 是连接弧。

(3)画平面图形步骤

根据上述分析，画平面图形时，必须首先进行尺寸分析和线段分析，按先画已知线段，再画中间线段和连接线段的顺序依次进行，才能顺利进行制图。图 1.30 所示连接垫片的平面图形，应按下列步骤进行：

①画出基准线，并根据定位尺寸画出定位线，如图 1.31(a)所示。

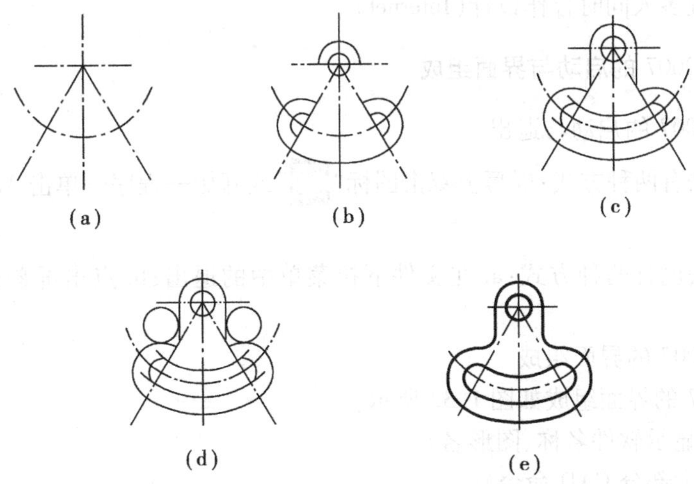

图 1.31 画平面图形的步骤

②画出已知线段，如图 1.31(b)所示。

③画出中间线段，如图 1.31(c)所示。

④画出连接线段，如图 1.31(d)所示。

⑤检查并加深，如图 1.31(e)所示。

任务三 AutoCAD 的平面图形画法

一、AutoCAD 简介

(Cumpuer Aid Design)就是计算机辅助设计,AutoCAD 是由美国 Autodesk 公司于 20 世纪 80 年代初为微机上应用 CAD 技术而开发的绘图程序软件包,经过不断的完善,现已成为国际上广为流行的工程制图工具。AutoCAD 可以方便地绘制二维图形或帮助三维图形建模,如今它已经在航空航天、造船、建筑、机械、电子、化工、美工、轻纺等很多领域得到了广泛应用。并取得了丰硕的成果和巨大的经济效益。AutoCAD 具有良好的用户界面,通过交互菜单或命令行方式便可以进行各种操作。它的多文档设计环境,让非计算机专业人员也能很快地学会使用。在不断实践的过程中更好地掌握它的各种应用和开发技巧,从而不断提高工作效率。AutoCAD 具有广泛的适应性,它可以在各种操作系统支持的微型计算机和工作站上运行,并支持分辨率由 320 ×200 到 2 048 ×1 024 的各种图形显示设备 40 多种,以及数字仪和鼠标器 30 多种,绘图仪和打印机数十种,这就为 AutoCAD 的普及创造了条件。CAD 现已发展成为功能完善的绘图和设计系统,使用上更加人性化。对比手工绘图,计算机绘图具有如下特点:

(1)精确、美观。

(2)速度快、效率高。

(3)易于修改和更新。

(4)易于传送和保存。

(5)无纸操作。

(6)可以实现多人同时合作设计(Internet)。

二、AutoCAD2007 的启动与界面组成

1. AutoCAD2007 的启动与退出

(1)启动方法有两种方式:屏幕上双击图标“”或开始—程序—单击 AutoCAD2007 中文版。

(2)退出方法也有两种方式:a. 在文件下拉菜单中的退出;b. 点击屏幕最右上角的退出按钮。

2. AutoCAD2007 的界面组成

AutoCAD2007 的界面组成如图 1.32 所示。

(1)标题栏(显示软件名称、图形名)

(2)菜单栏(大部分 CAD 命令)

(3)“标准”工具栏

(4)“对象特性” 工具栏

(5)“绘图” 工具栏

(6)“修改” 工具栏

(7)绘图窗口

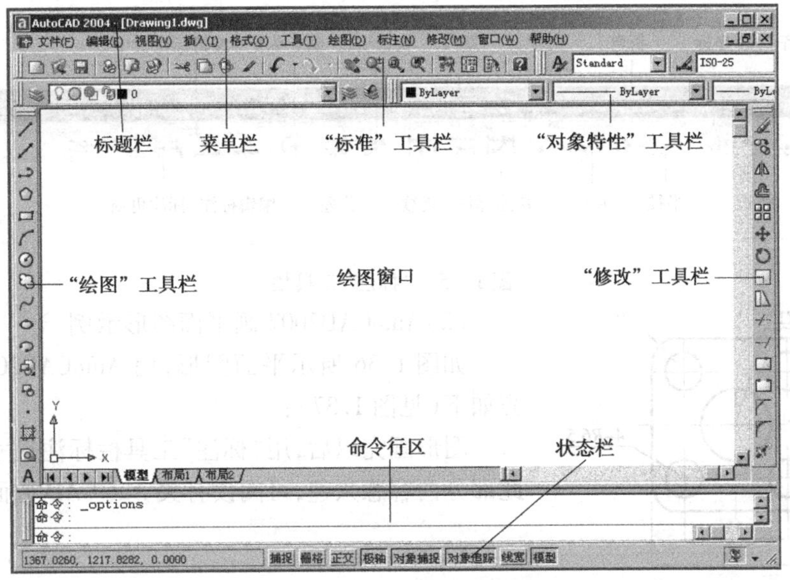

图 1.32　AutoCAD2007 窗口

(8)命令行区

(9)状态栏

3. AutoCAD2007 的平面图形画法

(1)AutoCAD2007 画平面图形时,主要用到以下 3 个工具栏

1)AutoCAD2007"绘图"工具栏,用于图形的基本绘制,其组成如下图 1.33 所示。

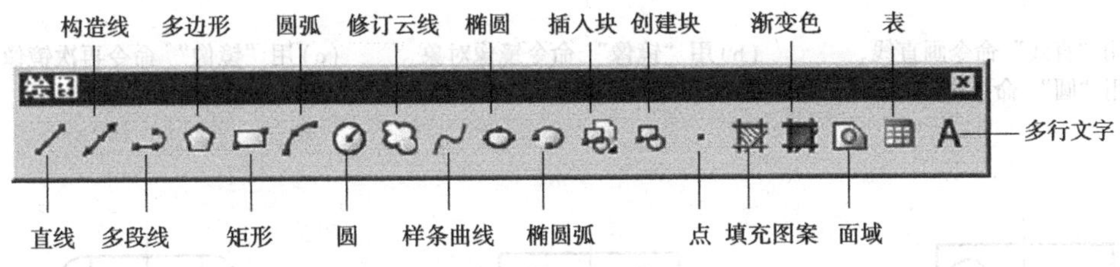

图 1.33　"绘图"工具栏

2)AutoCAD2007"修改"工具栏,用于绘制图形的修改,其组成如下图 1.34 所示。

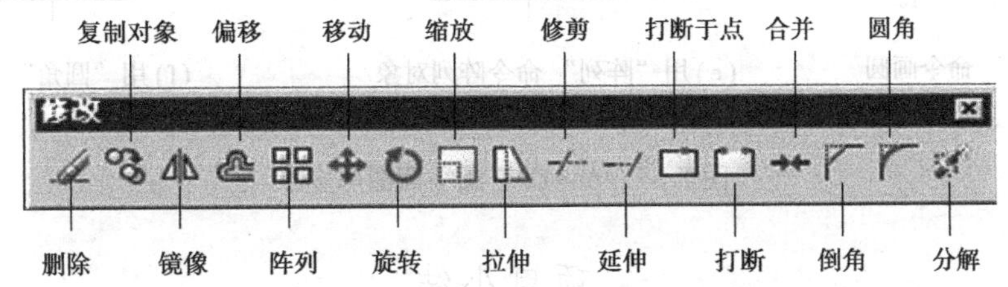

图 1.34　"修改"工具栏

3)AutoCAD2007"标注"工具栏,用于绘制图形的尺寸标注,其组成如下图 1.35 所示。

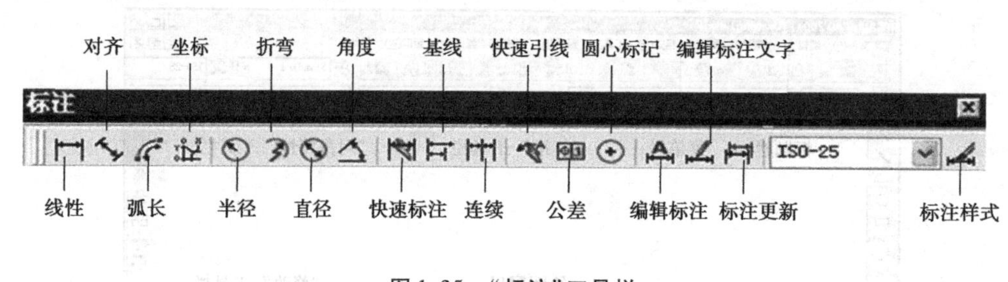

图 1.35 “标注”工具栏

(2) AutoCAD2007 画平面图形示例

如图 1.36 所示平面图形，用 AutoCAD2007 画图的步骤如下(见图 1.37)：

图形画完以后，用“标注”工具栏标注尺寸。读者若对此部分内容感兴趣，可阅读有关 AutoCAD 方面的书籍。

R12 R9 60 38 4–R6.5 38 60

图 1.36

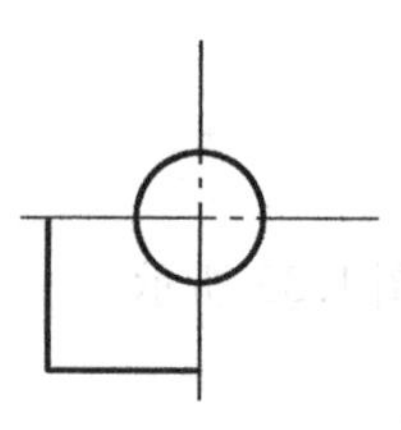

(a) 用“直线”命令画直线、用“圆”命令画圆

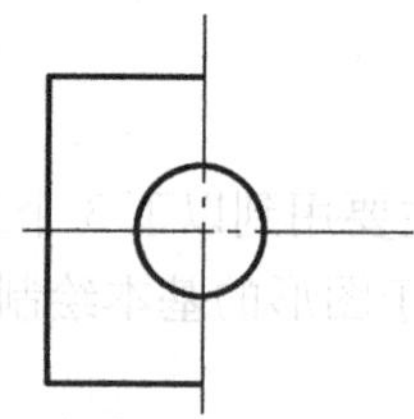

(b) 用“镜像”命令镜像对象

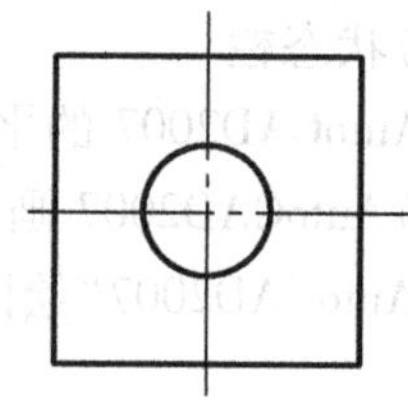

(c) 用“镜像”命令再次镜像对象

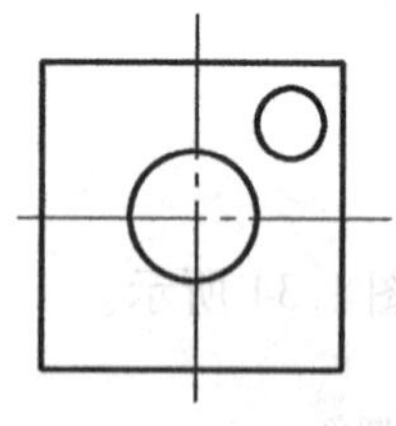

(d) 用“圆”命令画圆

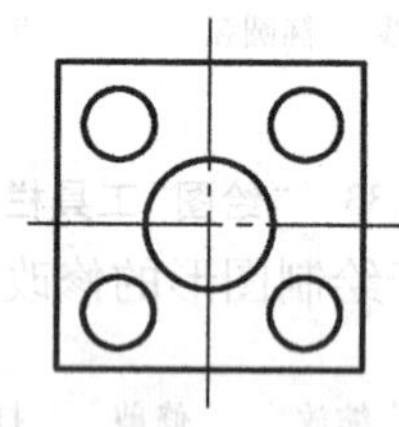

(e) 用“阵列”命令阵列对象

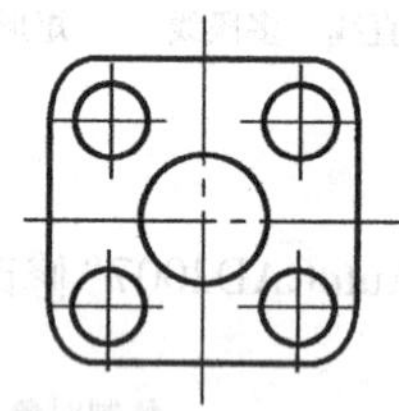

(f) 用“圆角”命令圆角

图 1.37 AutoCAD 画平面图形步骤

项目小结

1. 本章主要介绍国家标准《机械制图》中的部分内容：

图纸幅面及格式、比例、字体、图线、尺寸标注、斜度、锥度等，读者在看图和绘图时应自觉遵守这些规定,经过一定的实践后便可掌握。

2. 本章还介绍了线段和圆的等分、圆弧连接以及平面图形的画法。我们应学会平面图形的尺寸分析和线段分析,从中看出所给的尺寸:是否够用或多余;哪个尺寸该标,哪个尺寸不该标;先画哪些线段,后画哪些线段。

3. 应当了解书中介绍的 AutoCAD 的平面图形画法。

复习思考题

1. 一张 A0 图纸可裁几张 A4 图纸?
2. 试解释比例 1∶2 和 2∶1 的含义。
3. 绘制机械图样最常用的图线是哪 5 种?
4. 机件的真实大小与图形的大小及绘图的准确度是否有关?
5. 分析平面图形的尺寸和线段的目的是什么?

项目二　投影基础

项目内容

1. 正投影法和三视图。
2. 点、直线和平面的投影。
3. 基本体。
4. 轴测投影。
5. AutoCAD 三维图的画法。

项目目的

1. 理解投影法的概念，熟悉正投影的特性。
2. 初步掌握三视图的形成和三视图之间的关系，掌握简单三视图的作图方法。
3. 对照模型能识读三视图，对照简单零件能识读零件图。
4. 熟悉点的三面投影及其规律，点的投影和该点与直角坐标的关系。
5. 熟悉直线的三面投影，掌握特殊位置直线的投影特性。
6. 熟悉平面的三面投影，掌握特殊位置平面的投影特性。
7. 掌握棱柱的视图画法，理解棱锥和棱台的视图画法。
8. 掌握圆柱、圆锥和圆球的视图画法。
9. 掌握基本体表面上求点的投影方法。
10. 掌握基本体的尺寸注法。
11. 了解轴测投影的基本概念、轴测投影的特性和常用轴测图的种类。
12. 了解正等轴测图的画法。
13. 了解圆平面在同一方向上的斜二等轴测图的画法。
14. 了解 AutoCAD 画立体图的方法。

项目实施过程

任务一　正投影法和三视图

一、投影法

1. 正投影法概念

晚上在路灯下走路，会在地面上产生影子。人们对这种现象进行研究并总结出其中的规律，便形成了投影法。

用投射线投射物体，在选定的面上得到物体图形的方法，称为投影法。平行投射线与投影面垂直时称为正投影法，根据正投影法所得的图形，称为正投影或正投影图，如图 2.1 所示。

由于正投影法的投影线相互平行且垂直于投影面，利用正投影可以表达物体各方向表面的真实形状和大小，且作图简便。因此，正投影法是绘制机械图样最常用的方法。本书就采用正投影法。

2. 正投影的基本性质

(1)真实性

平面图形(或直线段)与投影面平行时，其投影反映实形(或实长)，如图 2.2 所示。

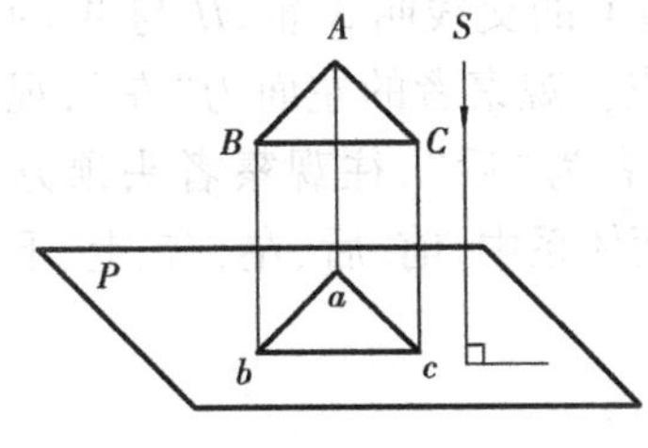

图 2.1 正投影法

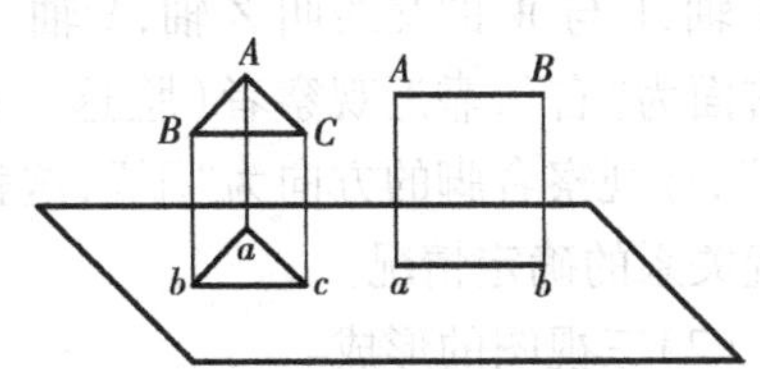

图 2.2 平面、直线平行于投影面时的投影

(2)积聚性

平面图形(或直线段)与投影面垂直时，其投影积聚为一条直线(或一个点)，如图 2.3 所示。

(3)类似性

平面图形(或直线段)与投影面倾斜时，其投影变小(或变短)，但投影的形状仍与原来形状相类似，如图 2.4 所示。

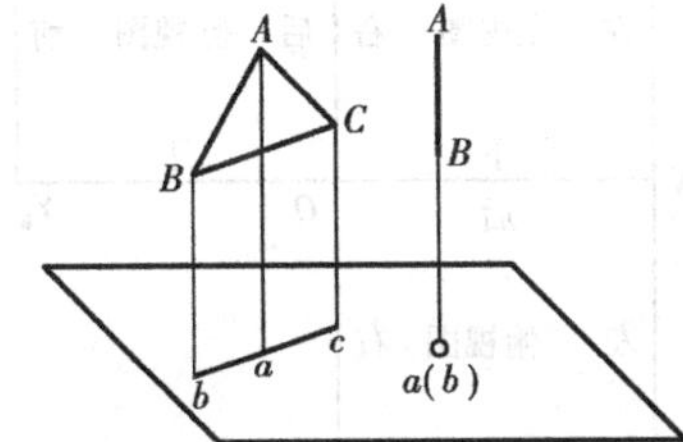

图 2.3 平面、直线垂直于投影面时的投影

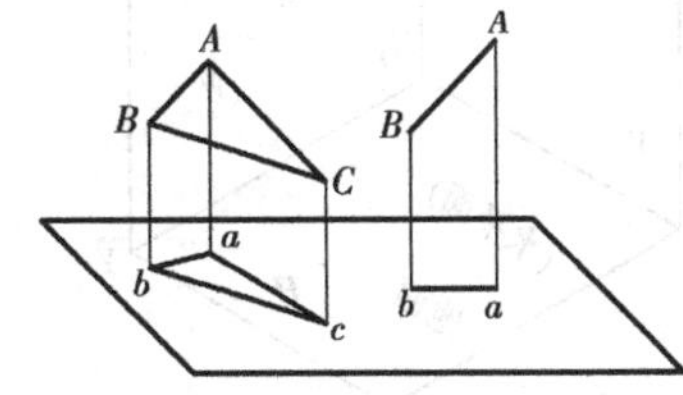

图 2.4 平面、直线倾斜于投影面时的投影

3. 几何体的投影

在绘制机械图样时，通常将正投影图称为视图。只有一个视图是不能完整地表达物体的形状的。如图 2.5 所示，几个形状不同的物体，它们在投影面上的视图完全相同。因此，必须从几个方向进行投射，同时用几个视图才能完整地表达物体的形状。请看后面有关三视图的知识。

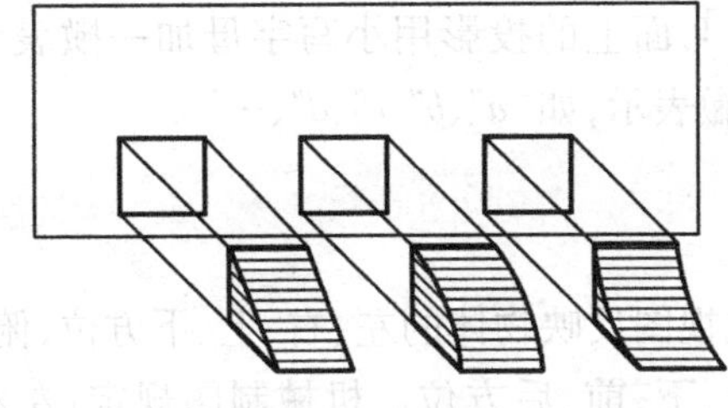

图 2.5 一个视图不能确定物体的形状和大小

二、三视图

1. 三视图的形成

(1)位置关系

学习机械制图,最重要的是要搞清楚物体的位置关系。如图2.6所示,一观察者站在教室里面,脸朝向黑板。此时,地面称为水平面,用字母"H"表示。黑板称为正平面,用字母"V"表示。观察者右面的墙壁称为侧平面,用字母"W"表示。H与V的交线叫X轴,H与W的交线叫Y轴,V与W的交线叫Z轴,X轴、Y轴和Z轴相交于O点。观察者的左面为"左",观察者的右面为"右",靠近观察者(脸这一面)为"前",远离观察者为"后",往观察者头顶方向为"上",往观察者脚的方向为"下",这就是在H、V、W三投影面体系中,前、后、左、右、上、下6个位置关系的确定情况。

(2)三视图的形成

图2.6虽然说有立体感,但绘图很不方便。为此作出如下变动:V面保持不动,H投影面绕X轴向下转90°与V面在同一平面内,W投影面绕Z轴向右转90°与V面在同一平面内,因而三个投影面都在同一平面内,得到如图2.7所示结果。把一个物体放在三投影面体系中,得到的三个投影图分别是:

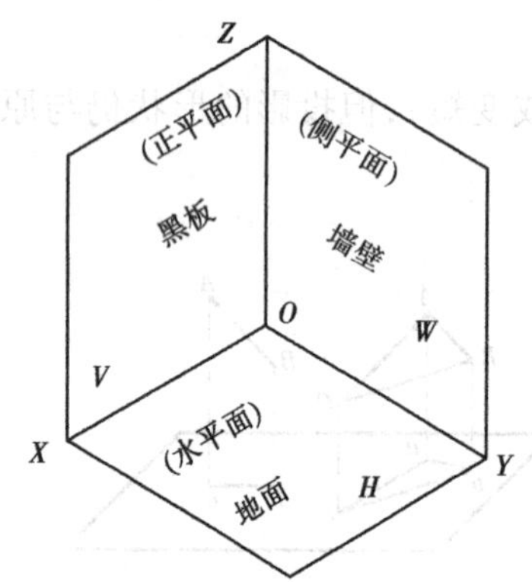

图2.6　三投影面体系

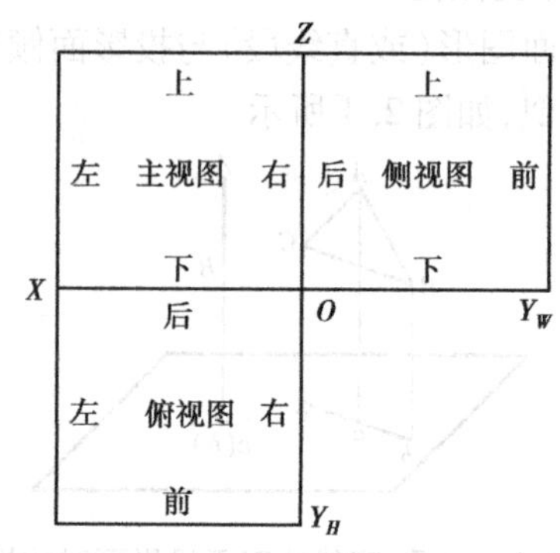

图2.7　三视图的形成

物体在V面上的投影叫主视图;

物体在H面上的投影叫俯视图;

物体在W面上的投影叫侧视图或叫左视图。

空间的点、线和面所用字母一律大写,如"A、B、C、D、…"。在H面上的投影用相应的小写字母表示,如"a、b、c、d、…"。V面上的投影用小写字母加一撇表示,如"a'、b'、c'、d'、…"。W面上的投影用小写字母加二撇表示,如"a''、b''、c''、d''、…"。

2. 三视图的投影规律

(1)方位关系

从图2.7中可以看出:主视图反映物体的左、右、上、下方位,俯视图反映物体的左、右、前、后方位,侧视图反映物体的上、下、前、后方位。机械制图规定:左右方向为物体的"长",前后方向为物体的"宽",上下方向为物体的"高"。物体与视图的方位关系如图2.8所示。

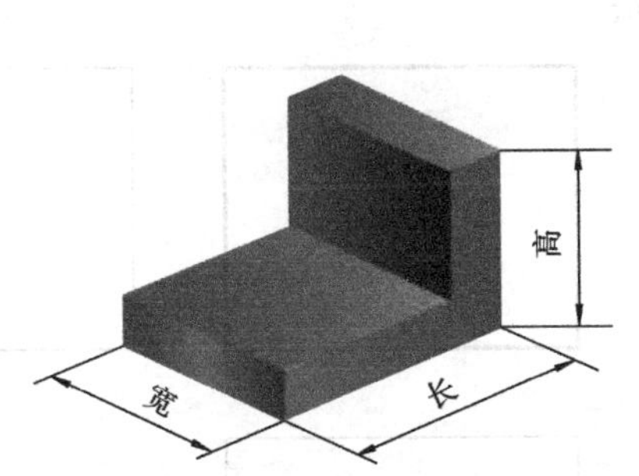

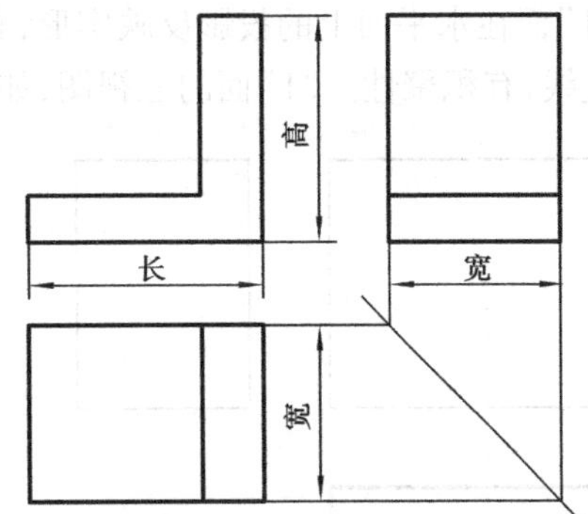

图 2.8 视图和物体的方位对应关系

(2)投影规律

由上述可知,三视图之间的相对位置是固定的,即主视图定位后,俯视图在主视图的正下方,侧视图在主视图的正右方,各视图的名称不需标注。

由于投影面的大小与视图无关,因此画三视图时,不必画出投影面的边界,视图之间的距离可根据图纸幅面和视图的大小来确定。主视图和俯视图都反映物体的长,主视图和侧视图都反映物体的高,俯视图和侧视图都反映物体的宽,因一个物体只有同一个长、宽和高,由此得出三视图具有"长对正、高平齐、宽相等"(三等)的投影规律。

作图时,为了实现"俯、侧视图宽相等",可利用由原点 O(或其他点)所作的 45°辅助线,求其对应关系,如图 2.8 所示。应当指出,无论是整个物体或物体的局部,在三视图中,其投影都必须符合"长对正、高平齐、宽相等"的关系。

三、读三视图

例 2.1 对照立体图,识读三视图,如图 2.9 所示。

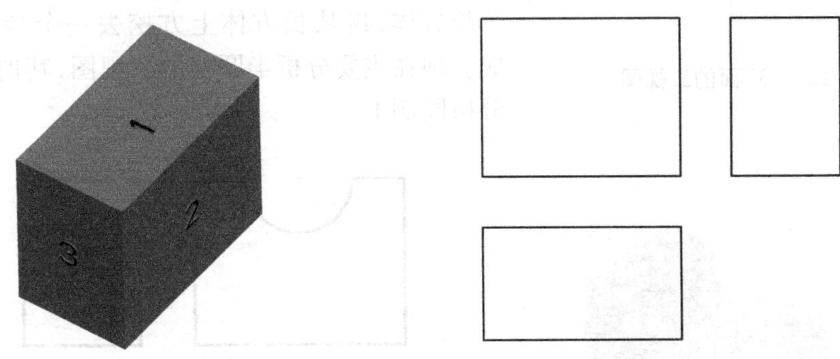

图 2.9 对照立体图,识读三视图(一)

识读三视图过程如下:

从图 2.9 左面所示的立体图知道:该物体为一个长方体,图上标注出了可见的"1"、"2"和"3"三个表面。"2"面为物体前面,"1"面为物体上面,"3"面为物体左面。从"2"面往物体后面投影即得主视图,从"1"面往物体下面投影即得俯视图,从"3"面往物体右面投影即得左视图。

"1"面在水平面上的投影反映实形,有真实性。"1"面在正平面和侧平面上的投影积聚为一条直线,有积聚性。"1"面的三视图,如图2.10所示。

图2.10 "1"面的三视图

图2.11 "2"面的三视图

"2"面在正平面上的投影反映实形,有真实性。"2"面在水平面和侧平面上的投影积聚为一条直线,有积聚性。"2"面的三视图,如图2.11所示。

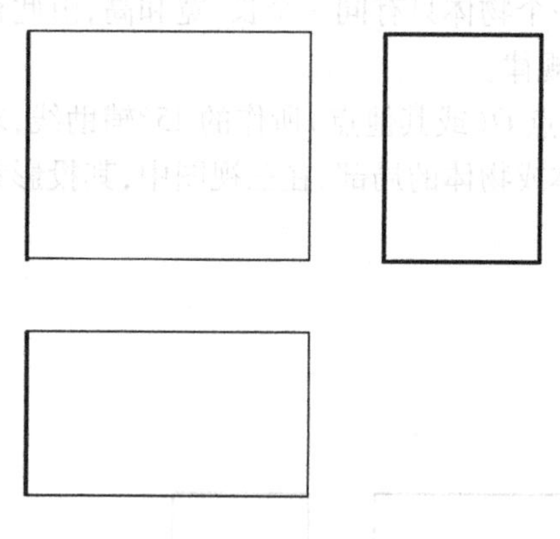

图2.12 "3"面的三视图

"3"面在侧平面上的投影反映实形,有真实性。"3"面在水平面和正平面上的投影积聚为一条直线,有积聚性。"3"面的三视图,如图2.12所示。

"1"、"2"和"3"面各自对面的投影可作相应的投影分析,本书不再重复。

例2.2 对照立体图,识读三视图,如图2.13所示。

识读三视图过程如下:

从图2.13左面所示的立体图知道:该物体为一个长方体,再从长方体上方挖去一个半圆槽切割而成。现在主要分析半圆槽的三视图,其他表面的投影分析同例1。

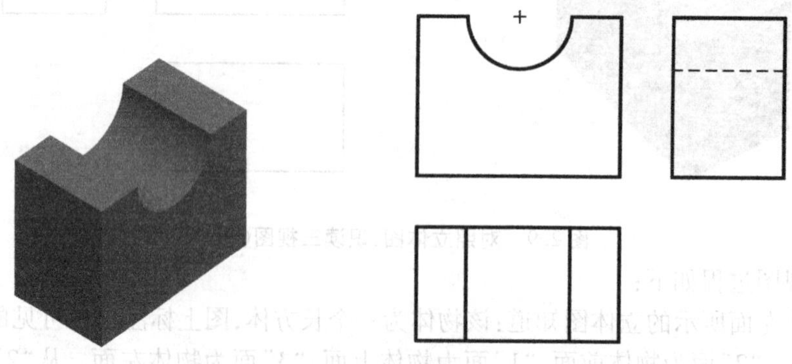

图2.13 对照立体图,识读三视图(二)

半圆槽在正平面上的投影为一个半圆,在水平面上的投影为一个矩形线框,在侧平面上的投影槽底由于不可见为一条虚线(其他与外形轮廓重合为粗实线)。半圆槽的三视图,如图2.14所示。

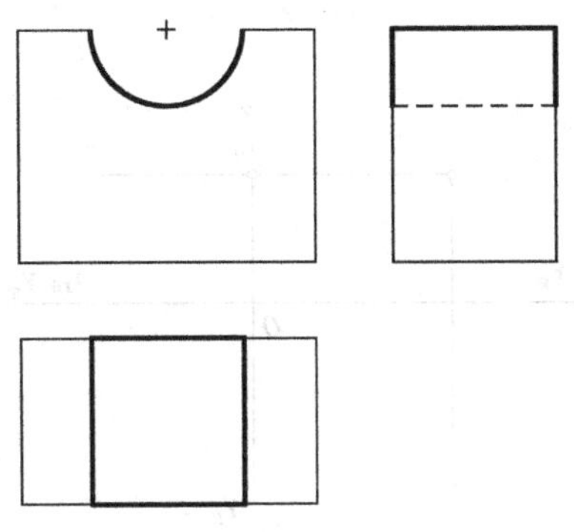

图 2.14　半圆槽的三视图

任务二　点、直线和平面的投影

上面任务一分析了三视图的投影对应关系,并通过识读简单形体的三视图,对于物体的表达方法建立了必要的感性认识。但要进一步提高绘图和读图能力,还需对构成物体的点、线和面等几何元素的投影规律和投影特性进行深入研究,以加深对图示原理的理解。

一、点的投影

1. 点的投影规律

点是构成线和面的基础。如图 2.15(a)所示,将 E 点分别向 H 面、V 面和 W 面投影,得到的投影分别为 e、e'和 e''。投影面展开后,得到如图 2.15(b)所示投影图。

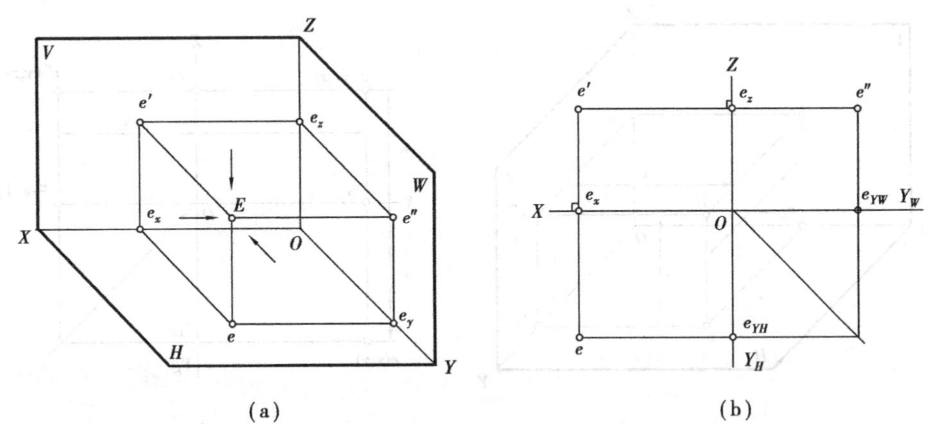

图 2.15　点的投影

由投影图看出点的投影有以下规律:

(1)点的 V 面投影与 H 面投影的连线垂直于 OX 轴,即 $ee' \perp OX$。

(2)点的 V 面投影与 W 面投影的连线垂直于 OZ 轴，即 $e'e'' \perp OZ$。

(3)点的 H 面投影至 OX 轴的距离等于其 W 面投影至 OZ 轴的距离，即 $ee_x = e''e_Z$。

例2.3 已知点 A 的 H 面投影 a 和 V 面投影 a'，如图2.16(a)所示，求作点 A 的 W 面投影 a''。

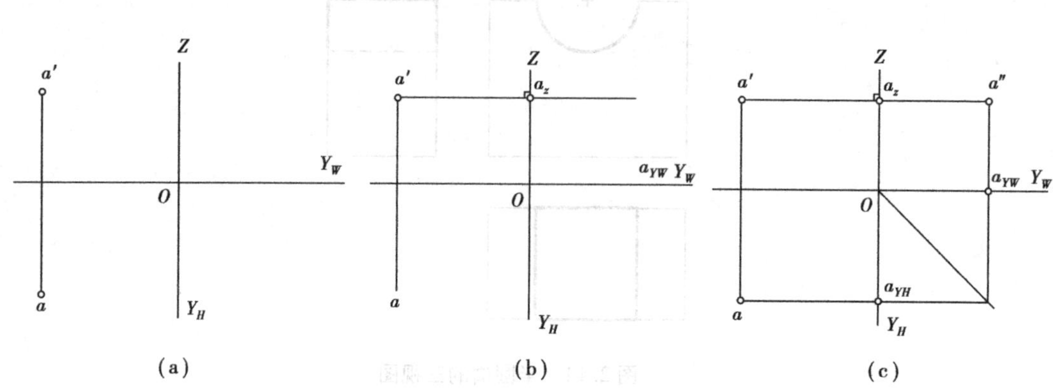

图2.16 已知点的两面投影求第三面投影

分析过程如下：

根据点的投影规律可知，$a'a'' \perp OZ$，过 a' 作 OZ 轴的垂线 $a'a_Z$，所求 a'' 点必在 $a'a_Z$ 的延长线上(高平齐)。同时，利用"宽相等"，可确定 a'' 点在 $a'a_Z$ 延长线上的位置。

作图过程如下：

(1)过 a' 作 $a'a_Z \perp OZ$ 轴并延长，如图2.16(b)所示。

(2)过 O 点作一条45°斜线，如图2.16(c)所示，即可求得 a'' 点。

2. 点的投影与直角坐标的关系

如图2.17所示，点在空间的位置，除了可以用该点至各投影面的距离来确定外，也可以用空间直角坐标值来确定。如果将三个投影面作为坐标面，投影轴作为坐标轴，则点的投影和坐标的关系如下：

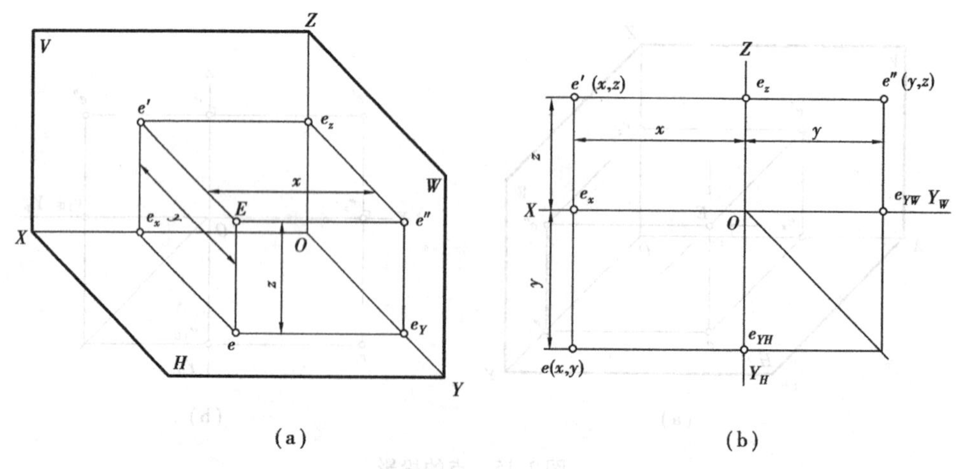

图2.17 点的投影及其坐标关系

点 E 到 W 面的距离为 x 坐标；

点 E 到 V 面的距离为 y 坐标；

点 E 到 H 面的距离为 z 坐标。

空间一点的位置可由该点的坐标确定。从图 2.17 可看出：E 点的 H 面投影 e 由 (x,y) 坐标确定，V 面投影 e' 由 (x,z) 坐标确定，W 面投影 e'' 由 (y,z) 坐标确定。任一投影都包含两个坐标，所以一点的两个投影就包含了确定该点空间位置的三个坐标，即确定了点的空间位置。

例 2.4 已知空间点 F 的坐标为 $x=16, y=8, z=6$，单位为 mm，点 F 也可写成 $F(16,8,6)$。求作 F 点的三个投影。

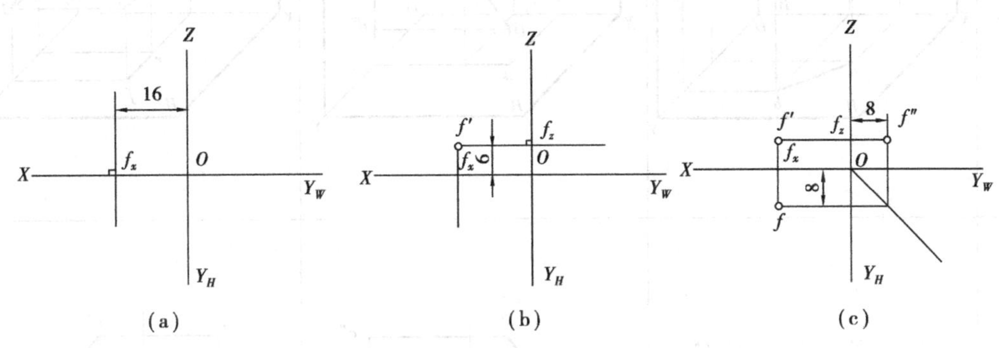

图 2.18 已知点的坐标作三面投影图

分析过程如下：

已知空间点的三个坐标，便可作出该点的两面投影，再作出另一个投影。

作图过程如下：

(1) 在 OX 轴上从 O 点向左量取 16，定出 f_x，过 f_x 作 OX 轴的垂线，如图 2.18(a) 所示。

(2) 在 OZ 轴上从 O 点向上量取 6，定出 f_z，过 f_z 作 OZ 轴的垂线，两条垂线的交点即为 f'，如图 2.18(b) 所示。

(3) 在 $f'f$ 的延长线上，从 f_x 向下量取 8 得 f 点，再利用"高平齐和宽相等"可求得 f'' 点，如图 2.18(c) 所示。

二、直线的投影

空间直线对三个投影面的不同相对位置分为：投影面平行线、投影面垂直线和一般位置直线。

1. 投影面平行线

平行于一个投影面，倾斜于另外两个投影面的直线，称为投影面平行线。平行于水平面的直线称为水平线，平行于正面的直线称为正平线，平行于侧面的直线称为侧平线。表 2.1 列出了投影面平行线的投影特性。

表 2.1　投影面平行线

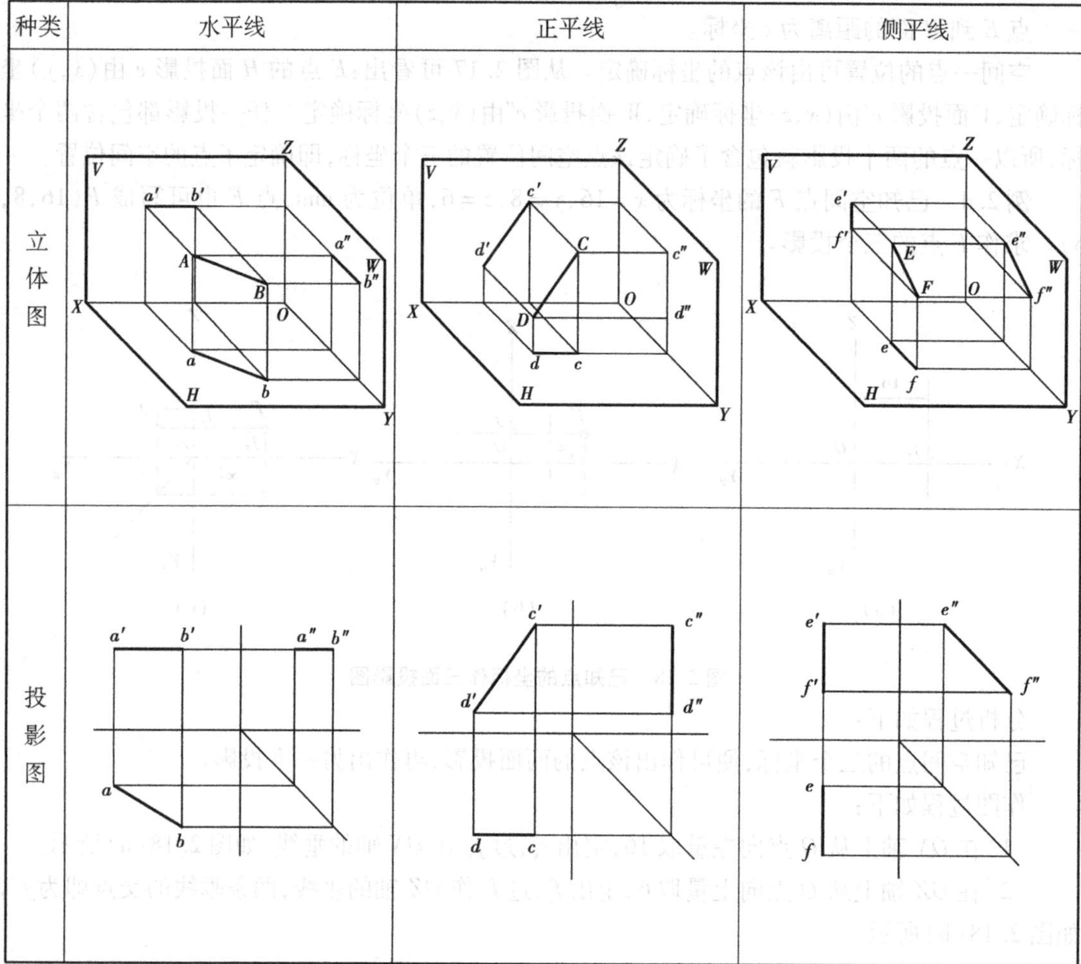

投影特性：

(1)投影面平行线的三个投影都是直线，其中在与直线平行的投影面上的投影反映线段实长，而且与投影轴线倾斜。

(2)另外两个投影都短于线段实长，且分别平行于相应的投影轴。

2. 投影面垂直线

垂直于一个投影面，与另外两个投影面平行的直线，称为投影面垂直线。垂直于水平面的直线称为铅垂线，垂直于正面的直线称为正垂线，垂直于侧面的直线称为侧垂线。表 2.2 列出了投影面垂直线的投影特性(在标注时将不可见的点的投影加括号)。

表 2.2 投影面垂直线

种类	铅垂线	正垂线	侧垂线
立体图	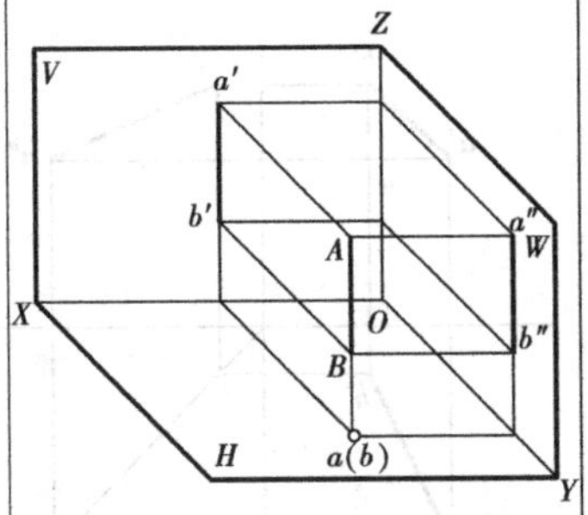	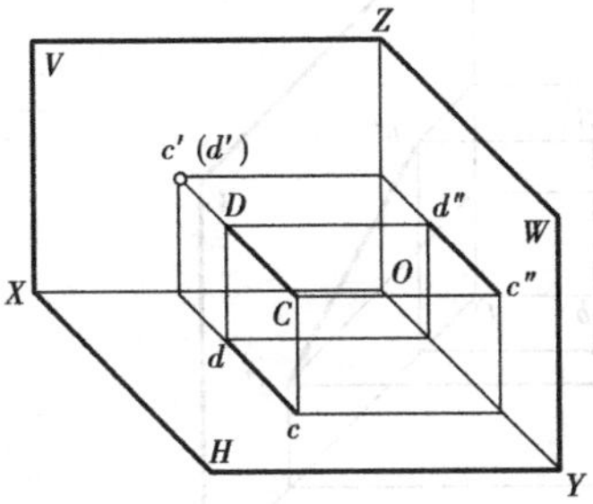	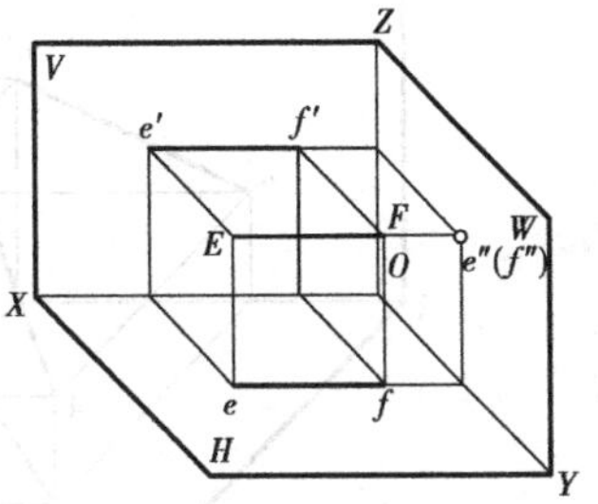
投影图	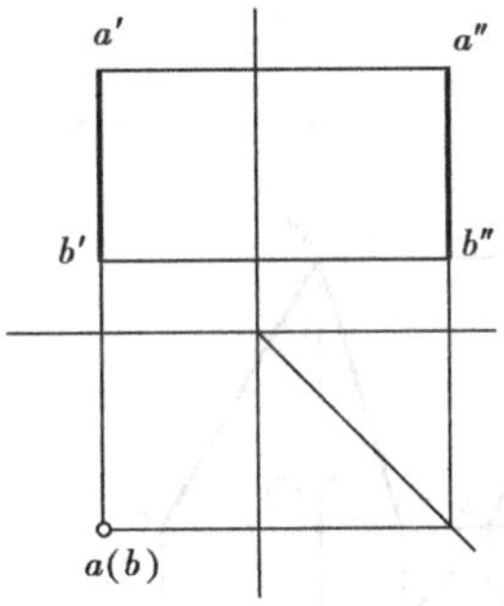	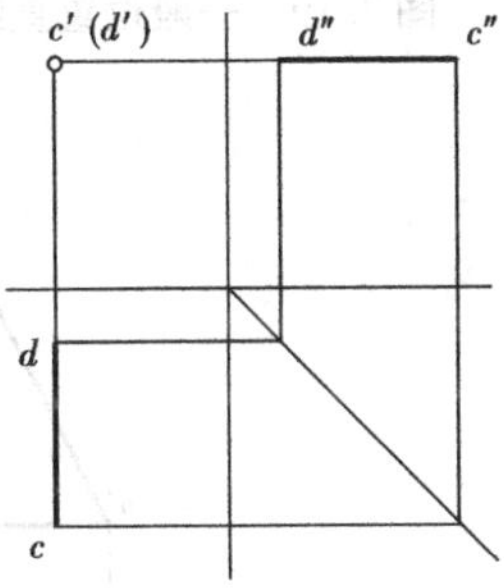	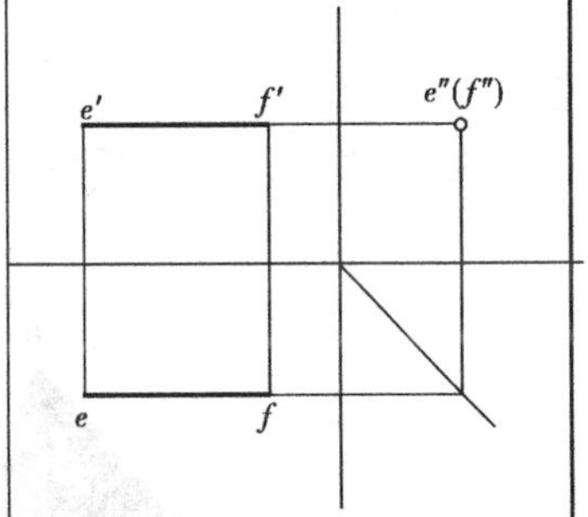

投影特性：

(1)投影面垂直线在所垂直的投影面上的投影必积聚成为一个点。

(2)另外两个投影都反映线段实长,且垂直于相应投影轴。

3. 一般位置直线

既不平行也不垂直于任何一个投影面,即与三个投影面都处于倾斜位置的直线,称为一般位置直线。如图 2.19 所示,其投影特性为：

(1)在三个投影面上的投影均不反映实长。

(2)在三个投影面上的投影均与投影轴倾斜。

例 2.5 如图 2.20 所示的正三棱锥,试分析棱线 AB、SC 和 SA 与投影面的相对位置。

分析过程如下：

(1)棱线 AB

侧面投影 a''和(b'')重影,可判断棱线 AB 为侧垂线,$ab = a'b' = AB$。

(2)棱线 SC

sc 和 $s'c'$分别平行于 OY_H 和 OZ,可确定棱线 SC 为侧平线,侧面投影 $s''c''$反映实长。

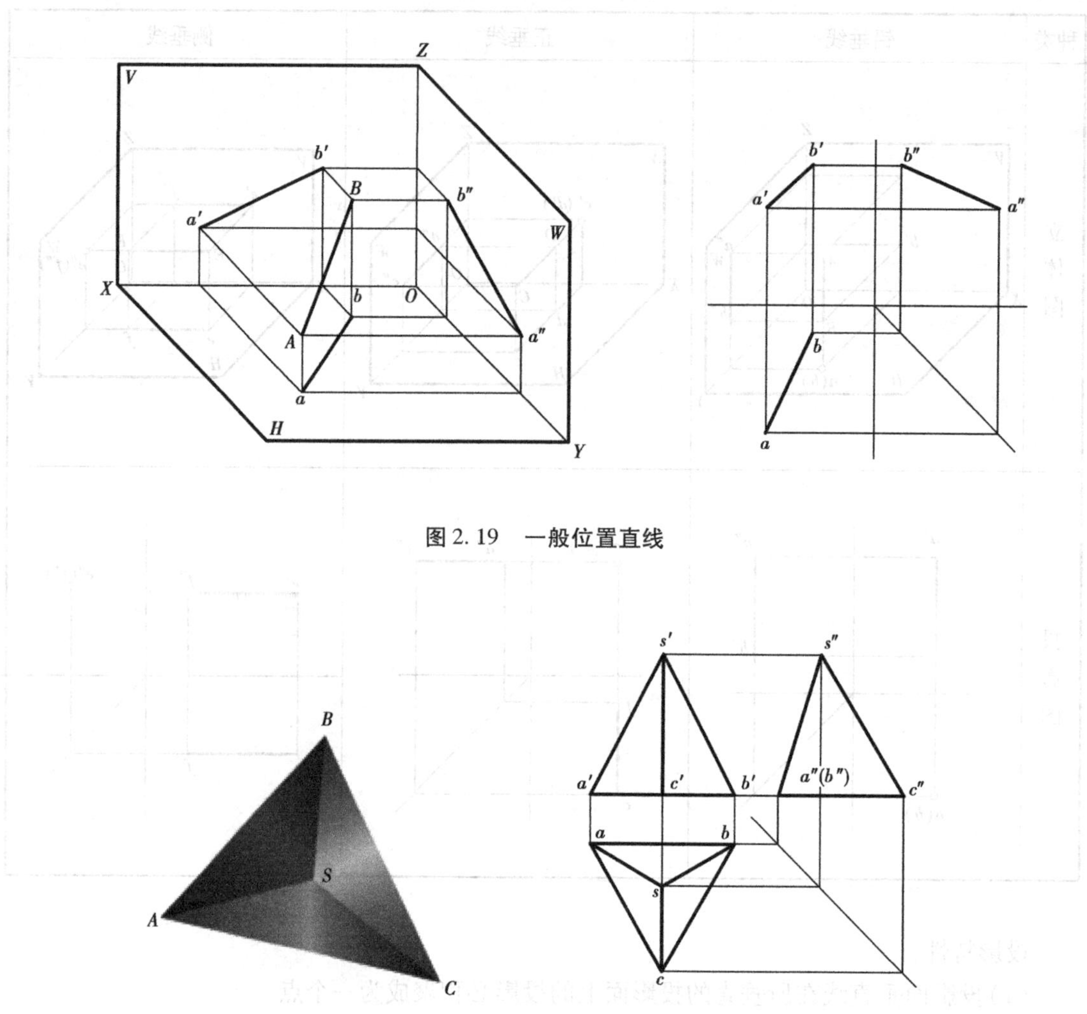

图2.19　一般位置直线

图2.20　三棱锥各棱线与投影面的相对位置

(3)棱线 *SA*

三个投影 *sa*、*s′a′*和 *s″a″*对投影轴均倾斜,所以必定是一般位置直线。

三、平面的投影

平面对三个投影面的不同相对位置分为:投影面平行面、投影面垂直面和一般位置平面。

1. 投影面平行面

平行于一个投影面,并垂直于另外两个投影面的平面,称为投影面平行面。平行于正面的称为正平面,平行于水平面的称为水平面,平行于侧面的称为侧平面。投影面平行面的投影特性见表2.3。

表 2.3 投影面平行面

种类	正平面	水平面	侧平面
立体图	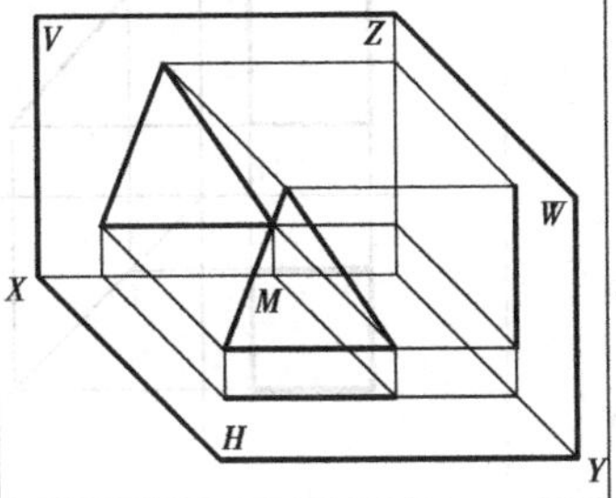 V Z W X M H Y	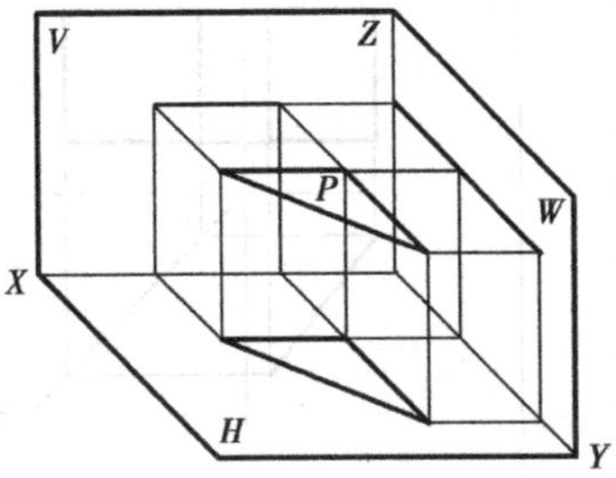 V Z P W X H Y	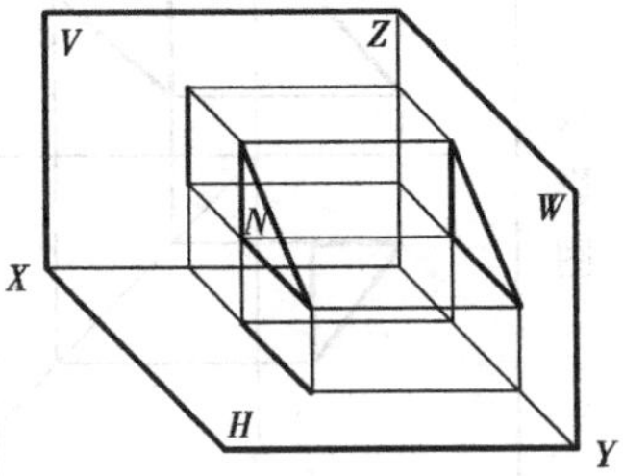 V Z N W X H Y
投影图	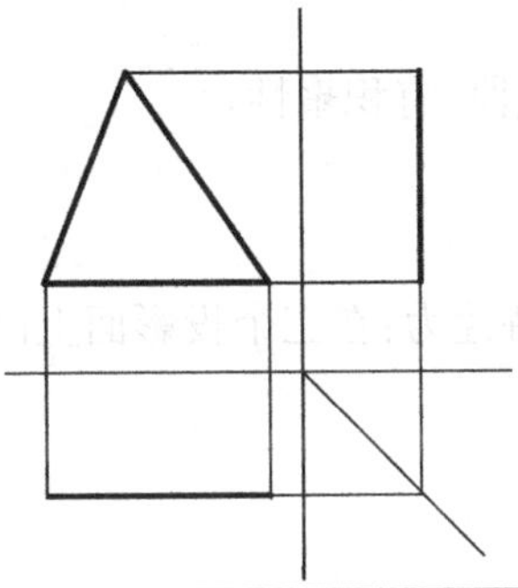	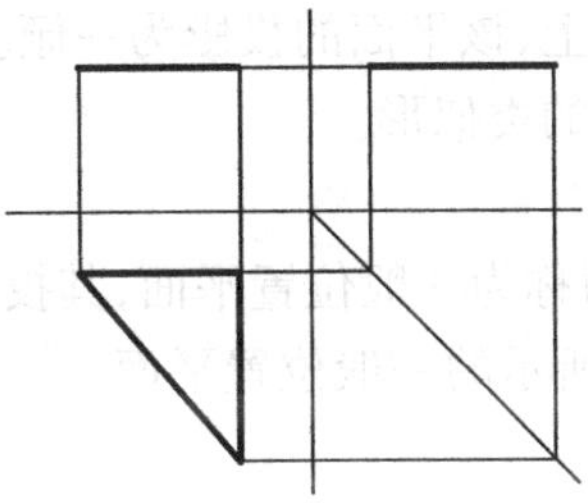	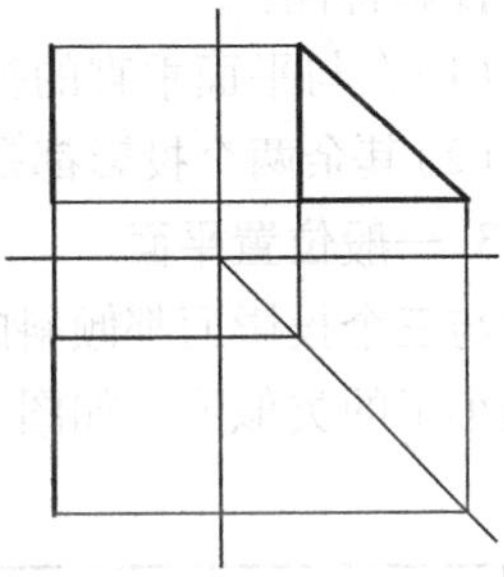

投影特性:

(1)在与平面平行的投影面上,该平面的投影反映实形。

(2)其余两个投影为水平线段或铅垂线段,都具有积聚性。

2. 投影面垂直面

只垂直于一个投影面,倾斜于另外两个投影面的平面,称为投影面垂直面。垂直于正面的称为正垂面,垂直于水平面的称为铅垂面,垂直于侧面的称为侧垂面。投影面垂直面的投影特性见表 2.4。

表 2.4 投影面垂直面

种类	正垂面	铅垂面	侧垂面
立体图	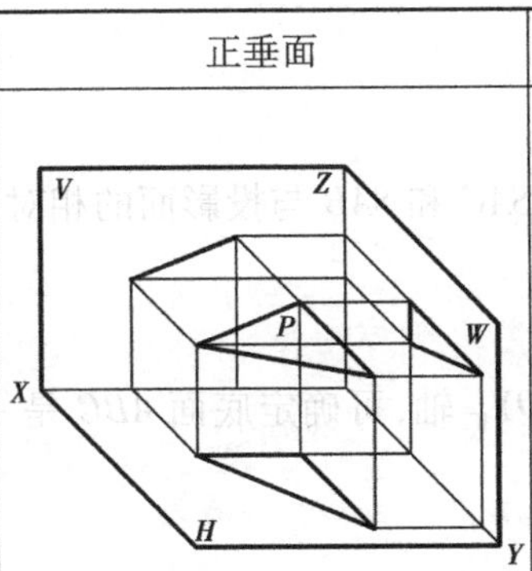 V Z P W X H Y	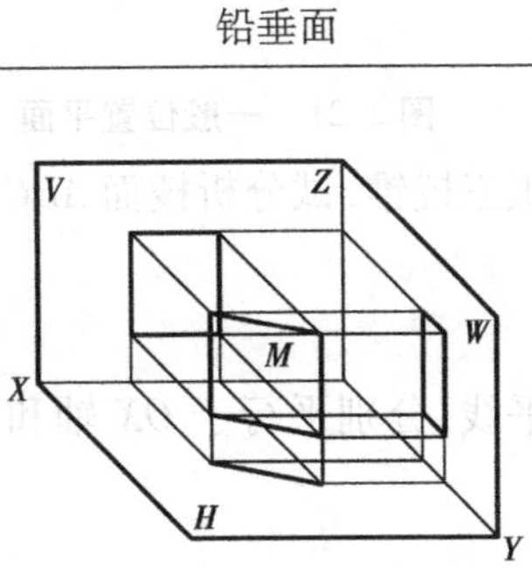 V Z M W X H Y	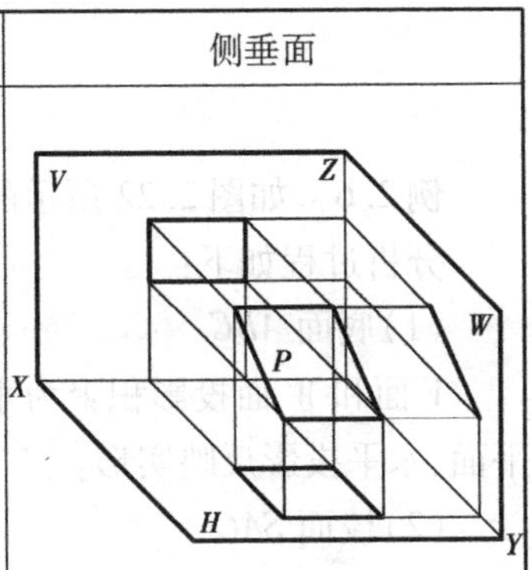 V Z W P X H Y

续表

种类	正垂面	铅垂面	侧垂面
投影图	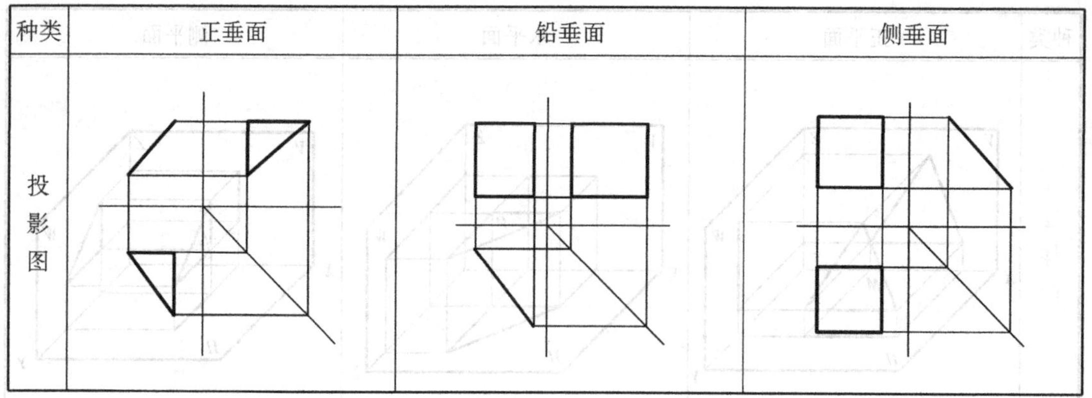		

投影特性：

(1)在与平面垂直的投影面上，该平面的投影为一倾斜线段，有积聚性。

(2)其余两个投影都是缩小的类似形。

3. 一般位置平面

与三个投影面都倾斜的平面称为一般位置平面，其投影特性为：在三个投影面上的投影均为缩小了的类似形。如图 2.21 所示的一般位置平面。

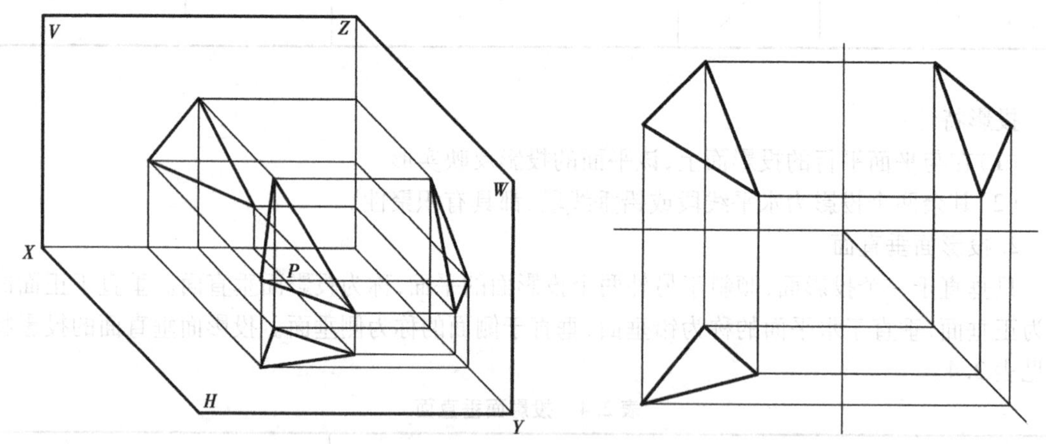

图 2.21　一般位置平面

例 2.6　如图 2.22 所示的正三棱锥，试分析棱面 ABC、SAC 和 SAB 与投影面的相对位置。

分析过程如下：

(1)底面 ABC

V 面和 W 面投影积聚为水平线，分别平行于 OX 轴和 OY_W 轴，可确定底面 ABC 是一个水平面，水平投影反映实形。

(2)棱面 SAC

三个投影 sac、$s'a'c'$ 和 $s''a''c''$ 都没有积聚性，均为棱面 SAC 的类似形，可判断棱面 SAC 为一

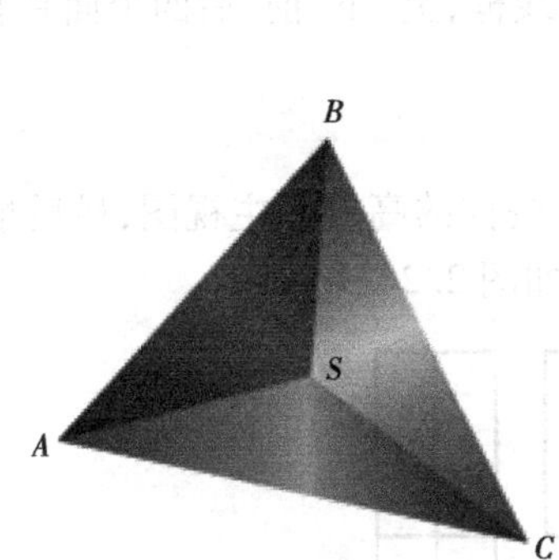

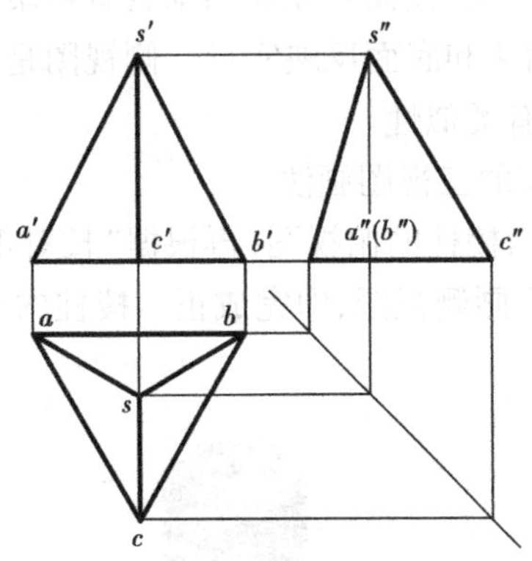

图 2.22　三棱锥各棱面与投影面的相对位置

般位置平面。

(3)棱面 *SAB*

棱面 *SAB* 在 *W* 面上的投影有积聚性,在 *H* 面和 *V* 面上的投影为棱面 *SAB* 的类似形。因此,可判断棱面 *SAB* 是一个侧垂面。

任务三　基本体

机器上的零件,由于其作用不同而有各种各样的结构形状,不管他们的形状如何复杂,都可以看成是由一些简单的基本几何体组合起来的。如图 2.23 所示螺栓坯,可看成是由圆柱和六棱柱组成。通常将单一的完整的棱柱、棱锥、圆柱、圆锥、圆球等几何体称基本体。它们又分为平面立体和曲面立体两类。表面均为平面的立体,称为平面立体;表面为曲面或曲面与平面的立体,称为曲面立体。

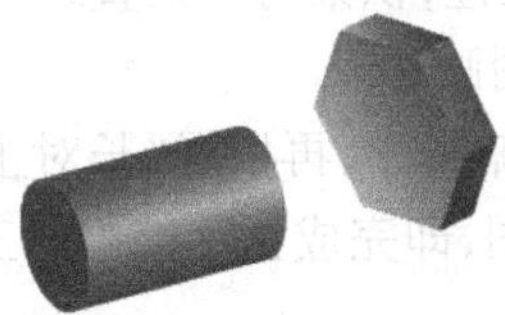

图 2.23　螺栓坯的立体图

一、平面立体的视图画法

1. 棱柱的视图画法

(1)棱柱体的投影分析

棱柱体属平面立体,其表面均是平面。下面以正六棱柱为例来说明棱柱体的投影分析方法。

正六棱柱,如图 2.24(a)所示,它由八个面构成,其上、下两个面为全等而且相互平行的正六边形。侧面为六个全等且与上、下两个面均垂直的长方形。投影作图时,得到的主视图是三个矩形线框,其中 1 平面具有真实性且遮住后面那个面,2、3 面和 *V* 面倾斜,具有类似性且各自遮住后面那个面,顶面4和底面都具有积聚性。俯视图是一个正六边形线框,六个侧面均具有积聚性,顶面4和底面反映实形。侧视图是两个矩形线框,上、下、前、后四个面具有积聚性,另外四个面具有类似性。

(2)棱柱体的三视图画法

先画出正六棱柱的俯视图,再根据"长对正"和正六棱柱的高度画主视图,最后根据"高平齐"和"宽相等"画侧视图,即完成正六棱柱的三视图。如图2.24(b)所示。

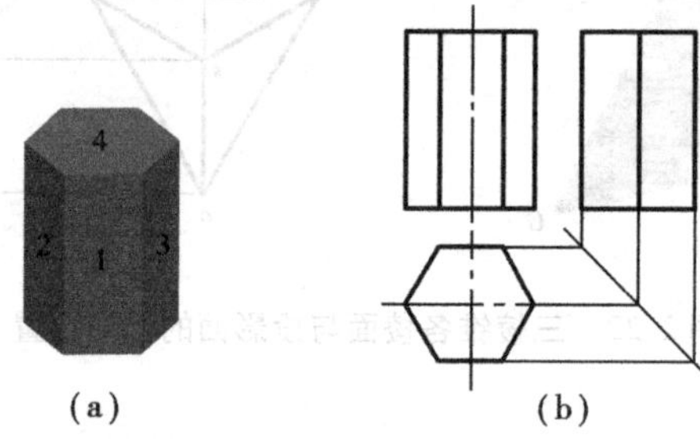

图2.24　正六棱柱及其三视图

2. 棱锥的视图画法

(1)棱锥体的投影分析

棱锥体属平面立体,其表面均是平面。下面以正三棱锥为例来说明棱锥体的投影分析方法。

正三棱锥,如图2.25(a)所示,它由四个面构成,其底面为等边三角形,三个侧面均为等腰三角形,三条棱线交于一点,即锥顶。投影作图时,得到的主视图是两个直角三角形线框,棱锥的底面具有积聚性,积聚为一条直线,前面两个侧面具有类似性。俯视图是三个等腰三角形线框,棱锥的底面具有真实性,为一个等边三角形,反映实形,其他三个侧面具有类似性。侧视图是一个三角形线框,后面的那个侧面具有积聚性,积聚为一条直线。前面两个侧面具有类似性,棱锥的底面具有积聚性,积聚为一条直线。

(2)棱锥体的三视图画法

先画出正三棱锥的俯视图,再根据"长对正"和正三棱锥的高度画主视图,最后根据"高平齐"和"宽相等"画侧视图,即完成正三棱锥的三视图。如图2.25(b)所示。

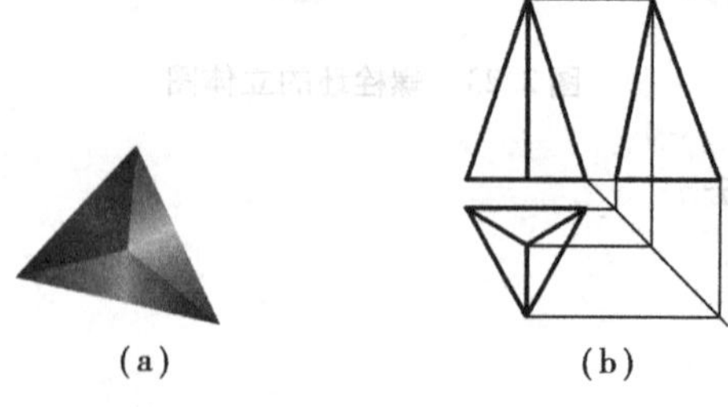

图2.25　正三棱锥及其三视图

3. 棱台的视图画法

(1)棱台体的投影分析

棱台通过棱锥切割而成。如图2.26(a)所示的正三棱台,可看作是由一个正三棱锥通过切割锥顶而成。

正三棱台的顶面与 V 面和 W 面均垂直，投影有积聚性。正三棱台的顶面与 H 面平行，投影有真实性。正三棱台其他表面的投影分析同前。

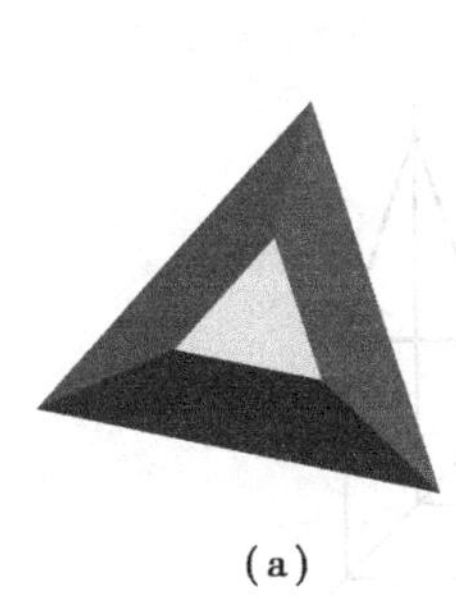

(a)

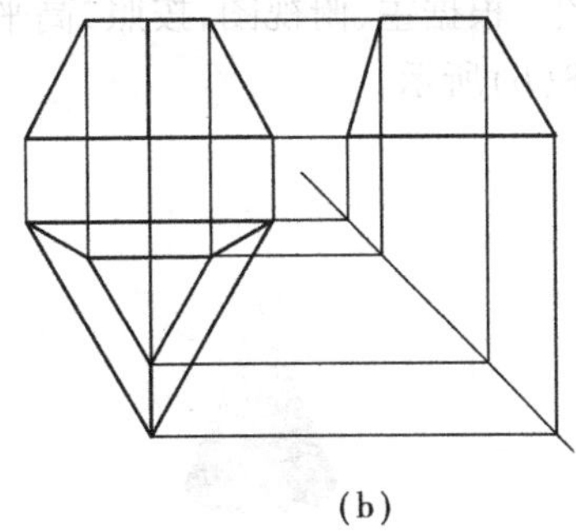

(b)

图 2.26　正三棱台及其三视图

(2)棱台体的三视图画法

先画出正三棱台的俯视图，再根据"长对正"和正三棱台的高度画主视图，最后根据"高平齐"和"宽相等"画侧视图，即完成正三棱台的三视图，如图 2.26(b)所示。

二、曲面立体的视图画法

1. 圆柱的视图画法

(1)圆柱体的投影分析

如图 2.27(a)所示，圆柱体由圆柱面和上、下两平面构成，圆柱体属曲面立体。投影作图时，得到的主视图和侧视图均是一个矩形线框，只是方位不一样。主视图反映最左和最右圆柱体轮廓的投影，侧视图反映最前和最后圆柱体轮廓的投影。俯视图则为一个圆。

(2)圆柱体的三视图画法

先画出三个视图的中心线，然后画出俯视图。根据俯视图和圆柱体的高度，按"长对正"画出主视图，最后根据主、俯视图，按"高平齐"和"宽相等"画出侧视图，即完成圆柱体的三视图，如图 2.27(b)所示。

(a)

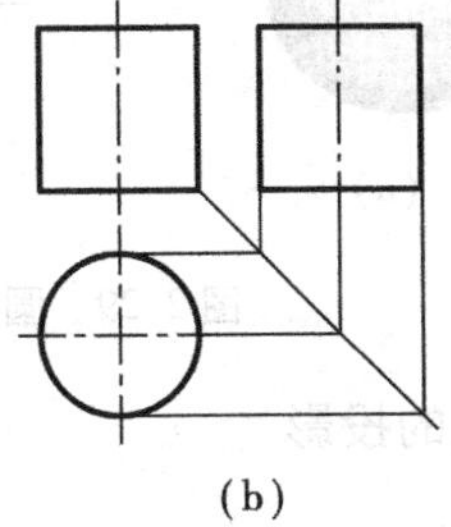

(b)

图 2.27　圆柱体及其三视图

2. 圆锥的视图画法

(1)圆锥体的投影分析

如图 2.28(a)所示，圆锥体是由圆锥面和底圆平面构成，属于曲面立体。投影作图时，得到的主视图和侧视图均是一个等腰三角形。三角形的底边是底圆平面的投影，其腰分别是最左、最右和最前、最后圆锥体轮廓的投影。俯视图是个圆，这个圆为圆锥面和底圆平面的水平投影。

(2)圆锥体的三视图画法

先画出三视图的中心线,然后再画出俯视图上的底圆。根据锥高和俯视图,按照"长对正"画出主视图。根据主、俯视图,按照"高平齐"和"宽相等"画出侧视图,即完成圆锥体的三视图,如图 2. 28(b)所示。

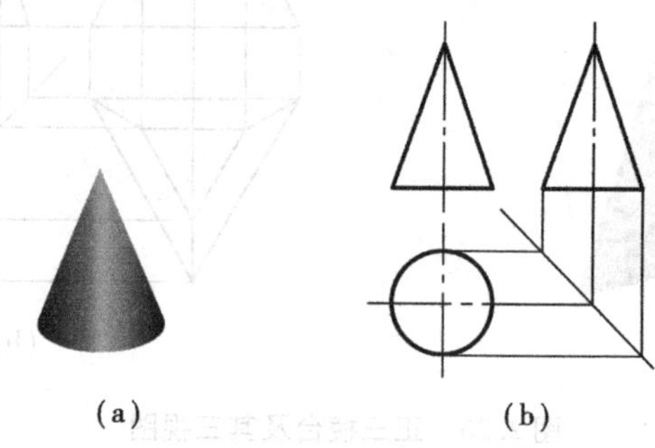
(a) (b)

图 2. 28 圆锥及其三视图

3. 圆球的视图画法

(1)圆球的投影分析

如图 2. 29(a)所示,圆球表面是个曲面,圆球属于曲面立体。投影作图时,得到圆球的三个视图均是等径的圆,只是方位不一样,读者可自行分析。

(2)圆球的三视图画法

先画出各视图圆的中心线,确定圆心。以圆球的半径画圆,即可作出三个视图,如图 2. 29(b)所示。

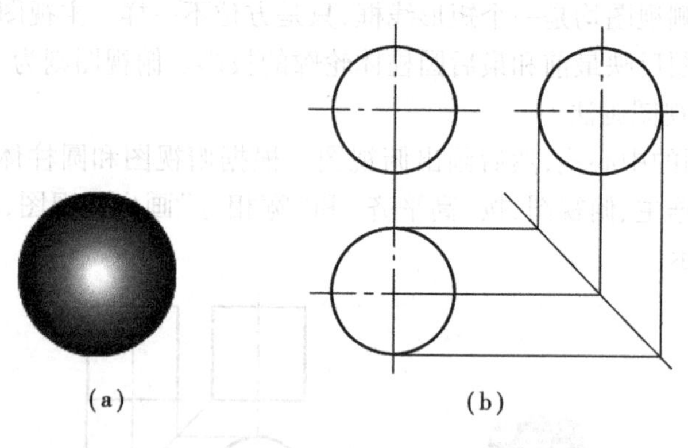
(a) (b)

图 2. 29 圆球及其三视图

三、基本体表面上求点的投影

1. 求棱柱体表面上点的投影

如图 2. 30(a)所示为一正六棱柱的三视图,其表面上有一点 M,已知一个投影 m',求其另外两个投影 m 和 m''。

通过分析可知,点 M 在正六棱柱的最前面那个面上,最前面那个面在俯视图和侧视图上的投影具有积聚性,我们可利用积聚性作出点的其余两个投影 m 和 m'',作法如图 2. 30(b)所示。

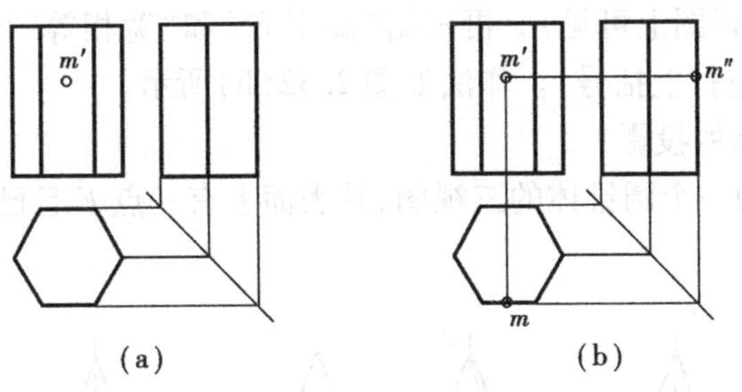

图 2.30　求正六棱柱表面上点的投影

2. 求棱锥体表面上点的投影

如图 2.31(a)所示,已知正三棱锥棱面 ABC 上点 M 的正面投影 m',求作 m 和 m''。

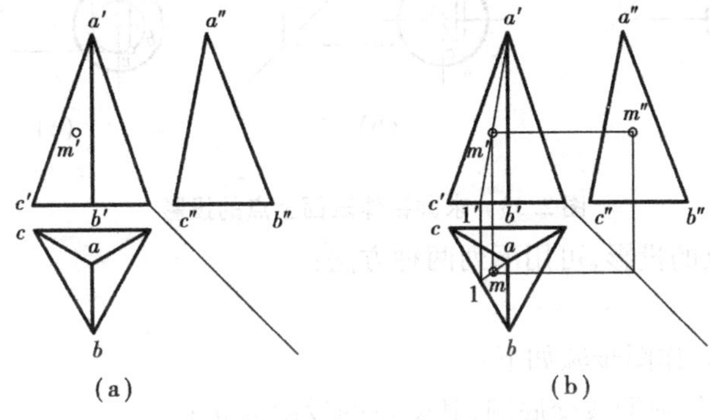

图 2.31　求正三棱锥表面上点的投影

作图方法是(辅助直线法):在 ABC 棱面上,由 A 过点 M 作直线 $A1$,因为点 M 在直线 $A1$ 上,则点 M 的投影必在直线 $A1$ 的同面投影上。所以只要作出 $A1$ 的水平投影 $a1$,即可求得 M 点的水平投影 m。

作图步骤是:在主视图上由 a' 过 m' 作直线交于 $b'c'$ 得 $1'$,再由 $a'1'$ 作出 $a1$,在 $a1$ 上定出 m,根据“高平齐”和“宽相等”可作出 m''(判断可见性为可见)。作法如图 2.31(b)所示。

3. 求圆柱体表面上点的投影

如图 2.32(a)所示为一个圆柱体的三视图,其表面有一点 N 且已知一个投影 n',求点 N 的其余两个投影 n 和 n''。

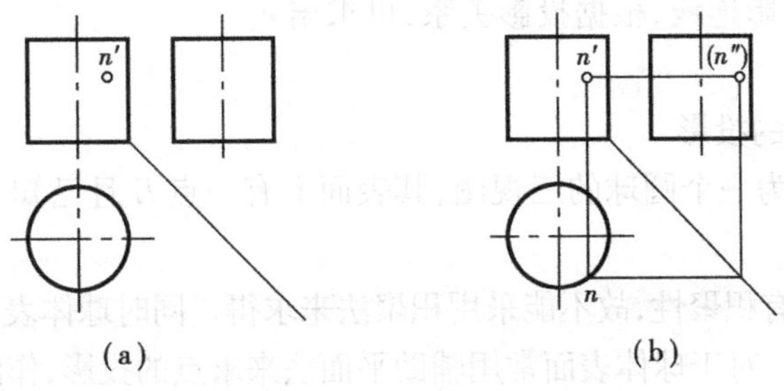

图 2.32　求圆柱体表面上点的投影

通过看图分析可知,点 N 在圆柱面上,圆柱面在俯视图上的投影积聚为一个圆,点 N 在俯视图上的投影也应在该圆上,按“长对正”即可作出 N 点在俯视图上的投影 n(在俯视图上的交点要前一个,因其在主视图上可见)。再根据“高平齐”和“宽相等”可作出在侧视图上的投影(判断为不可见,投影应打上括号)。作法如图2.32(b)所示。

4. 求圆锥体表面上点的投影

如图2.33(a)所示为一个圆锥体的三视图,其表面上有一点 E 且已知一个投影 e',求点 E 其余两个投影 e 和 e''。

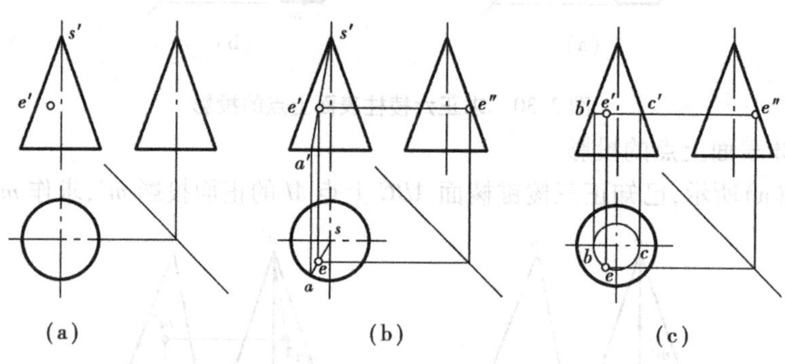

图2.33 求圆锥体表面上点的投影

求作圆锥表面上点的投影,可用下列两种方法:

(1)辅助线法

如图2.33(b)所示,作图步骤如下:

①在 V 面上过 $s'e'$ 作辅助线交底圆,其交点的投影为 a';

②将 a' 向 H 面投影,得 a 点;

③连 sa,sa 为辅助线 SA 在 H 面上的投影;

④将 e' 向 H 面投影交 sa 于 e,e 即为所求;

⑤根据 e' 和 e,求出 e''。

(2)辅助面法

如图2.33(c)所示,作图步骤如下:

①过 e' 作一垂直于轴线的辅助平面与圆锥相交,交线是一个水平圆,其在 V 面上的投影为过 e' 并且平行于底圆投影的直线($b'c'$)。

②以 $b'c'$ 为直径,作出水平圆的 H 面投影,投影 e 必定在该圆周上。

③将 e' 向 H 面作投影连线,根据投影关系,可求出 e。

④由 e'、e 求出 e''。

5. 求圆球表面上点的投影

如图2.34(a)所示为一个圆球的三视图,其表面上有一点 E 且已知一个投影 e',求点 E 的其余两个投影 e 和 e''。

由于球体表面不具有积聚性,故不能采用积聚法来求得。同时球体表面也不存在直线,因而也不能采用辅助直线法。对于球体表面常用辅助平面法来求点的投影,作法如图2.34(b)所示。

四、基本体的尺寸标注

任何物体都具有长、宽和高三个方向的尺寸。在视图上标注基本几何体的尺寸时,应将三个

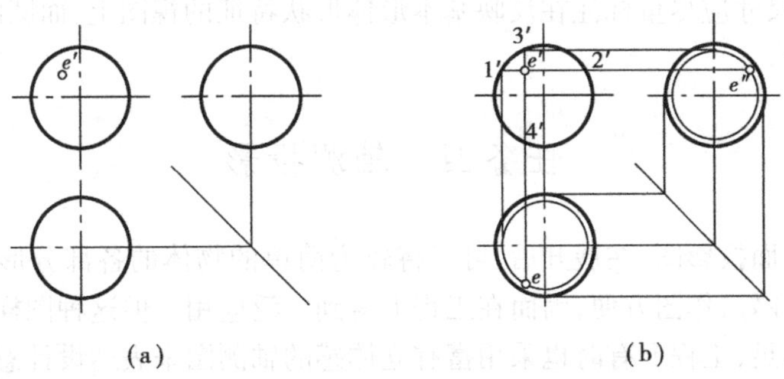

图 2.34 求圆球体表面上点的投影

方向的尺寸标注齐全，既不能少，也不能重复和多余。常见基本几何体的尺寸标注如表 2.5 所示。

表 2.5 基本几何体的尺寸标注

立体图	三视图	立体图	三视图
正六棱柱	φ	圆柱	φ
正三棱锥		圆锥	φ
正四棱台	□ □	圆锥台	φ φ
四棱柱		球	sφ

在三视图中，尺寸应尽量标注在反映基本形体形状特征的视图上，而圆的直径一般注在投影为非圆的视图上。

任务四　轴测投影

前面介绍的三面投影图，在展开后，可以将较为简单的物体的各部分形状完整、准确地表达出来，而且度量性好，作图方便，因而在工程上得到广泛应用。但这种图样缺乏立体感，直观性差。为了弥补不足，工程上有时也采用富有立体感的轴测图来表达设计意图。

一、轴测投影

1. 轴测图定义

轴测投影是将物体连同直角坐标体系，沿不平行于任一坐标平面的方向，用平行投影法将其投射在单一投影面上所得到的图形，简称为轴测图。

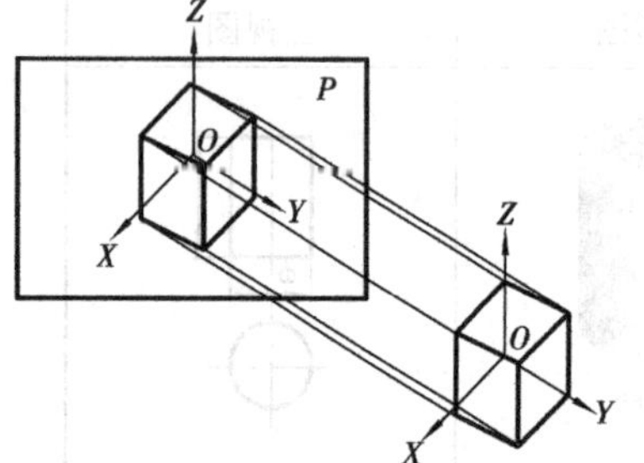

图2.35　轴测图

2. 轴测图中的术语

①轴测投影的单一投影面称为轴测投影面，如图2.35中的P平面。

②在轴测投影面上的坐标轴OX、OY、OZ称为轴测投影轴，简称轴测轴。

③轴测投影中，任意两根轴测轴之间的夹角称为轴间角。

④轴测轴上的单位长度与相应直角坐标轴上的单位长度的比值称为轴向伸缩系数。

OX、OY、OZ轴上的轴向伸缩系数分别用p_1、q_1、r_1表示。

为了便于作图，绘制轴测图时，对轴向伸缩系数进行简化，以使其比值成为简单的数值。简化伸缩系数分别用p、q、r表示。常用轴测图的轴间角和简化伸缩系数见表2.6。

表2.6　常用的轴测投影

	正等测	斜二测
轴间角	Z, O, X, Y；120°　120°　120°	Z, O, X, Y；90°　135°　135°
轴向伸缩系数	$p_1=q_1=r_1=0.82$	$p_1=r_1=1$　$q_1=0.5$
简化伸缩系数	$p=q=r=1$	无
图例		

二、正等轴测图

正等轴测图的轴间角∠XOY = ∠XOZ = ∠YOZ = 120°。画图时，一般使 OZ 轴处于垂直位置，OX、OY 轴与水平成30°。可利用30°的三角板与丁字尺方便地画出三根轴测轴，如表2.6所示。

例2.7　画出图2.36(a)所示凹形槽的正等轴测图。

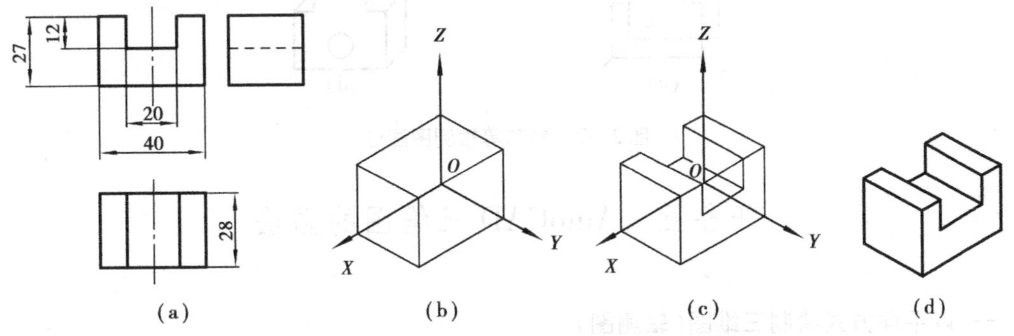

图2.36　凹形槽正等轴测图

作图步骤：

图2.36(a)为一个长方体上面的中间截去一个小长方体而形成。只要画出长方体后，再用截割法即可得凹形槽的正等轴测图。

①用30°的三角板画出 OX、OY、OZ 轴，从物体的后面、右面、下面开始画起，用尺寸28和40作出物体的底平面(为一平行四边形)。

②用尺寸27过底平面平行四边形的四个角点分别往上作，再连接顶面四点，即得大长方体的正等轴测图，如图2.36(b)所示。

③根据三视图中的凹槽尺寸，在大长方体的相应部分，画出被截去的小长方体。如图2.36(c)所示。

④擦去不必要的线条，加深轮廓线，即得凹形槽的正等轴测图，如图2.36(d)所示。

三、斜二等轴测图

斜二等轴测图的轴间角∠XOZ = 90°，∠XOY = ∠YOZ = 135°，可利用45°的三角板与丁字尺画出。在绘制斜二等轴测图时，沿轴测轴 OX 和 OZ 方向的尺寸，可按实际尺寸选取比例度量，沿 OY 方向的尺寸，则要缩短一半度量。

斜二等轴测图能反映物体正面的实形且画圆方便，适用于画正面有较多圆的机件轴测图。

例2.8　画出图2.37(a)所示零件的斜二等轴测图。

作图步骤：

①用45°的三角板画出 OX、OY、OZ 轴，从物体的后面、右面、下面开始画起。把主视图“复制”到图2.37(b)所示位置。

②把图2.37(a)俯视图宽度尺寸取一半量在图2.37(b)所示位置。

③把主视图再一次“复制”到图2.37(c)所示位置。

④擦去不必要的线条，加深轮廓线，即得零件的斜二等轴测图，如图2.37(d)所示。

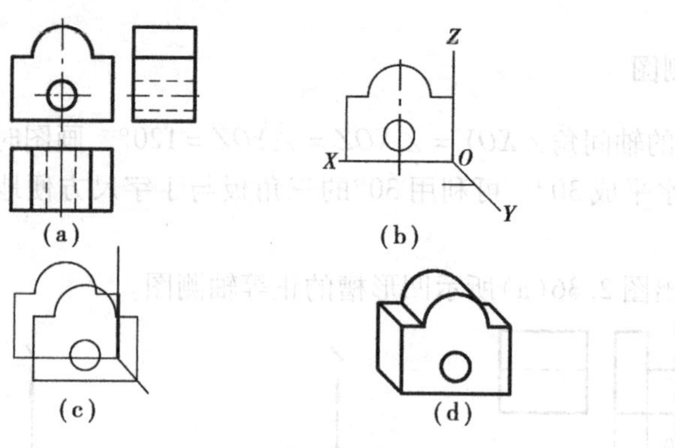

图 2.37　斜二等轴测图画法

任务五　AutoCAD 三维图的画法

一、以平面方式绘制三维图(轴测图)

1. 以平面方式绘制正等轴测图

如图 2.38(a)所示为一零件的三视图,用平面方式绘制正等轴测图步骤如下:

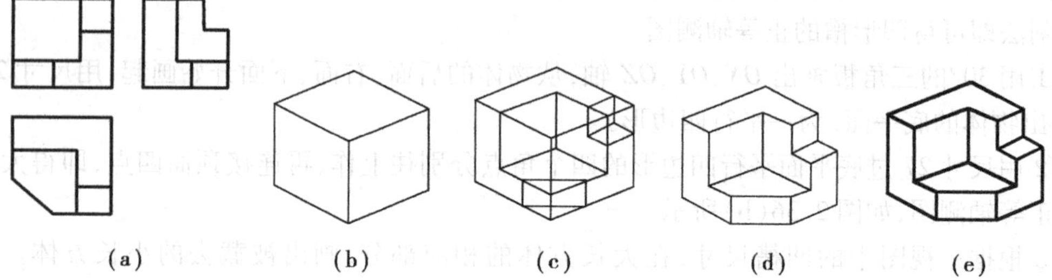

图 2.38　用 AutoCAD 画正等轴测图

①鼠标右键单击“极轴”,再单击“设置”,弹出“草图设置”对话框,在对话框中角增量设为“30”,后“确定”。

②用画“直线”命令画出图 2.38(b)所示方框。

③用画“直线”命令画出图 2.38(c)所示小方框,再切割两部分。

④用“打断”命令修剪掉不要的线,完成图 2.38(d)。

⑤用粗实线把可见线条重画一遍,即完成零件的正等轴测图。

2. 以平面方式绘制斜二等轴测图

如图 2.39(a)所示为一零件的二视图,用平面方式绘制斜二轴测图步骤如下:

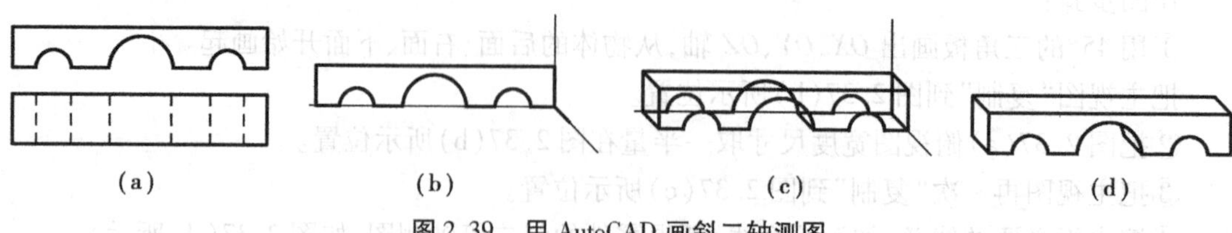

图 2.39　用 AutoCAD 画斜二轴测图

①鼠标右键单击"极轴",再单击"设置",弹出"草图设置"对话框,在对话框中角增量设为"45",后"确定"。

②用画"直线"命令画出图 2. 39(b)所示坐标系,把主视图复制到该坐标系上。

③Y 轴方向取零件宽度的一半,重复②。结果如图 2. 39(c)所示。

④用"删除" 命令删除不要的线条,即完成零件的斜二等轴测图。

在平面上画立体图时,通过轴测图的方式来表现是一种方法,当然在轴测图上所表现出来的线条自然不是实长。因此,常常说:"以平面的方式来画立体图,所强调的不是精确的尺寸,而是不失真的外形。"

二、在三维坐标系中绘制立体图

如图 2. 40 所示圆柱体,在 AutoCAD 三维坐标系中绘制步骤如下:

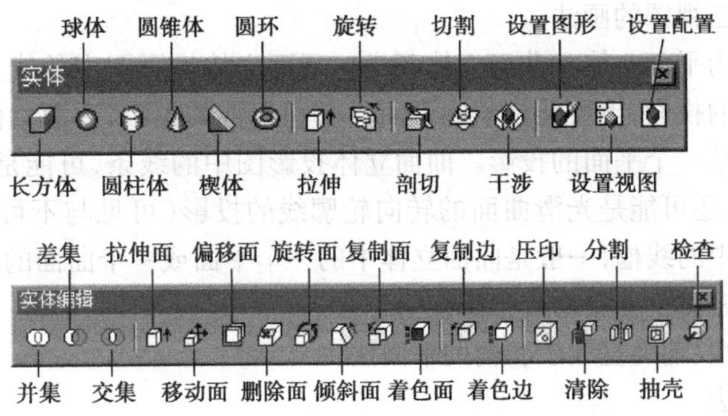

图 2. 40 "实体"和"实体编辑"工具栏

①调出"实体"和"实体编辑"工具栏。

②单击"视图"——"三维视图"——"西南等轴测"。

③单击"实体"工具栏上的"▣"图标,按提示操作,绘制圆柱体。结果如图 2. 41(a)所示。

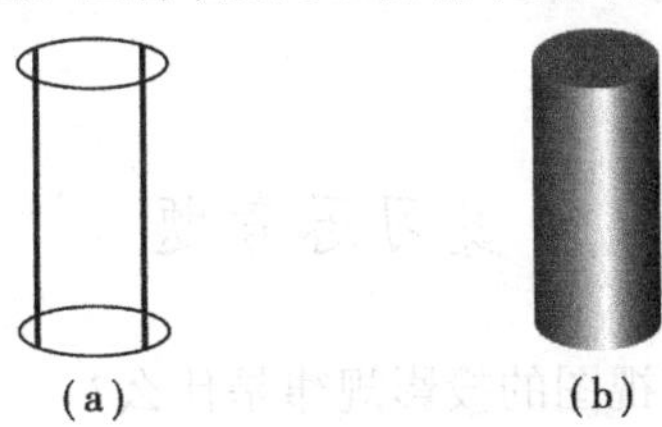

图 2. 41 圆柱体的画法

④图 2. 41(a)立体感不强,为此单击"视图"——"渲染"——"渲染",弹出"渲染"对话框,在对话框中渲染类型选"照片级真实感渲染",并启用雾化,后点击"渲染"。结果如图 2. 41(b)所示。

项目小结

1. 三视图的形成及投影规律

三视图的形成是应用正投影原理,从空间三个方向观察物体的结果。

三视图的投影规律为:长对正、高平齐、宽相等。在看图和画图时都要遵循这一规律。

2. 直线的投影

直线的投影特性:

直线倾斜于投影面,投影变短线。

直线平行于投影面,投影实长现。

直线垂直于投影面,投影聚一点。

3. 平面的投影

平面的投影特性:

平面倾斜于投影面,投影面积变。

平面平行于投影面,投影原形现。

平面垂直于投影面,投影聚成线。

4. 基本几何体三视图的画法

基本几何体分为平面立体和曲面立体两类。平面立体投影图中的线条,可能是平面立体上的面与面的交线的投影,也可能是某些平面具有积聚性的投影,平面立体投影图中的线框,一般是平面立体上某一个平面的投影。曲面立体投影图中的线条,可能是曲面立体上具有积聚性的曲面的投影;还可能是光滑曲面的转向轮廓线的投影(可见与不可见部分的分界线)。而曲面立体投影图中的线框,一般是曲面立体中的一个平面或一个曲面的投影。

5. 基本几何体表面上求点的投影

主要采用积聚性、辅助直线法和辅助平面法。

6. 轴测图的画法

常用的轴测图有正等轴测图和斜二轴测图两种。在选用轴测图时,既要考虑立体感强,又要考虑作图方便。当物体上一个方向上的圆及孔较多时,采用斜二轴测图比较方便。

7. AutoCAD 三维图的画法

AutoCAD 三维图的画法有两种:在二维坐标系中画三维图(轴测图),在三维坐标系中画三维图。

复习思考题

1. 三视图是如何形成的?三视图的投影规律是什么?

2. 如何根据视图判断物体各部分的上、下、左、右、前、后位置?

3. 试举例说明如何灵活运用积聚性、辅助直线法和辅助平面法求基本几何体表面上点的投影。

4. 在标注尺寸时,尺寸应尽量注在哪个视图上?

5. 轴测图是如何形成的?

6. 正等轴测图和斜二等轴测图各有何特点?在什么情况下采用斜二轴测图较为方便?

项目三　组合体

项目内容

1. 截交线与相贯线的基本知识及画法。
2. 组合体的组合形式和形体分析法。
3. 组合体的三视图。
4. 组合体的尺寸标注。
5. 读组合体视图。

项目目的

1. 掌握特殊位置平面截平面体和圆柱的截交线画法。
2. 了解特殊位置平面截圆球的截交线画法。
3. 掌握两圆柱正交和同轴回转体相贯的相贯线画法。
4. 理解组合体的组合形式和形体分析法。
5. 掌握组合体的三视图画法。
6. 能识读与标注组合体的尺寸。
7. 掌握读组合体视图的方法与步骤。

项目实施过程

任务一　截交线与相贯线

一、截交线与相贯线的基本知识

在机件上常见到一些交线;它们有些是截交线、有些是相贯线。在这些交线中,有的是平面与立体表面相交而产生的交线(叫截交线),例如图3.1(a)的铣床尾架顶尖、图3.1(b)的六角螺母,有的是两立体表面相交而形成的交线(叫相贯线),例如图3.1(c)的弯管、图3.1(d)的三通和图3.1(e)的盘等表面都产生了相贯线;这些交线在生产和制造中十分常见,应作一定的了解和掌握。

了解这些交线的性质并掌握交线的画法,将有助于我们正确地分析和表达机件的结构形状。

在学习这一章时,要着重注意下列两个问题:

1. 要注意观察各种常见的平面与曲面相交及曲面与曲面相交的实例,了解交线的形状和趋势,增强对交线的感性认识。

2. 要掌握求交线的基本方法——在曲面上找点的方法,以及利用辅助平面求公有点的方法。

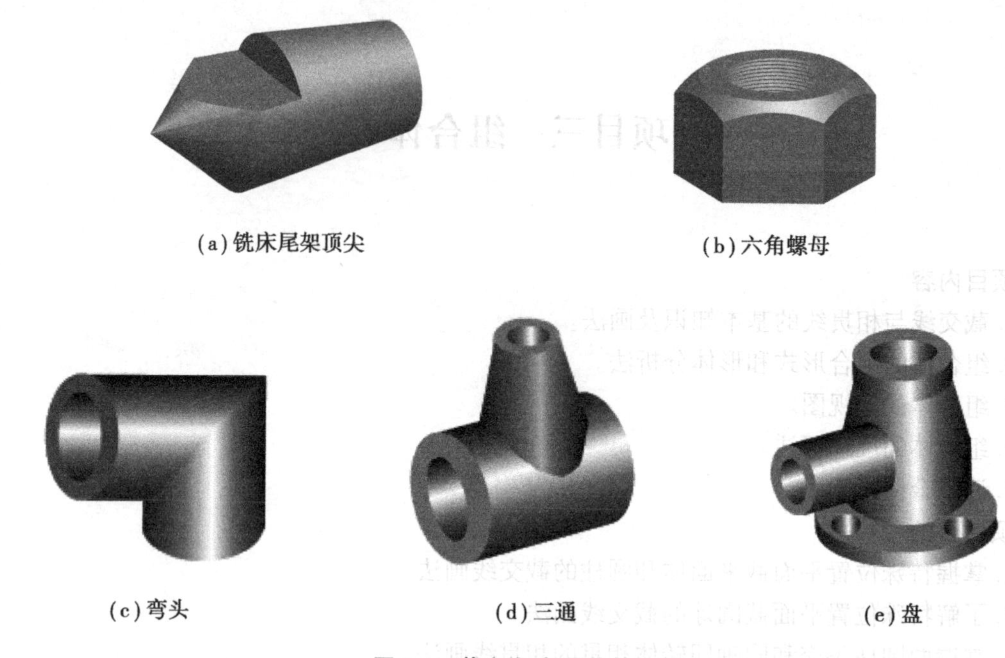

图 3.1　截交线、相贯线的实例

二、截交线

1. 截断体及截交线的概念

截断体是机械制图教学内容的重点和难点之一，更是立体投影作图的关键。因此，本节着重介绍截断体的画图和读图方法在实际中的运用。

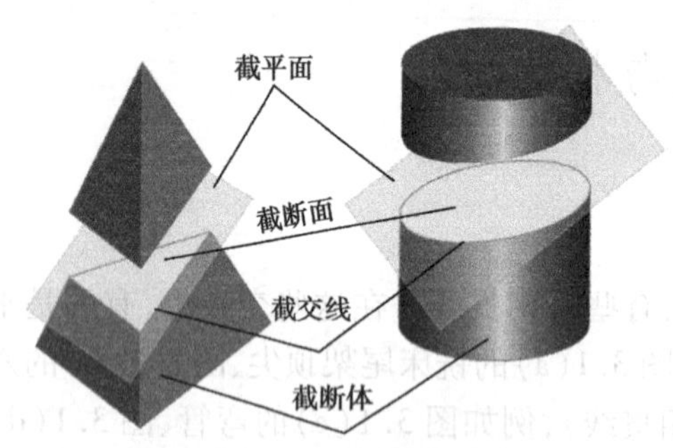

图 3.2　截交线的基本概念

当立体被平面截断成两部分时，其中任何一部分均称为截断体，用来截切立体的平面称为截平面，截平面与立体表面的交线称为截交线。因此，截交线就是立体被任何截平面切割后所产生的交线。图 3.2 所示。

(1) 截交线的性质

截交线的形状与立体表面性质及截平面的位置有关，但任何截交线都具有下列两个基本性质：

1) 截交线是截平面与立体表面的共有线；

2) 由于任何立体都有一定的范围，所以截交线一定是闭合的平面图形(平面折线、平面曲线或两者的组合)。

由以上性质可以看出，求画截交线的实质就是要求出截平面与立体表面的一系列共有点，然后依次连接各点即可。

(2) 求画截交线的一般方法、步骤

求共有点的方法通常有：

1) 积聚性法；

2)辅助线法;

3)辅助平面法。

作图步骤为:

1)找出属于截交线上一系列的特殊点,

2)求出若干一般点,

3)判别可见性,

4)顺次连接各点(成折线或曲线)。

2. 平面立体的截交线

平面立体的截交线是一个平面多边形;此多边形的各个顶点就是截平面与平面立体的棱线的交点;多边形的每一条边,是截平面与平面立体各棱面的交线。

(1)棱柱的截交线

例 3.1 求正六棱柱斜切后的投影。

正六棱柱被 P 平面斜切后,其截交线为封闭的平面折线,如图 3.3 所示。

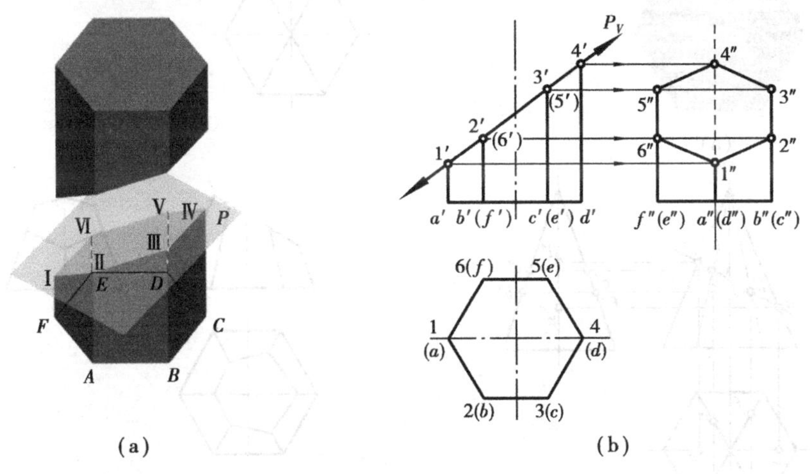

图 3.3 平面与六棱柱相交

其作图步骤为:

①分析截断体:明确截切前基本体的形状、截切形式(如截断、切口、开槽)及截面形状。

②分析截平面的空间位置、投影特性以及截面在三个投影面的投影情况。

③画截断体的三视图。

1)画基本体三视图。

2)画出截平面或切口有积聚投影的图。

3)完成截平面、切口的其余视图。

其作图方法为:

先找出截平面与各棱线的交点,求出各交点的投影后,连接起来即为截交线的投影。

(2)棱锥的截交线

例 3.2 如图 3.4(a)所示,正六棱锥被平面 P 截切,截交线是六边形,其 6 个顶点分别是截平面与六棱锥上六条侧棱的交点。因此,作平面立体的截交线的投影,实质上就是求截平面与平面立体上各被截棱线的交点的投影。作图步骤如下:

1)分析截断体。

2)分析截平面的投影特性。

3)画出三视图,再利用截平面的积聚性投影,先找出截交线各顶点的正面投影 $a',b',\cdots$,如图 3.4(b)所示。

4)根据属于直线的点的投影特性,求出各顶点的水平投影 $a,b,\cdots$ 及侧面投影 $a'',b'',\cdots$,如图 3.4(c)所示。

5)依次连接各顶点的同面投影,即为截交线的投影,如图 3.4(d)所示。

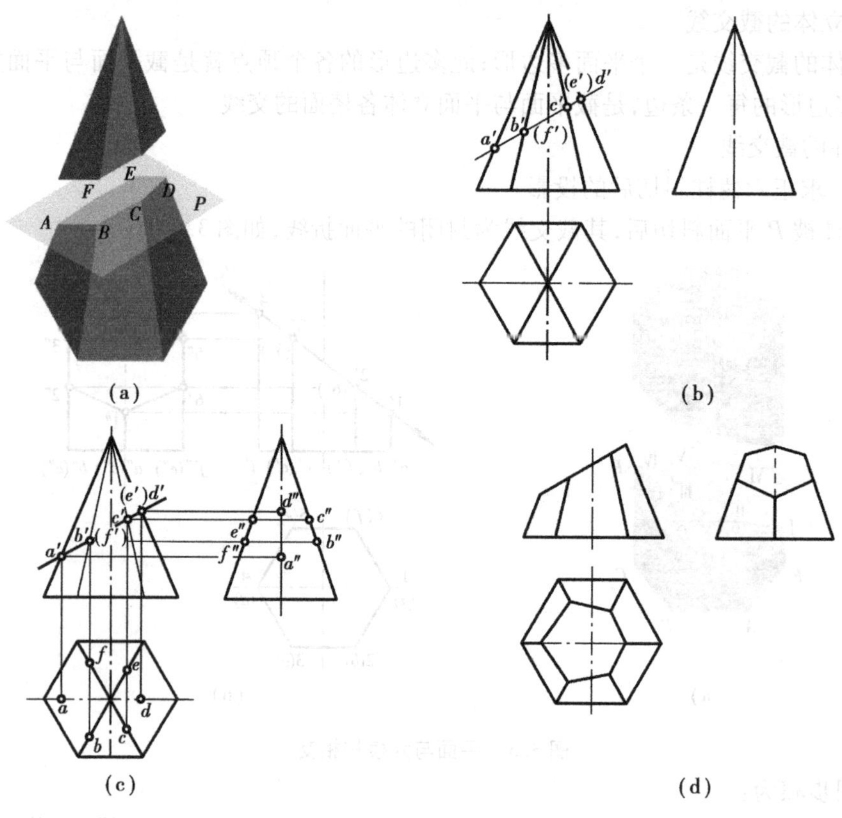

图 3.4　截交线的作图步骤

3. 曲面立体的截交线

曲面立体的截交线,是一个封闭的几何图形。作图时,需先求出若干个共有点的投影,然后将它们依次光滑地连接起来,即为截交线的投影。

(1)圆柱体的截交线

截平面与圆柱轴线的相对位置不同时,其截交线有三种不同的形状,见表 3.1 所示。

当截平面与圆柱轴线平行相交时,其截交线为矩形;当截平面与圆柱轴线垂直相交时,其截交线为圆;当截平面与圆柱轴线倾斜相交时,其截交线为椭圆。

例 3.3　求一斜切圆柱的截交线。

分析　由于圆柱被平面 P 截断,且截平面与圆柱轴线斜交,故所得的截交线是椭圆。正面投影分别重合在截平面有积聚性的投影上;水平投影分别重合在圆柱面有积聚性的投影上;

侧面投影为椭圆,需求出截交线的侧面投影。

表 3.1　截平面和圆柱轴线的相对位置不同时所得的三种截交线

截平面的位置	与轴线平行时	与轴线垂直时	与轴线倾斜时
轴测图			
投影图			
截交线的形状	矩形	圆	椭圆

其作图方法步骤如图 3.5 所示。

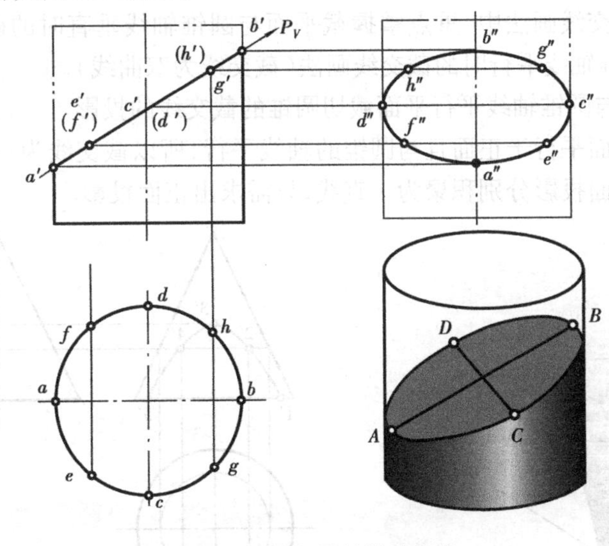

图 3.5　斜切圆柱的截交线

1)分析截断体及截平面的投影特性。

2)求特殊点　特殊点一般是指最高、最低、最前、最后、最左、最右点。它们通常是截平面与回转体上的特殊位置素线的交点,先求出特殊点以确定截交线投影的大致范围,对作图是很

有利的。(如图 3.5 的最低点 A、最高点 B、最前点 C、最后点 D)

3)求一般点　为了准确地画出椭圆,还必须在特殊点之间求出适量的一般点。(如图 3.5 的 E、F、G、H 点)

4)依次光滑连接各点,即得截交线的侧面投影。

(2)圆锥体的截交线

平面与圆锥体的截交线有四种情况,见表 3.2 所示。

表 3.2　圆锥体的截交线

截平面的位置	与轴线垂直	过圆锥顶点	与轴线倾斜	与轴线平行
轴测图				
投影图				
截交线的形状	圆	等腰三角形	椭圆	封闭的双曲线

在上述的四种截交线画法中,重点掌握截平面与圆锥轴线垂直时的截交线画法(截交线为圆)和截平面与圆锥轴线平行时的截交线画法(截交线为双曲线)。

例 3.4　求一个与圆锥轴线平行平面截切圆锥的截交线的投影。

分析　因为截平面平行于正面且与圆锥的轴线平行,所以截交线为一以直线封闭的双曲线。其水平投影和侧面投影分别积聚为一直线,只需求出正面投影。

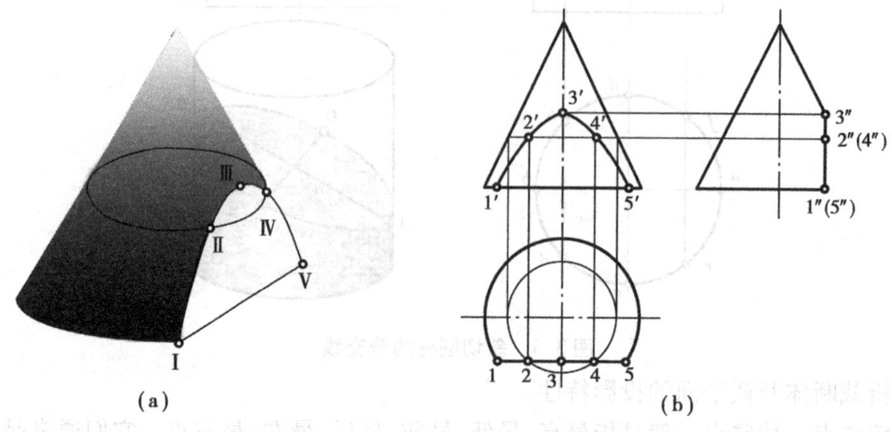

图 3.6　平面截切圆锥的截交线

其作图方法步骤如图 3.6(b)所示。

1)分析截断体及截平面的投影特性。

2)求特殊点　Ⅲ点为最高点,它在最前素线上,故根据 3″可直接作出 3 和 3′。点Ⅰ,Ⅴ为最低点,也是最左、最右点,其水平投影 1,5 在底圆的水平投影上,据此可求出 1′和 5′。

3)求一般点　可利用辅助圆法(也可用辅助素线法),即在正面投影 3′与 1′,5′之间画一条与圆锥轴线垂直的水平线,与圆锥最左、最右素线的投影相交,以两交点之间的长度为直径,在水平投影中画一圆,它与截交线的积聚性投影(直线)相交于 2 和 4,据此求出 2′,4′及 2″,4″。

4)依次将点 1′,2′,3′,4′,5′连成光滑的曲线,即为截交线的正面投影。

例 3.5　试分析圆锥台切通槽的投影。

当截平面投影图平行于投影面时,交线圆在该投影面的投影为实形(圆)。其他两个投影面的投影积聚为直线,其长度等于圆的直径,如图 3.7 所示。

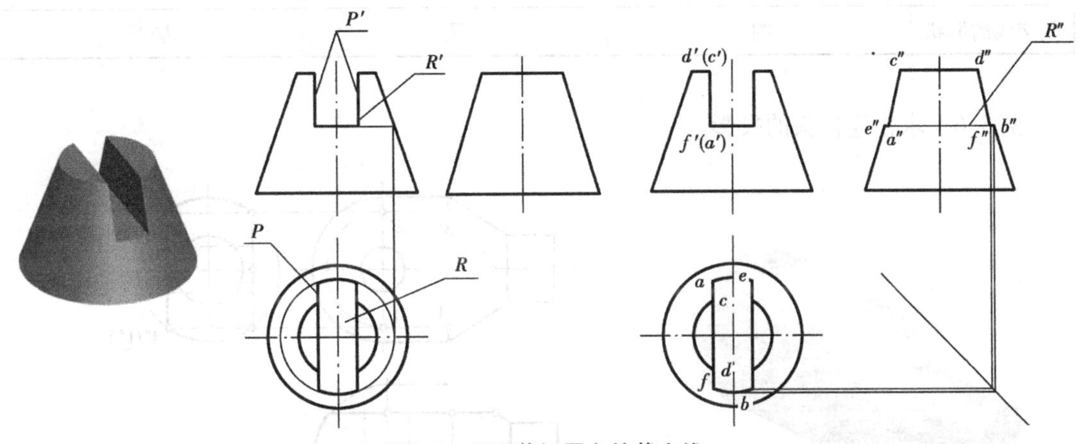

图 3.7　平面截切圆台的截交线

(3)圆球的截交线

圆球被任意方向的平面截切,其截交线都是圆。圆的大小,由截平面与球心之间的距离而定。截平面通过圆心,所得截交线(圆)的直径最大;截平面离球心越远,圆的直径就越小,如表 3.3 所示。

4. 截交线综合举例

实际机件常由几个回转体组成复合体,这样,截交线就由几段组成,变得复杂了。但只要分清构成机件的各种形体及截平面的位置,就可弄清每个形体上截交线的形状及各段截交线之间的关系,然后逐个求出各段截交线的投影,再按它们的相互关系连接起来,即可完成作图。

表 3.3　圆球的截交线

说　明	截平面为平行于 V 面的平面	截平面为平行于 H 面的平面	截平面为垂直于 V 面的平面
轴测图			

续表

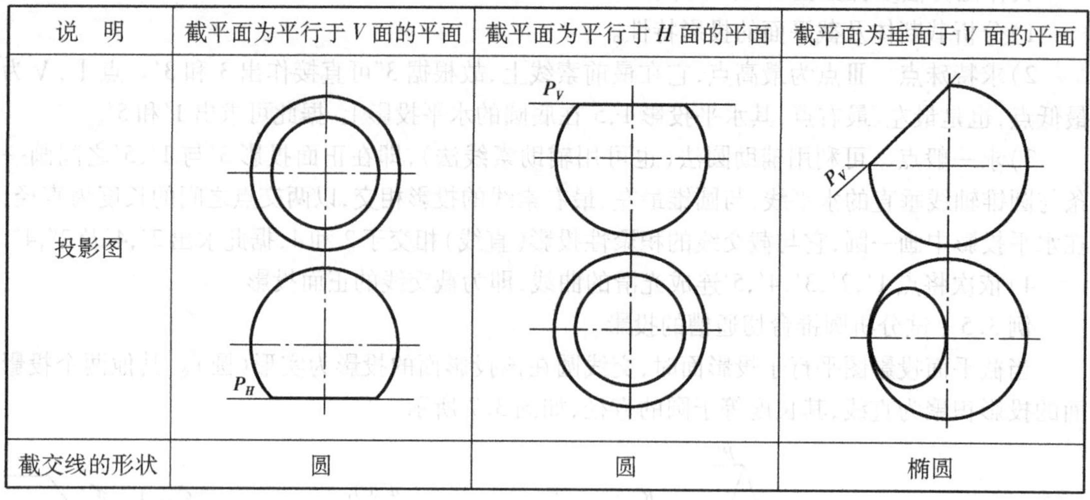

说　明	截平面为平行于 V 面的平面	截平面为平行于 H 面的平面	截平面为垂直于 V 面的平面
投影图	P_H	P_V	P_V
截交线的形状	圆	圆	椭圆

例 3.6　求作连杆头的投影。

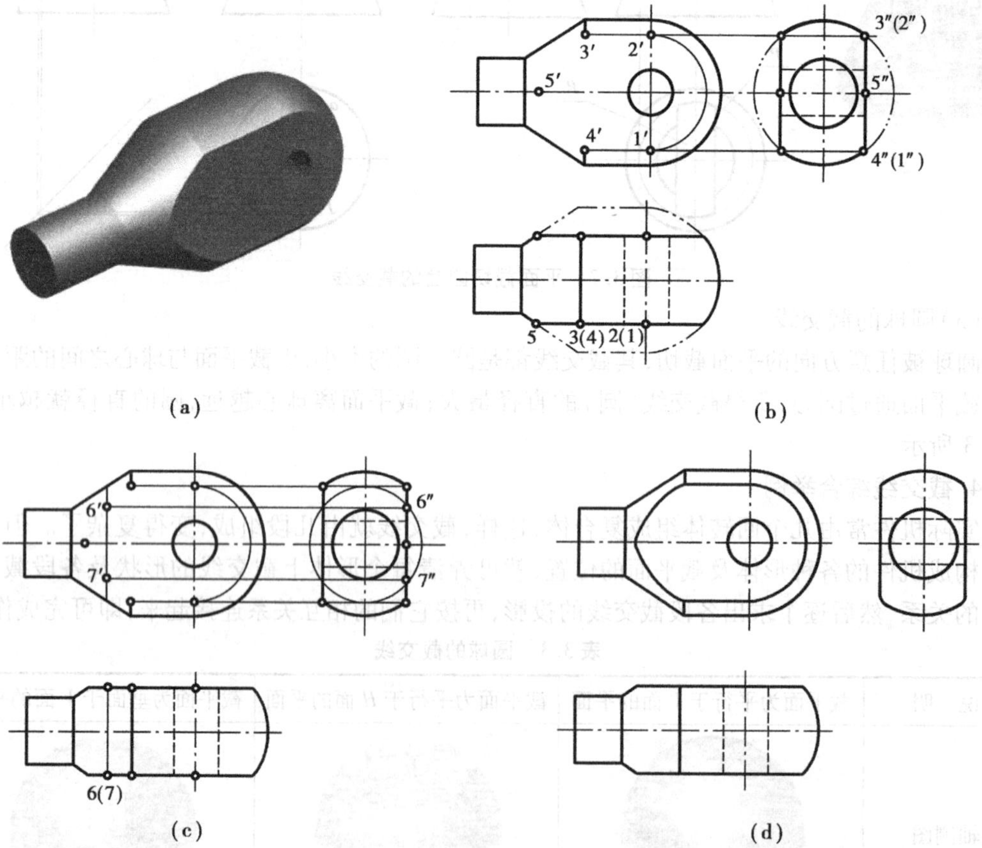

3′ 2′ 3″(2″) 5′ 5″ 4′ 1′ 4″(1″) 5 3(4) 2(1)

(a)　　(b)

6′ 7′ 6″ 7″ 6(7)

(c)　　(d)

图 3.8　连杆头的截交线

分析　由图3.8(a)中看出,连杆头是由同轴的小圆柱、圆锥台、大圆柱及半球(大圆柱与半球相切)组成,并且前、后被两平行轴线的对称平面截切。所产生的截交线是由双曲线(平面与圆锥台的截交线)、两条平行直线(平面与大圆柱面的截交线)及半个圆(平面与圆球的截交线)组成的封闭平面图形。

如图3.8(b)所示,连杆头的轴线垂直于侧面,两截平面平行于正面,所以整个截交线的水平投影和侧面投影分别积聚为直线,需要求作的是正面投影,反映复合截交线(平面图形)的实形。

其作图方法步骤如图3.8所示。

三、相贯线

1. 相贯体及相贯线的概念

两立体相交,其表面就会产生交线。相交的立体称为相贯体,它们表面的交线称为相贯线。相贯线是相贯两立体表面的共有线,是无穷个点的集合。因此,求相贯线的投影就是求该线上共有点的投影。任何物体相交,其表面都要产生交线,这些交线都叫相贯线。

根据相贯体表面几何形状不同,可分为两平面立体相交图3.9(a)、平面立体与曲面立体相交图3.9(b)以及两曲面立体相交图3.9(c)三种情况。

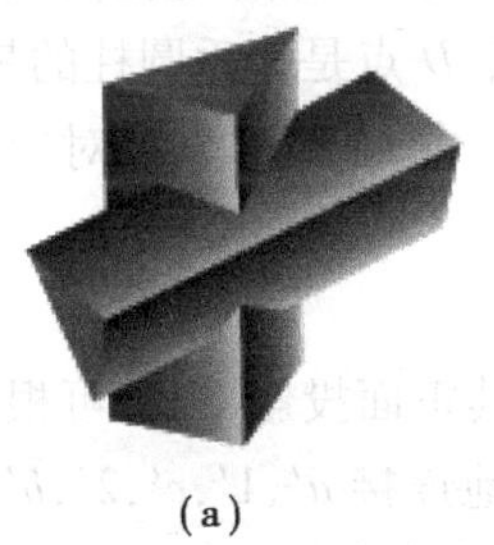
(a)

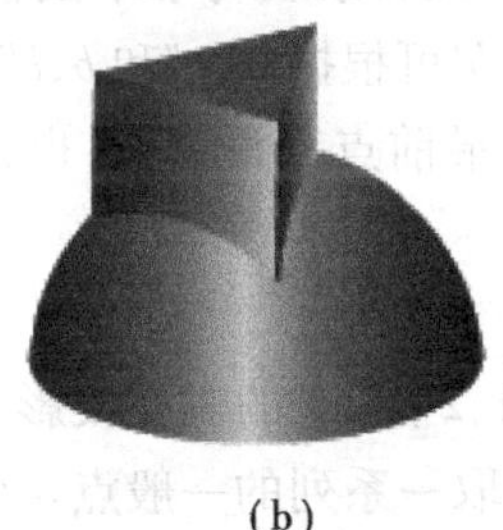
(b)

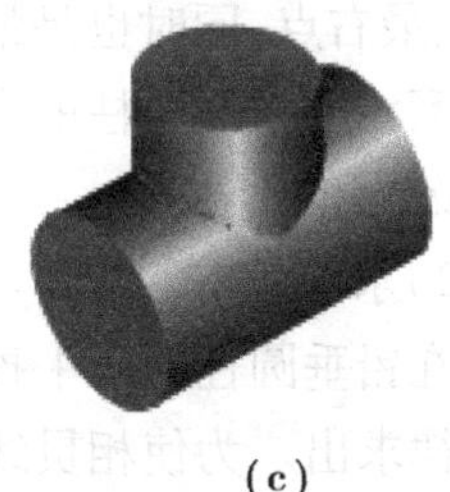
(c)

图3.9　两立体相交

本节只讨论两曲面立体相交的情况。

两曲面立体的相贯线有如下性质:

(1)相贯线一般是封闭的空间曲线,特殊情况下才可能是平面曲线或直线。

(2)相贯线是相交两立体表面的共有线,也是它们的分界线。相贯线可看作两立体表面上一系列共有点组成的。

因此,求相贯线实质上是求两立体表面的共有点的问题。

2. 画相贯线的方法

画相贯线的方法有:表面取点法、近似画法和简化画法。

(1)表面取点法

当相交的两曲面立体中有一个圆柱面,其轴线垂直于投影面时,则该圆柱面的投影为一个圆,且具有积聚性,即相贯线上的点在该投影面上的投影也一定积聚在该圆上,其他投影可根据表面上取点的方法作出。

例3.7　求两圆柱正交的相贯线。

分析　由图3.10所示两圆柱的轴线垂直相交,相贯线是封闭的空间曲线,且前后对称、左右对称。相贯线的水平投影与直立圆柱体柱面水平投影的圆重合，其侧面投影与水平圆柱体柱面侧面投影的一段圆弧重合。因此，需要求作的是相贯线的正面投影，故可用表面取点法作图。

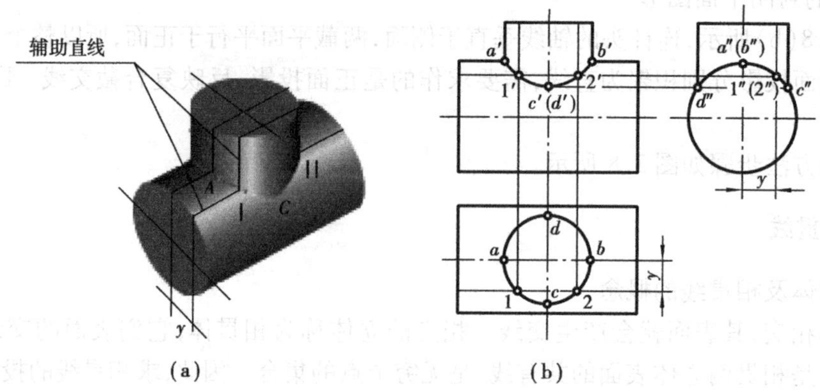

图 3.10　求圆柱与圆柱正交的相贯线

1）求特殊点（A，B，C，D）

点 A、点 B 是铅垂圆柱上的最左、最右素线与水平圆柱的最上素线的交点，是相贯线上的最左、最右点，同时也是最高点，a'和 b'可根据 a，a''和 b，b''求得；C 点、D 点是铅垂圆柱的最前、最后素线与水平圆柱的交点，它们是最前点和最后点，也是最低点。由 c''，d''可直接对应求出 c，d 及 c'和 d'。

2）求一般点

在铅垂圆柱的水平投影圆上取 1，2 点，它的侧面投影为 1″，2″，其正面投影 1′，2′可根据投影规律求出。为使相贯线更准确，可取一系列的一般点。顺次光滑地连接 a'，$1'$，c'，$2'$，b'等点即为相贯线的正面投影（双曲线）。两圆柱正交是机械零件上常遇到的情况。它的交线的产生和形状应该十分熟悉。

（2）相贯线的近似画法和简化画法

在绘制机件图样过程中，当两圆柱正交且直径相差较大，但对交线形状的准确度要求不高时，允许采用近似画法，即用大圆柱的半径作圆弧来代替相贯线，或用直线代替非圆曲线，如图 3.11（a）、（b）所示。

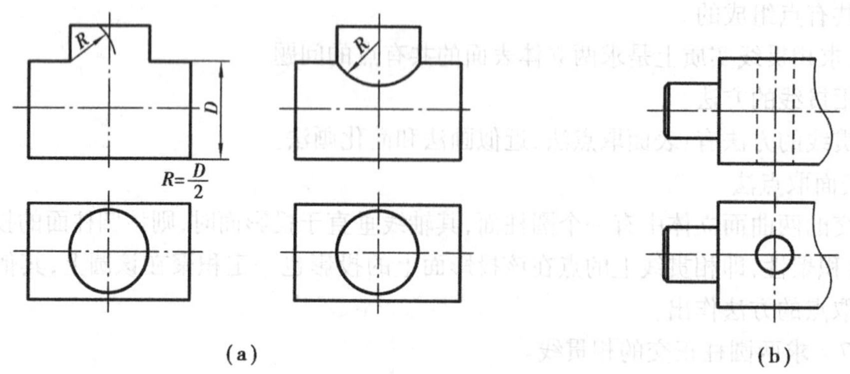

图 3.11　相贯线的近似画法

3. 相贯线的常见形式

在生产中常见一些相贯线的形式及画法，列于下表中，便于了解，见表3.4所示。

表3.4 相贯线的常见形式

相交形式 / 图形情况	圆柱与圆柱相交的三种情况		
	两实心圆柱相交	两等径圆柱相交	圆柱孔与圆柱孔相交
立体图			
投影图	c′ c″ c		A—A c′ c″ A c A
	共轴回转体的相贯线（其相贯线为圆）		
立体图			
投影图	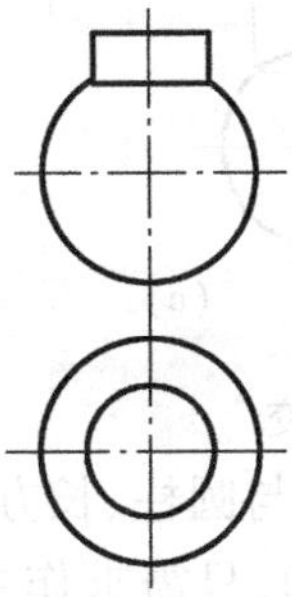	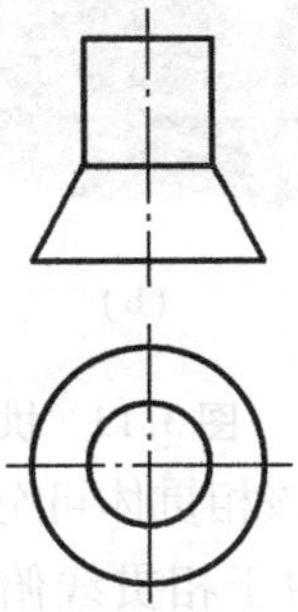	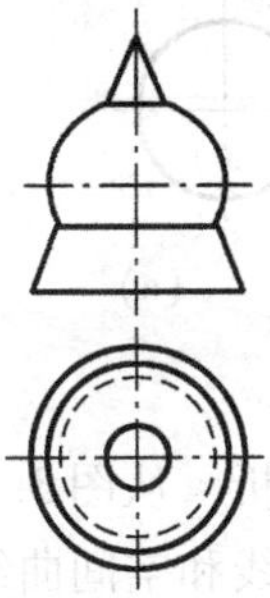

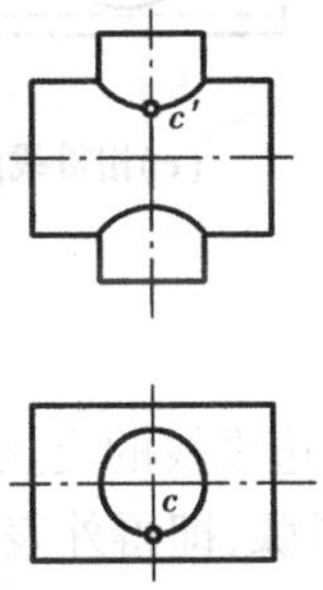

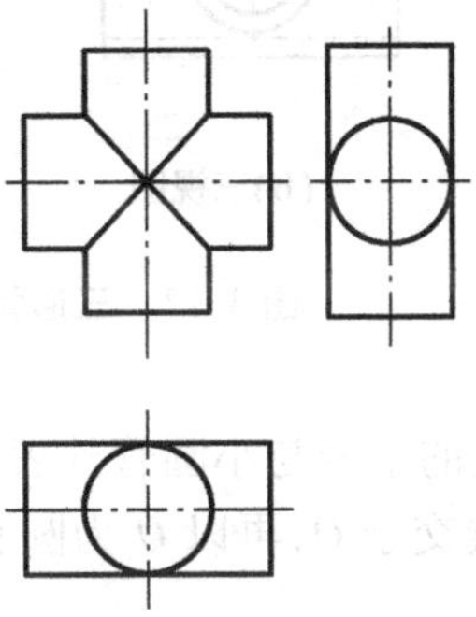

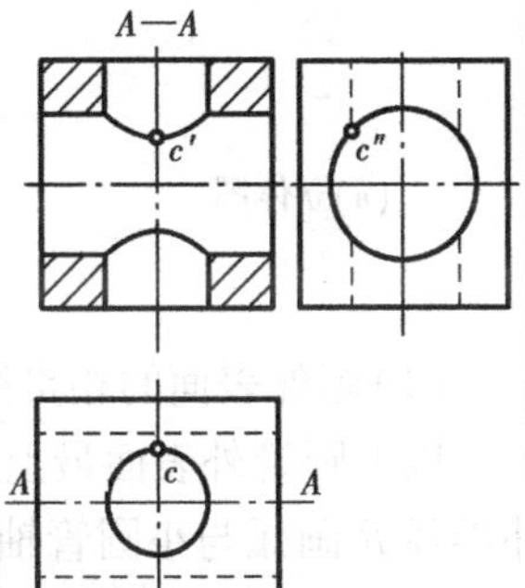

4. 相贯线应用举例

在画实际机件的图样时，由于组成机件的形体较多。交线也常常比较复杂，但作图的方法仍然相同。

例 3.8 用近似法画三通管的相贯线。

分析 如图 3.12 所示两空心圆柱的轴线垂直相交，其表面的相贯线是封闭的空间曲线，且前后对称、左右对称。相贯线的水平投影与直立圆柱体柱面水平投影的圆重合，其侧面投影与水平圆柱体柱面侧面投影的一段圆弧重合。因此，只需求作相贯线的正面投影。

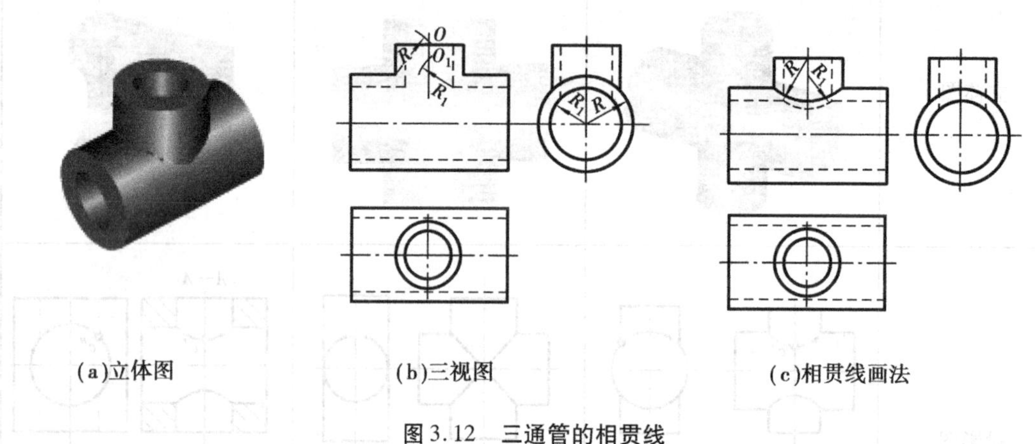

图 3.12 三通管的相贯线

(1) 画外表面的相贯线

以大圆管外表面最上边的素线与小圆管外表面最左、最右边素线的交点为圆心，取大圆管外半径 R 画弧与小圆管轴线交于 O，再以 O 为圆心 R 为半径画弧，即得外表面相贯线。

(2) 画内表面的相贯线

以大圆管内表面最上边的素线与小圆管内表面最左、最右边素线的交点为圆心，取大圆管内半径 R_1 画弧与小圆管轴线交于 O_1，再以 O_1 为圆心 R_1 为半径画(虚线)弧，即得内表面相贯线。

例 3.9 图 3.13 所示为拱形柱与圆柱相贯，求作相贯线。

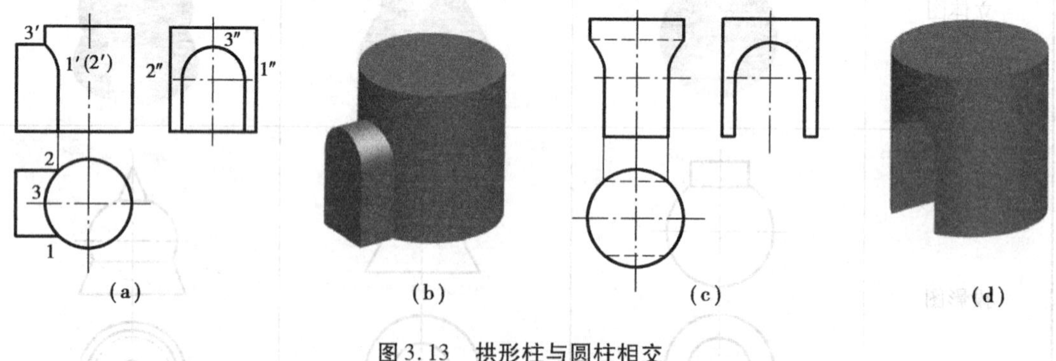

图 3.13 拱形柱与圆柱相交

分析 从图 3.13(b)可知，该相贯体可分解为半圆柱与圆柱、长方体与圆柱相交，相贯线是由直线和空间曲线所组成。由于相贯线俯、左视图已知，只需求作主视图，见图 3.13(a)。又由图 3.13(d)所示，圆柱上从左往右切拱形通槽，相贯线的形状和投影与图 3.13(a)相同，但主、俯视图应画虚线表示拱形槽的不可见轮廓线。

通过对截交线、相贯线内容的学习,主要要求掌握几种常见的截交线、相贯线画法,并弄清它们的形成特点,为后续章节打下基础。在截交线和相贯线作图时,应首先分析各形体的性质,它们的相对位置以及它们与投影面的相对关系,选择作图比较方便的一种方法进行解题。

想一想

1. 截交线的形状是否与平面立体的形状有关?
2. 相贯线的形状是否与两相贯体相贯的位置有关?
3. 由哪些基本立体能组成相贯体?
4. 截断体与相贯体的尺寸标注有何要求?
5. 列举几种相贯线特殊情况的实例?

任务二 组合体的组合形式和形体分析法

由两个或两上以上基本几何体所组成的物体,称为组合体。本章重点讨论组合体三视图的画法、看图方法和尺寸标注,为学习零件图打下基础。

一、形体分析法

任何复杂的物体,仔细分析起来,都可看成是由若干个基本几何体组合而成的。如图3.14(a)所示的轴承座,可看成是由两个尺寸不同的四棱柱和一个半圆柱叠加起来后,再切出一个圆柱体和两个小圆柱体而成的,如图3.14(b)、(c)所示。既然如此,画组合体的三视图时,就可采用"先分后合"的方法。就是说,先在想象中把组合体分解成若干个基本几何体,然后按其相对位置逐个画出各基本几何体的投影,综合起来,即得到整个组合体的视图。这样,就可把一个复杂的问题分解成几个简单的问题加以解决。这种为了便于画图和看图,通过分析将物体分解成若干个基本几何体,并搞清它们之间相对位置和组合形式的方法,叫做形体分析法。

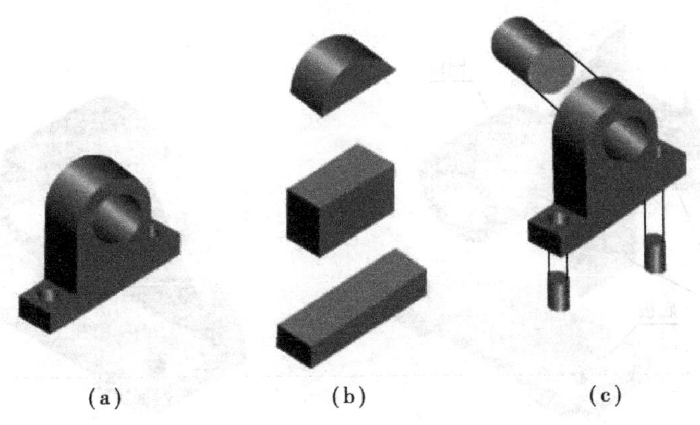

图3.14 轴承座的形体分析

形体分析法是一种分析复杂立体的方法,它是画图、看图的最基本的方法。其中,形体之间的相互关系包括:形体间的相对位置;形体间的组合形式;形体间的表面过渡关系。形体间的组合形式:叠加、挖切、综合。形体间的表面过渡关系:共面(平齐)、相切和相交。

二、组合体的组合形式及种类

组合体的组合形式按其形状特征,可以分为三类:

1)叠加类组合体——由各种基本形体按不同形式叠加而形成,如图 3.15 所示。

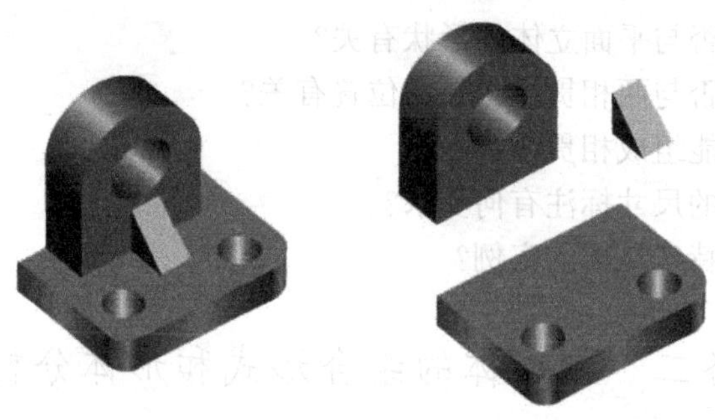

图 3.15　叠加类组合体

2)挖切类组合体——在一些基本形体(棱柱体、圆柱体等)上进行挖切(如钻孔、挖槽等)所得到的形体,如图 3.16 所示。

图 3.16　挖切类组合体

3)综合类组合体——由若干个基本形体经叠加及挖切所得到的形体。它是组合体中最常见的类型,如图 3.17 所示。

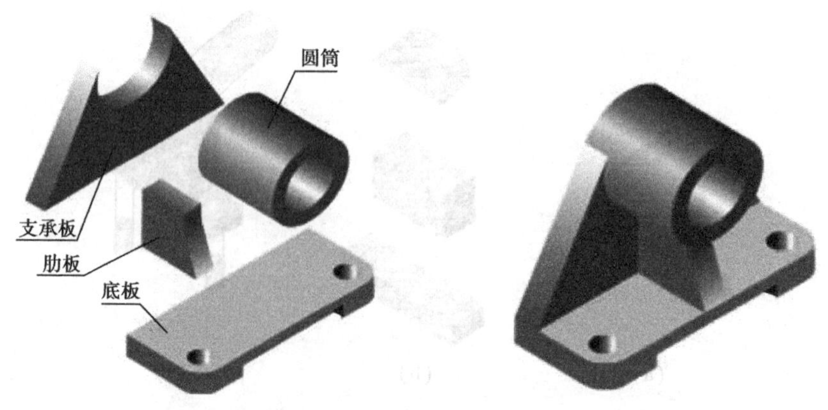

图 3.17　综合类组合体

三、组合体各形体间表面连接关系及画法

在组合体中，各基本形体相邻表面间的相互位置关系及画法分为不平齐、平齐、相切和相交4种情况：

1)当两基本形体的表面不平齐时，在视图内中间应该有线隔开。如图3.18(a)所示的一组合体，它是由带半圆柱的棱柱和带凹槽的底板叠加而成，前后表面不平齐，其分界处应有线隔开。如果漏画线，就成为一个连续表面了，是错误的，见图3.18(b)、(c)。

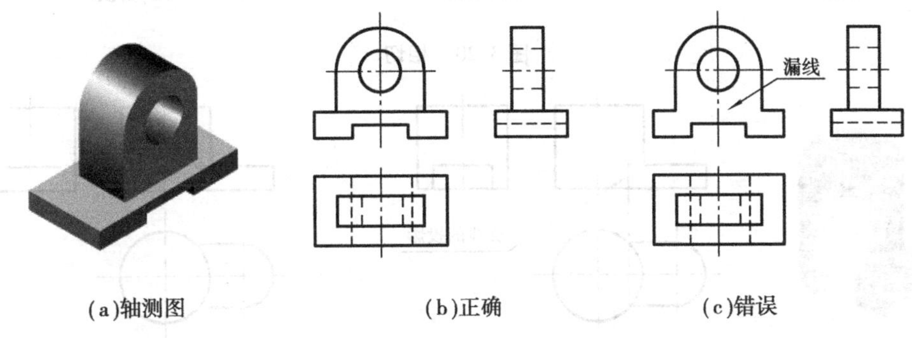

图3.18 不平齐

2)当两基本形体的表面平齐时，在视图内中间不应有线隔开。如图3.19(a)所示组合体两个形体的前后表面是平齐的，形成一个表面，分界线不存在了，如图3.19(b)所示。

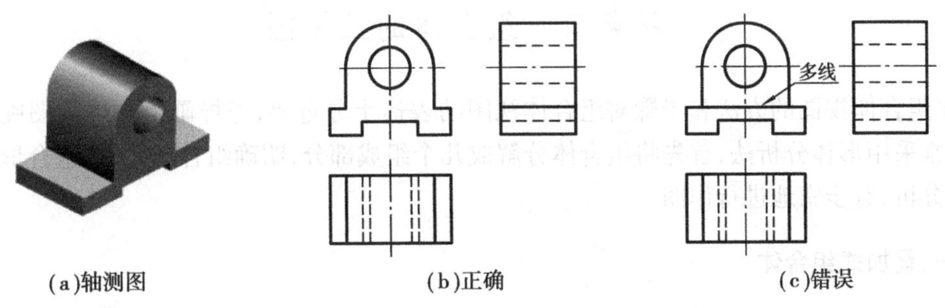

图3.19 平齐

3)当两基本形体的表面相切时，在相切处不应画线。如图3.20(a)所示的物体，两形体侧表面相切，两表面连接处应光滑过渡，没有交线，在视图上相切处不应画线，但应特别注意它们相切处的投影关系，如图3.20(b)所示。图3.20(c)所示的画法是错误的，因相切处多画了图线。

4)当两基本形体的表面相交时，在相交处应画出交线。如图3.21所示，平面和曲面相交都会产生交线。

经以上分析可知，应用形体分析法可以使复杂问题简单化，把我们感到陌生的组合体分解为较熟悉的基本形体。因此，熟练掌握这一基本方法后，能使我们正确、迅速地解决组合体的看图、画图问题。

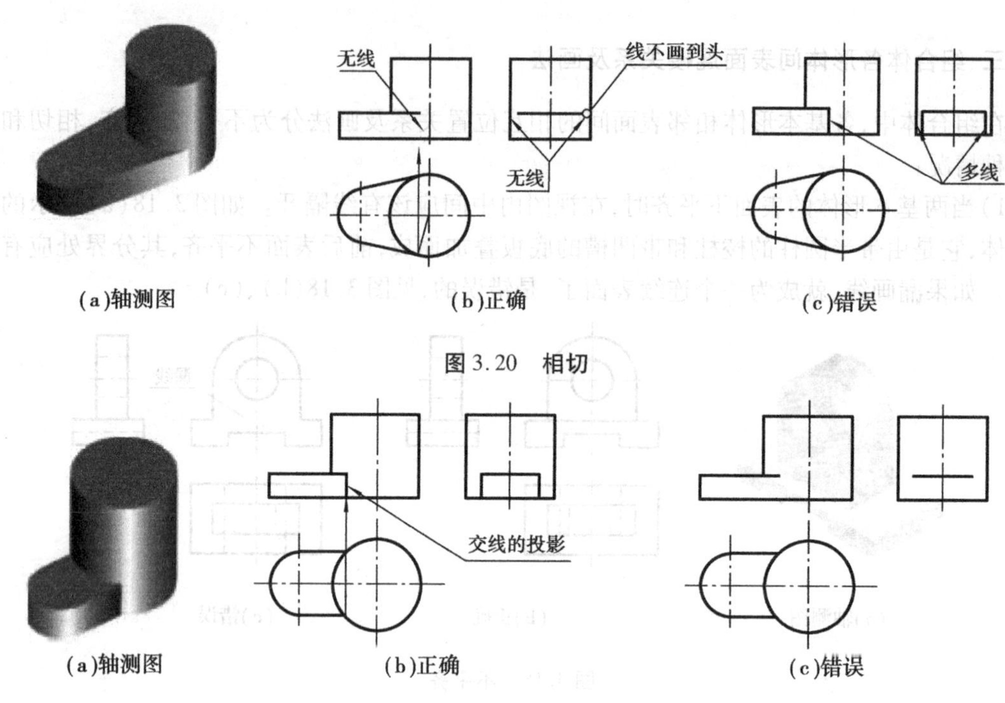

图3.20　相切

图3.21　相交

任务三　组合体的三视图

画组合体视图的方法和步骤对组合体视图的表达十分重要，怎样画组合体视图呢？在画图时，常采用形体分析法，首先将组合体分解成几个组成部分，明确组合形式，按组合形式的不同，有分析、有步骤地进行作图。

一、叠加式组合体

由图3.22(a)所示，首先对实物进行形体分析，先把组合体分解为5个基本形体，即三个实体，两个虚体；然后分析确定它们之间的组合形式和相对位置，如图3.22(b)所示。其作图过程如图3.23所示。

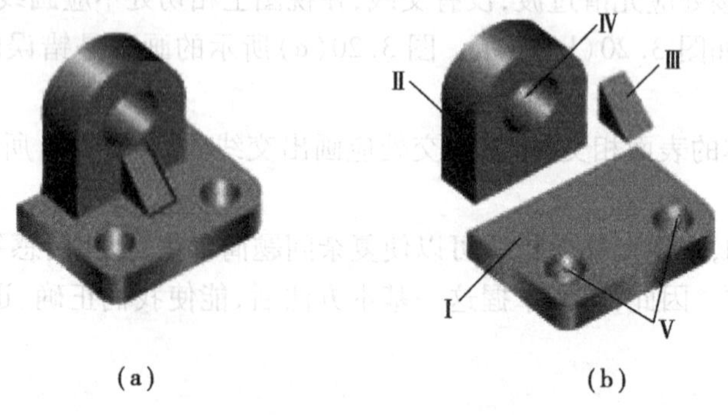

图3.22　座体图形分析

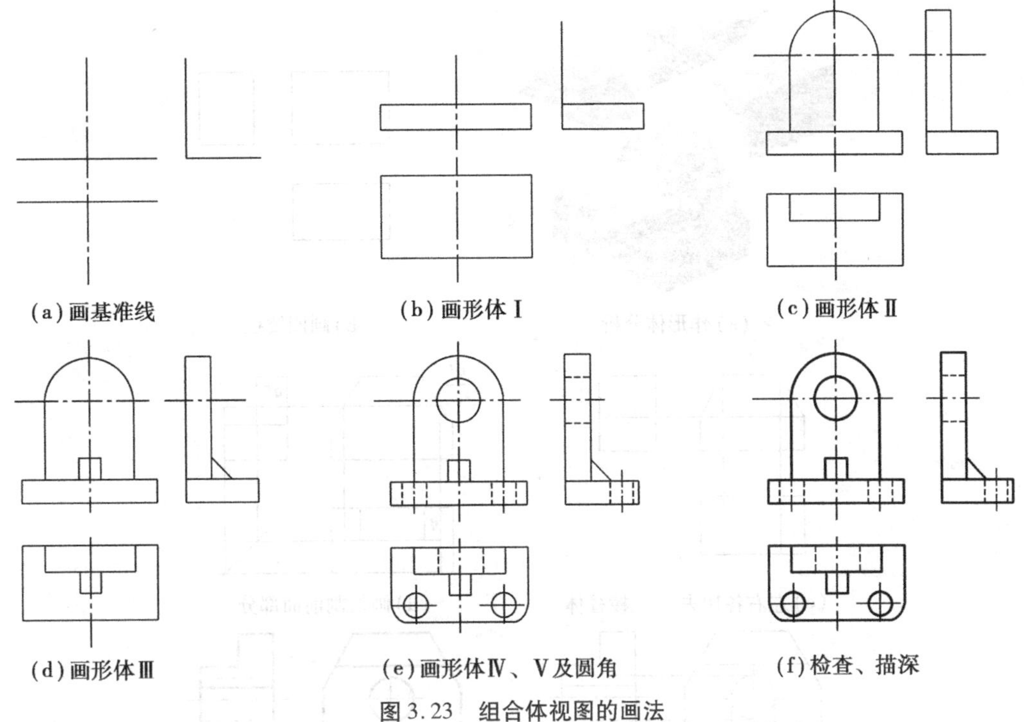

图 3.23　组合体视图的画法

作图步骤如下：

①对实物进行形体分析。

②选择主视图，确定主视图位置和投影方向。

③定图幅，选比例，画主要形体的中心线或主要轮廓线。

④从每一形体具有特征形状的视图开始，逐个地画出它的三视图。

⑤检查、加深图形。

在画图时要注意 3 个问题：

①各形体之间的相对位置在视图中应怎样反映？

②各形体之间的表面连接关系在视图中应该怎样反映？

③组合体三视图在画图时应遵循其对应关系：主、俯视图长对正；主、左视图高平齐；俯、左视图宽相等，且前后对应。

二、挖切式组合体

挖切式组合体可看成是从一整体上挖切去几个基本几何体而成，图 3.24(a)所示。其作图过程如图 3.24 所示。

作图步骤如下：

①画图之前，一定要对组合体的各部分形状及相互位置关系有明确的认识，画图时要保证这些关系表示得正确。

②画各部分的三视图时，应从最能反映该形体特征形状的视图开始。

③要细致地分析组合体各形体之间的表面连接关系。画图时注意不要漏线或多线。

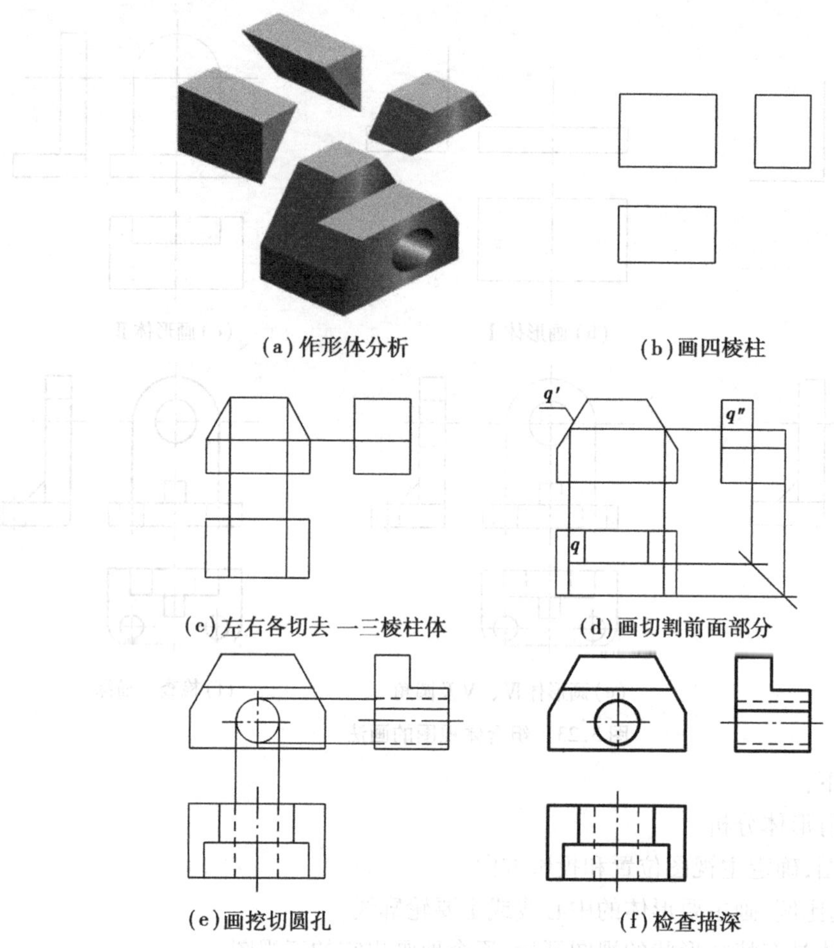

(a)作形体分析　(b)画四棱柱

(c)左右各切去一三棱柱体　(d)画切割前面部分

(e)画挖切圆孔　(f)检查描深

图3.24　组合体三视图的画法

挖切式组合体除了用形体分析法外,还要对一些斜面运用线面分析法。

线面分析法是在形体分析法的基础上,运用线、面的空间性质和投影规律,分析形体表面的投影,进行画图、看图的方法。在运用线面分析法看图时,须遵循下列原则:

若平面为:"一框对两线"—投影面平行面

"一线对两框"—投影面垂直面

"三框相对应"——般位置平面

应注意面投影所具有的真实性、积聚性或类似性,特别是类似性的投影特征。

任务四　组合体的尺寸标注

一、组合体尺寸标注的要求

组合体的形状和大小是由它的视图及其所注尺寸来反映的。在视图上标注尺寸有如下基本要求:

1)正确:尺寸数值要正确无误,注法要符合国家标准的规定。

2)完整:尺寸必须能唯一确定立体的大小,也不能遗漏和重复。

3)清晰:尺寸的布局要整齐、清晰、恰当,便于看图。

4)合理:尺寸标注要保证设计要求,便于加工和测量。

二、组合体尺寸标注的种类和尺寸基准

若组合体要达到尺寸标注完整的要求,仍要应用形体分析法将组合体分解为若干基本形体,标注出各基本形体的大小和确定这些基本形体之间的相对位置尺寸,最后注出组合体的总体尺寸。

因此,组合体尺寸应包括下列三种:

1)定形尺寸:确定组合体各基本形体的形状和大小的尺寸。

2)定位尺寸:确定组合体各基本形体间的相对位置的尺寸。

3)总体尺寸:确定组合体的总长、总宽、总高的尺寸。

现以图 3.25 所示的组合体为例,说明其尺寸标注。

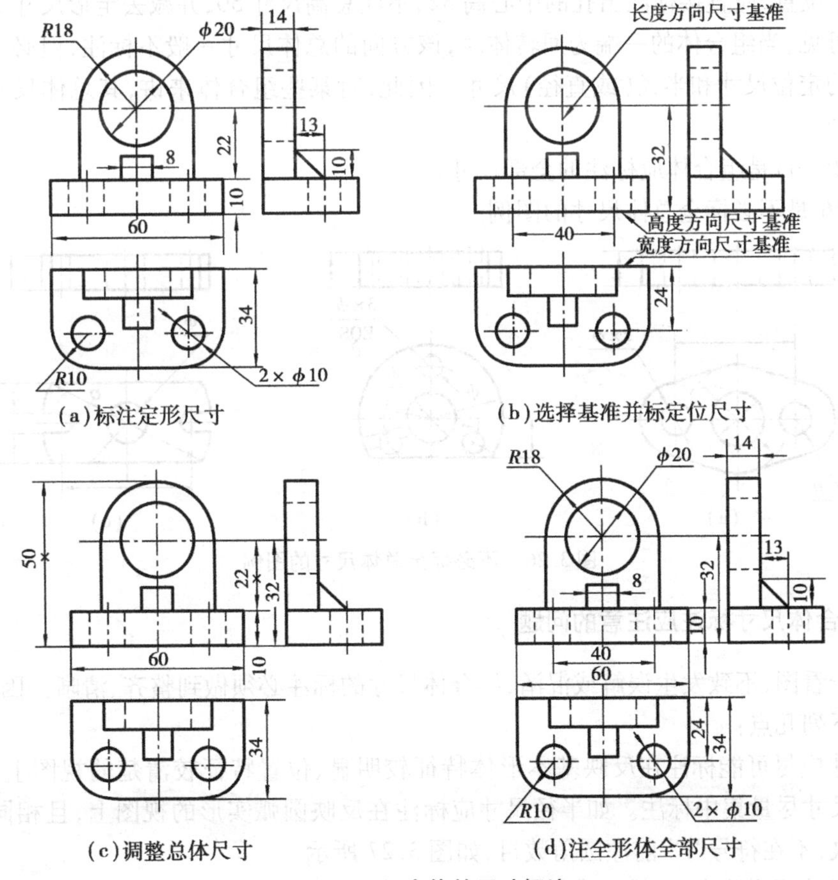

图 3.25　组合体的尺寸标注

在形体分析的基础上,先标注出组合体各基本形体的定形尺寸,如图 3.25(b)所示。形体Ⅰ应标注四个尺寸:60,34,10 和 R10;形体Ⅱ标注三个尺寸:14,22 和 *R*18,其长度 36 不必标

注;形体Ⅲ标注三个尺寸:8,13,10;形体Ⅳ与形体Ⅱ同宽,故标注一个尺寸 ϕ20;形体Ⅴ与形体Ⅰ同高,标注一个尺寸 ϕ10。然后标注定位尺寸。标注组合体的定位尺寸时,应该选择好尺寸基准。

通常把标注和测量尺寸的起点,称为尺寸基准。组合体有长、宽、高三个方向的尺寸,每个方向至少应该有一个尺寸基准,用来确定基本形体在该方向的相对位置。当某方向的尺寸基准多于一个时,其中有一个是主要基准,其余为辅助基准。

标注尺寸时,一般以组合体较大的平面(对称面、底面、端面)、直线(回转轴线、转向轮廓线)、点(球心)作为尺寸基准,曲面一般不能作尺寸基准。

如图 3.25(b)所示,组合体高度方向的尺寸以底端面为尺寸基准,标注尺寸 32,确定形体Ⅳ的中心位置;形体Ⅲ高度方向的定位尺寸,由形体Ⅰ的定形尺寸 10 所代替。长度方向以组合体的对称平面为尺寸基准,标注尺寸 40,确定形体Ⅴ的相对位置。宽度方向的尺寸以后端面为尺寸基准,标注尺寸 24,确定形体Ⅴ的中心位置。

最后,调整出总体尺寸。如图 3.25(c)所示,形体Ⅰ长、宽方向的定形尺寸即是组合体长、宽方向的总体尺寸。组合体的总高尺寸 50 与尺寸 32、*R*18 重复,为了加工时便于确定圆孔 ϕ20 的中心位置,应直接标注出孔的中心高 32,不注总高尺寸 50,并减去定形尺寸 22。

由此可见,当组合体的一端为回转体时,该方向的总体尺寸一般不标注,但必须标注出圆柱体中心的定位尺寸和半径(或直径)尺寸。因此,对某些组合体来讲,其总体尺寸不一定都要求标注全。

图 3.25(d)是组合体应标注的全部尺寸。

图 3.26 是不必标全总体尺寸的图例。

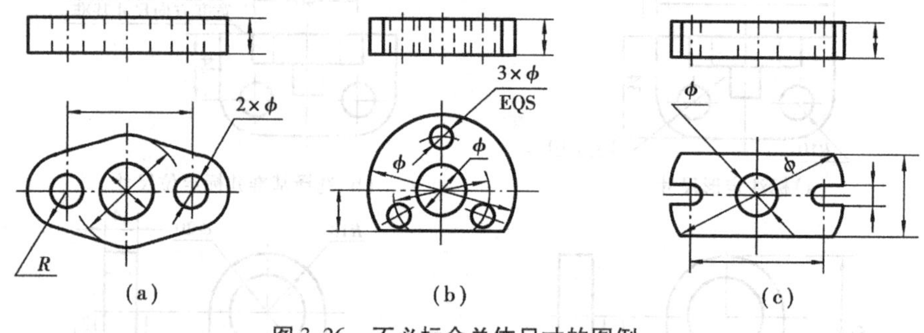

图 3.26 不必标全总体尺寸的图例

三、组合体尺寸标注应注意的问题

为便于看图,不致发生误解或混淆,组合体尺寸的标注必须做到整齐、清晰。因此,标注尺寸应注意下列几点:

1)尺寸应尽可能标注在反映基本形体特征较明显、位置特征较清楚的视图上,且同一形体的相关尺寸尽量集中标注。如半径尺寸应标注在反映圆弧实形的视图上,且相同的圆角半径只注一次,不在符号"*R*"前注圆角数目,如图 3.27 所示。

2)为保持图形清晰,虚线上应尽量不注尺寸,如图 3.28 所示。

3)尺寸应尽量在视图外边,尺寸排列要整齐,且应小尺寸在里(靠近图形),大尺寸在外。避免尺寸线和其他尺寸的尺寸界线相交,如图 3.29 所示。

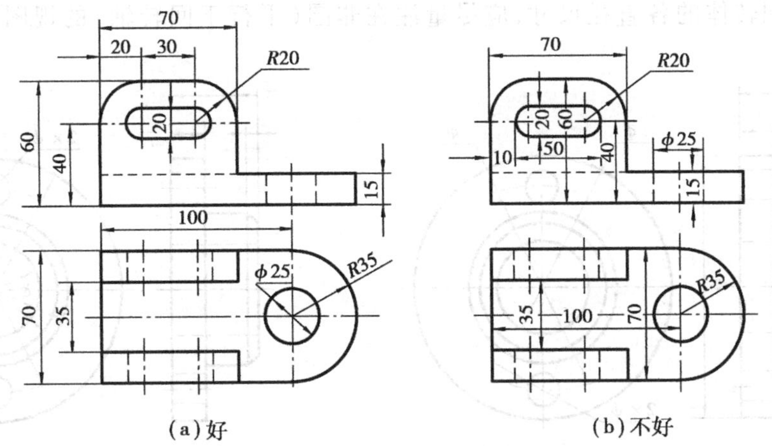

图 3.27　尺寸标注在形体特征明显的视图上

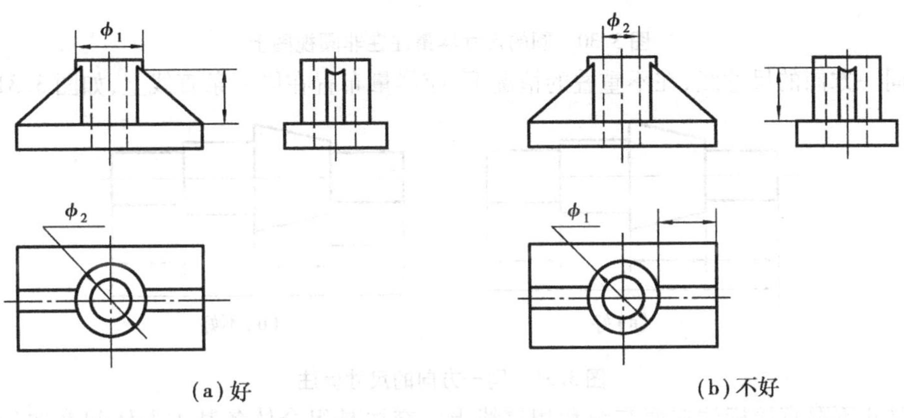

图 3.28　虚线上不注尺寸

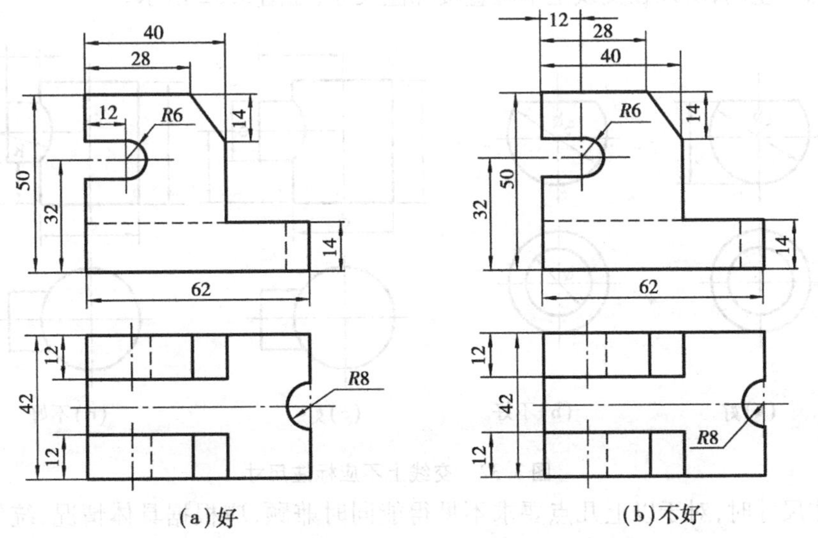

图 3.29　尺寸尽量注在视图外边，且小尺寸在里，大尺寸在外

4)同轴回转体的各直径尺寸,应尽量注在非圆(平行于回转轴)的视图上,如图3.30所示。

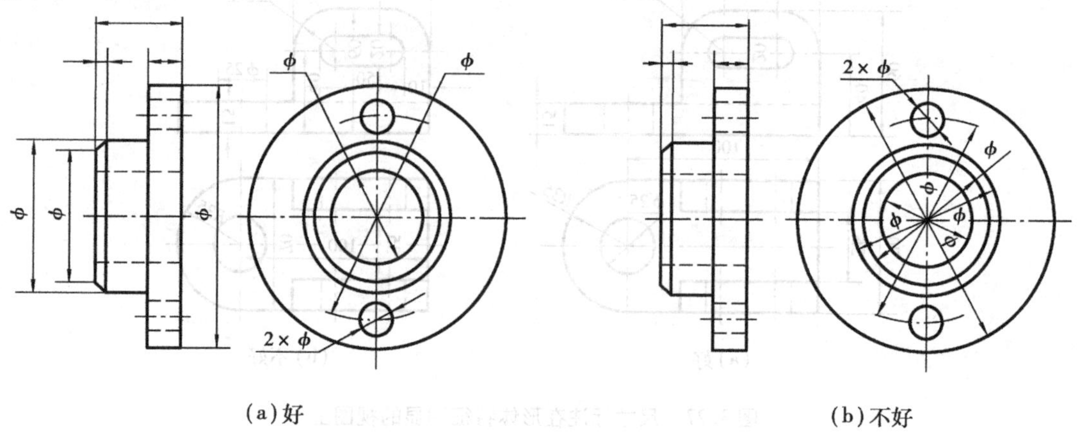

(a)好 (b)不好

图3.30 圆的尺寸尽量注在非圆视图上

5)同一方向的尺寸线,在不重叠的情况下,应尽量布置在同一条直线上,如图3.31所示。

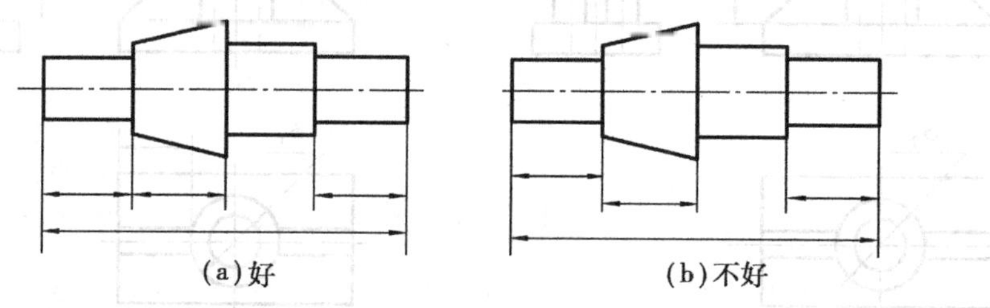
(a)好 (b)不好

图3.31 同一方向的尺寸标注

6)尺寸不要直接标注在截交线和相贯线上。交线是组合体各基本形体间叠加(或挖切)相交时自然产生的,所以在交线上不应直接标注尺寸,如图3.32所示。

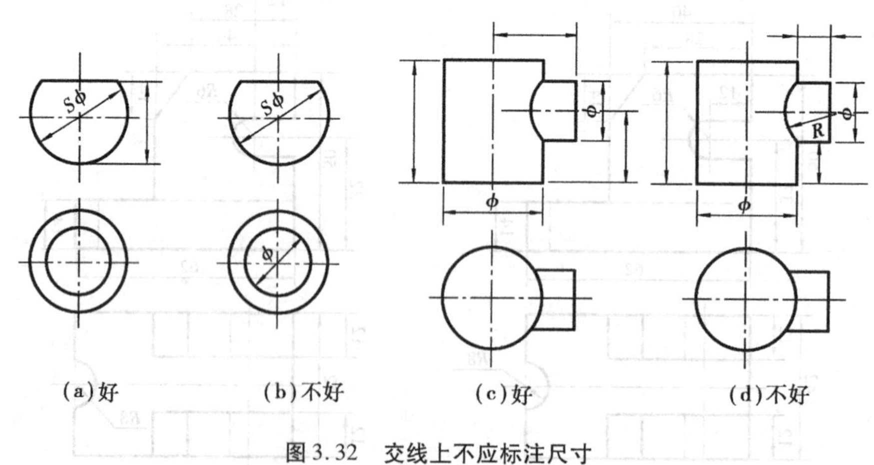

(a)好 (b)不好 (c)好 (d)不好

图3.32 交线上不应标注尺寸

在标注尺寸时,对于以上几点要求不见得能同时兼顾,应根据具体情况,统筹安排,合理布置。

四、标注组合体尺寸的步骤

1)进行形体分析。

2)标注各形体的定形尺寸。

3)确定长、高、宽三个方向的尺寸基准,标注形体间的定位尺寸。

4)考虑总体尺寸标注,对已注的尺寸进行必要的调整。

5)检查尺寸标注是否正确、完整,有无重复、遗漏。

任务五 读组合体视图

画图是把空间的组合体用正投影法表示在平面上。读图是画图的逆过程,根据已画出的视图,运用投影规律,想象出组合体的空间形状。画图是读图的基础,而读图既能提高空间想象能力,又能提高投影的分析能力。

一、读图时的注意点

1. 读图的基本方法

以形体分析法为主,线面分析法为辅,根据形体的视图,逐个识别出各个形体,进而确定形体的组合形式和每个形体间邻接表面的相互位置。

2. 读图的要点

(1)要从反映形体特征的视图入手,几个视图联系起来看。

(2)要认真分析视图中的相邻线框,识别形体和形体表面间的相互位置。

(3)要把想象中的形体与给定视图反复对照,善于抓住形状特征和位置特征视图。

物体的形状特征反映最充分的那个视图,就是特征视图。看图时必须善于找出反映特征的投影,这样就便于想象其形状与位置。

如图3.33(a)、(b)、(c)的主视图是一样的,但它们却表示形状完全不同的三种物体。图3.33(d)、(e)、(f)的俯视图都是两同心圆,但它们却是三种不同的物体。有时两个视图也不能确定空间物体的唯一形状,如图3.34(a)、(b)、(c)所示,若只看主、俯视图,物体的形状仍然不能确定。由于左视图的不同,物体就有可能是图示的几种空间形状。又如图3.35、图3.36所示,是由主、俯视图相同,不同的左视图所构成的物体。

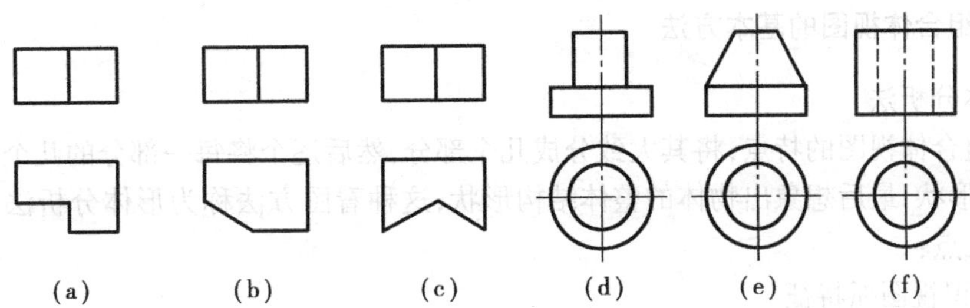

图3.33 两个视图联系起来看

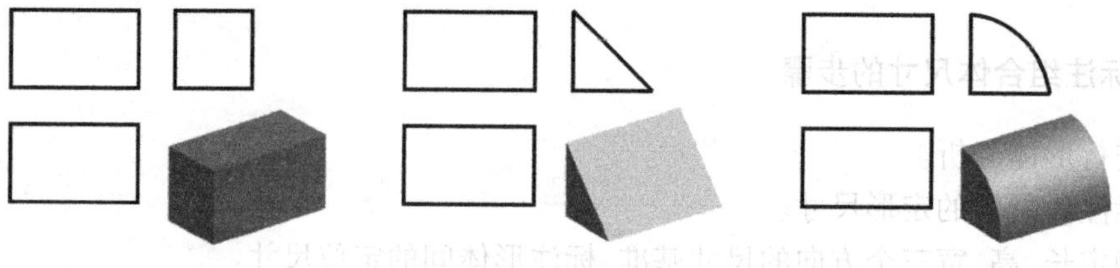

(a) (b) (c)

图 3.34 三个视图联系起来看

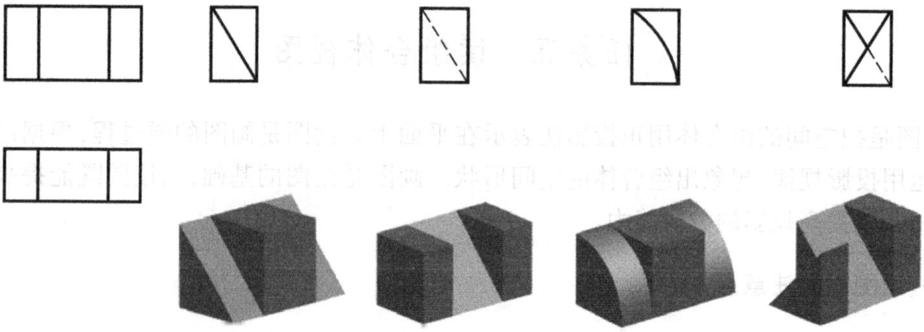

图 3.35 各种不同的左视图

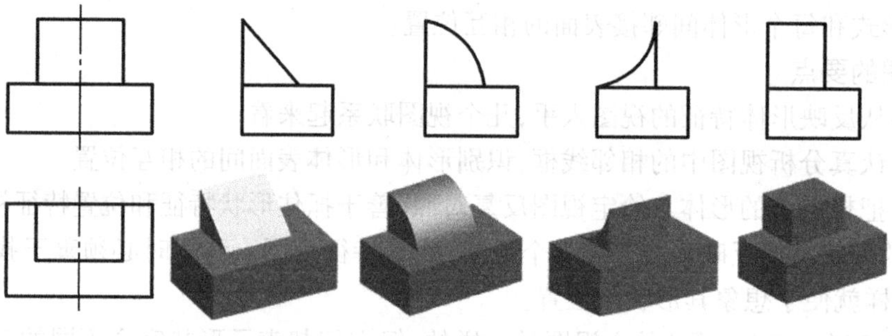

(a) (b) (c) (d) (e)

图 3.36 对应两视图的多种形体构思

由此可见,看图时,不能只看一个或两个视图就下结论,必须把已知所有的视图联系起来看,进行分析、构思,才能想象出空间物体的确切形状。这也是训练空间想象能力和培养看图能力的一种方式。

二、看组合体视图的基本方法

1. 形体分析法

根据组合体视图的特点,将其大致分成几个部分,然后逐个将每一部分的几个投影进行分析,想出其形状,最后想象出物体的整体结构形状,这种看图方法称为形体分析法。看图时应注意以下几点:

(1)认识视图抓特征

抓特征,就是抓主要矛盾,弄清物体的形状特征和各部分形体之间的位置特征。最能反映物体特征形状的视图,称为物体的形状特征视图。最能反映相互位置关系的视图,称为物体的位置特征视图。

(2)分析形体投影

参照物体的特征视图,从图上对物体进行形体分析,按照每一个封闭线框代表一块形体轮廓的投影的道理,把它分解成几部分。

一般顺序是:先看主要部分,后看次要部分;先看容易确定的部分,后看难于确定的部分;先看整体形状,后看细节形状。

(3)综合起来想整体

在看懂每块形状的基础上,再根据整体的三视图,想想它们的相互位置关系,逐渐形成一个整体的形象。

例 3.10　用形体分析法看懂支承架三视图。

由图 3.37 所示,根据三视图基本投影规律,从图上逐个识别出基本形体,再确定它们的组合形式及其相对位置,综合想象出组合体的形状。

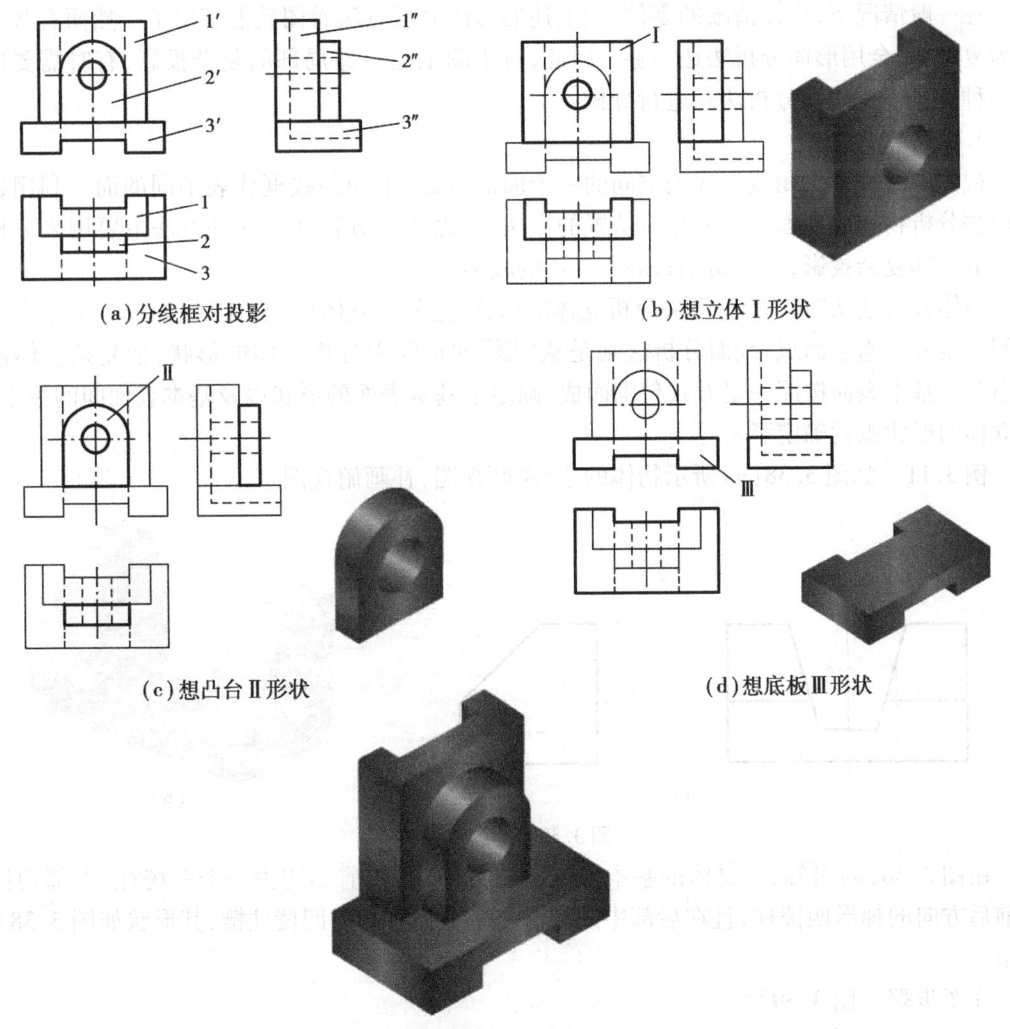

图 3.37　用形体分析法看图(支承架)的方法步骤

2. 看图的具体步骤

(a)分线框,对投影

先看主视图,联系其他两视图,按投影规律找出基本形体投影的对应关系,想象出该组合体可分成三部分;立板Ⅰ、凸台Ⅱ、底板Ⅲ,如图3.37(a)所示。

(b)识形体,定位置

根据每一部分的三视图,逐个想象出各基本形体的形状和位置,如图3.37(b)~(d)所示。

(c)综合起来想整体

每个基本形体的形状和位置确定后,整个组合体的形状也就确定了,如图3.37(e)所示。

总结以上介绍的看图方法,可得出形体分析法的读图步骤:

1)看视图、分线框

2)对投影、识形体

3)定位置、出整体

在一般情况下,形体清晰的零件,用上述的形体分析方法看图就能解决了。然而有些零件较为复杂,完全用形体分析法还不够。因此,对于图纸上一些局部的复杂投影,有时需要应用另一种方法——线面分析法来进行分析。

3. 线面分析法

视图中的一个封闭线框代表空间的一个面的投影,不同的线框代表不同的面。利用这个规律去分析物体的表面性质和相对位置的方法,叫做线面分析法。这种方法主要用来分析视图中的局部复杂投影,对于切割式的零件用的较多。

形体分析法从"体"的角度去分析立体的形状,把复杂立体(组合体)假想成若干基本立体按照一定方式组合而成;线面分析法则是从"面"的角度去分析立体的形状,把复杂立体假想成由若干基本表面按照一定方式包围而成,确定了基本表面的形状以及基本表面间的关系,复杂立体的形状也就确定了。

例3.11 如图3.38(a)所示物体的主、左两视图,补画俯视图。

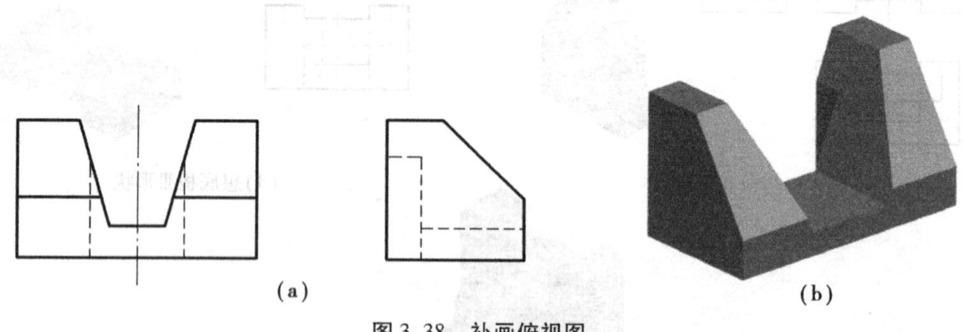

(a) (b)

图3.38 补画俯视图

由图3.38(a)可知,该物体的基本形体是长方体,它的前部切去一个三棱柱,中部切掉一个前后方向的梯形四棱柱,且在后部中间切去一个上下方向的四棱柱槽,其形状如图3.38(b)所示。

作图步骤:(图3.39)

1)画出长方体俯视图的轮廓,再画出前部切去三棱柱的俯视图,如图3.39(a)所示。

2）画出长方体中间切去梯形四棱柱的俯视图，如图3.39（b）所示。

3）画出后部切去四棱柱槽的俯视图，如图3.39（c）所示。

4）检查无误后，加深图线。

应注意，梯形四棱柱槽的左、右对称两侧面 R 是正面的垂直平面。由正面投影 r' 可知侧面投影为缩小的类似七边形 r''，俯视图也应是类似的七边形。这一点在补画俯视图前能够意识到，就不易出错了。

由上面的例题可知，线面分析法的读图步骤是：

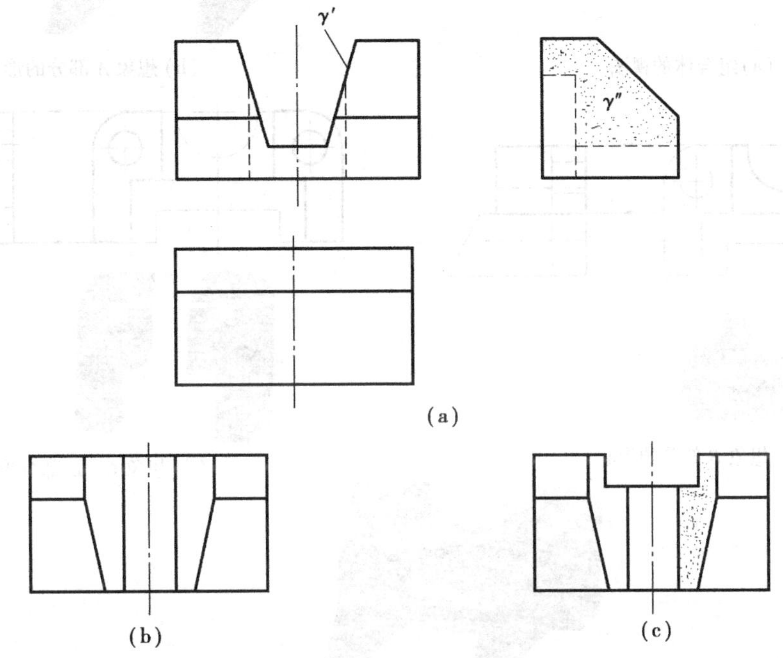

图3.39　补画俯视图的步骤

1）看视图、分线框

2）对投影、识面形

3）定位置、出整体

在读图时，一般先用形体分析法作粗略的分析，对图中的难点，再利用线面分析法作进一步的分析。即"形体分析看大概，线面分析看细节"。

三、补视图、补漏线

补视图、补漏线是提高看图能力及空间想象能力的方法之一。补视图、补漏线是根据已知的完整视图或漏线的视图，通过分析作出判断，并经过试补、调整、验证想象，最后作出所求的视图或补出视图中的漏线。

例3.12　看懂图3.40（a）所示组合体的视图，并补画俯视图。

1）看物体的主、左视图，想象出物体的空间形状。弄清主、左视图的关系。从主视图入手，可将主视图线框分为 A、B、C、D 四个部分，如图3.40（a）所示。再由主、左视图的对应关系，想象出物体各部分形状，如图3.40（b）、（c）、（d）所示。

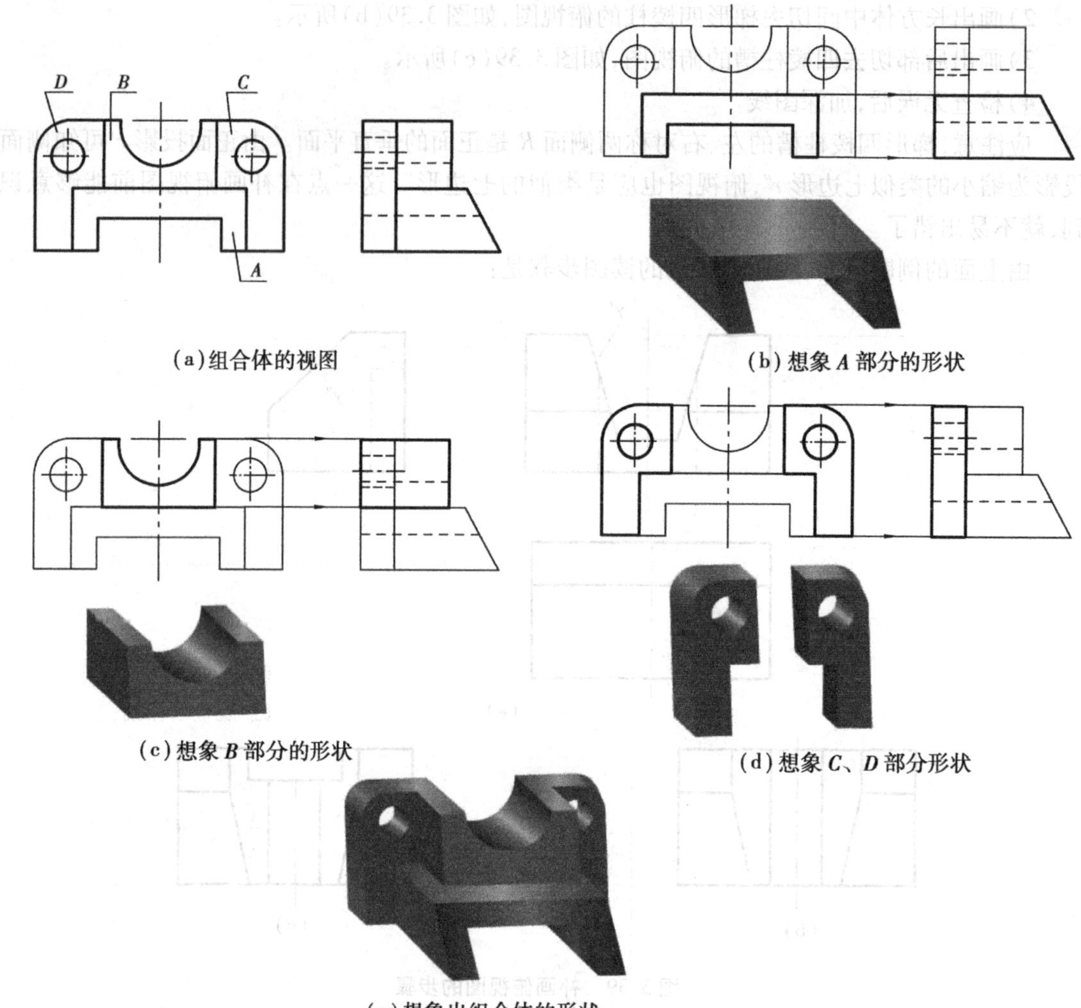

D B C A

(a)组合体的视图

(b)想象 *A* 部分的形状

(c)想象 *B* 部分的形状

(d)想象 *C*、*D* 部分形状

(e)想象出组合体的形状

图 3.40　用形体分析法看图

最后综合归纳,想象出组合体的整体形状,见图 3.40(e)所示。

2)补画俯视图。在看懂视图、想象出物体形状的基础上,用形体分析法依次画出各形体的俯视图,如图 3.41(a)、(b)、(c)所示。再按照各形体之间表面连接关系经整理、检查后,绘出俯视图,见图 3.41(d)所示。

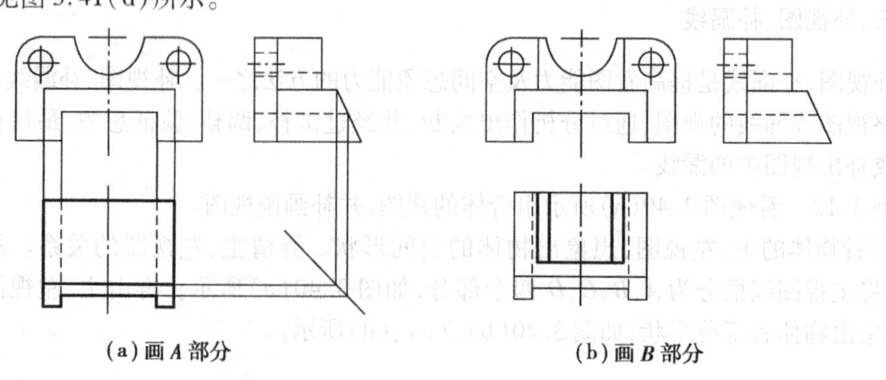

(a)画 *A* 部分　　　(b)画 *B* 部分

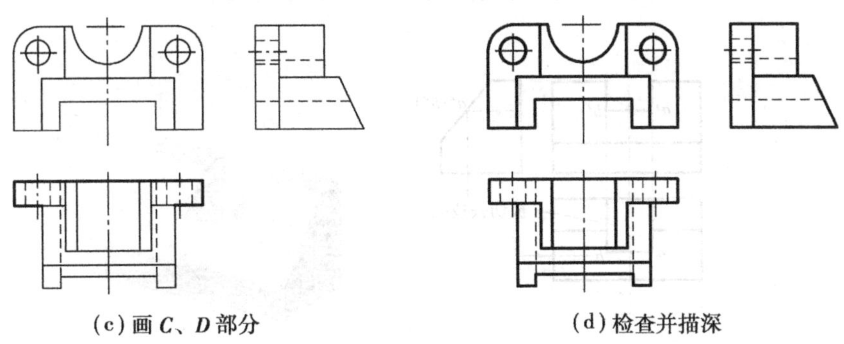

(c) 画 C、D 部分　　　　(d) 检查并描深

图 3.41　补画视图的方法

例 3.13　如图 3.42 所示，已知组合体主、左视图，补画其俯视图。

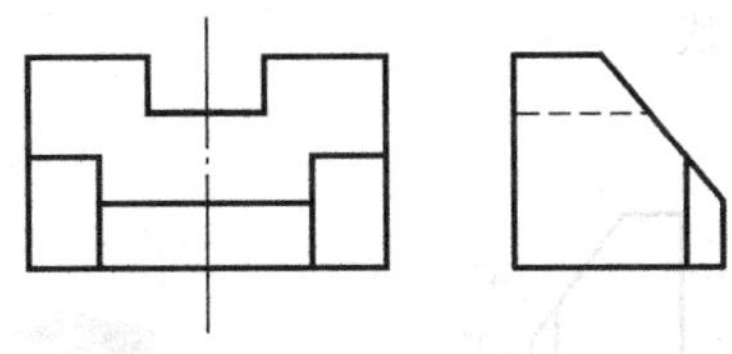

图 3.42　想象物体形状

a. 分析物体形状，思维方法采用形体切割法。假想补齐各视图缺角线，即为长方体。

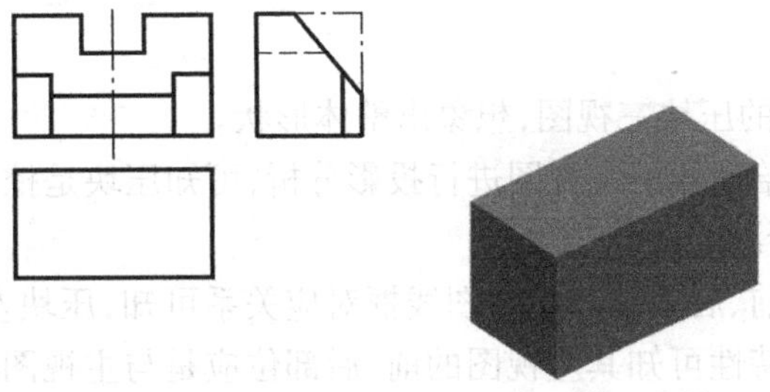

b. 从左视图的斜线出发，对应主视图线框，假想长方体切去一角，形成五边柱体。

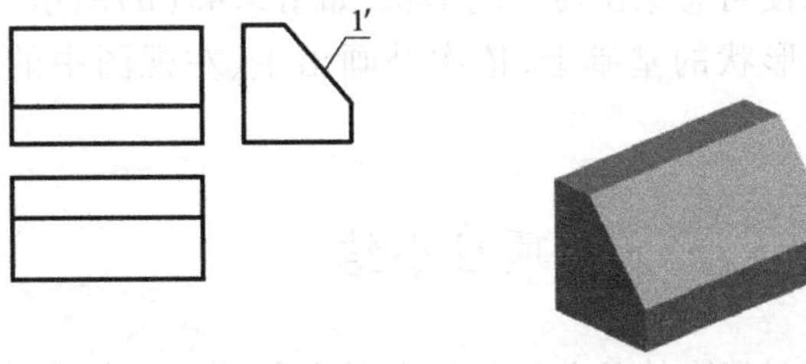

c. 从主视图的切槽，对应左视图的线框，假想切去梯形体Ⅱ。

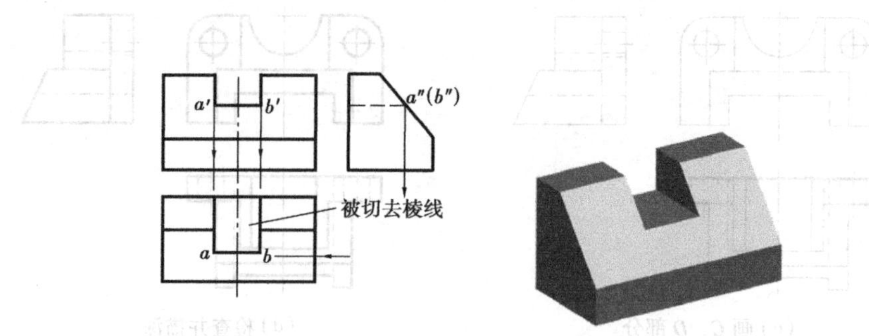

d. 从左视图的线框2″对应主视图的线段2′，从线框4对应线段4″，假想左右切去直角三角柱Ⅲ，最后想象出物体的整体形状。

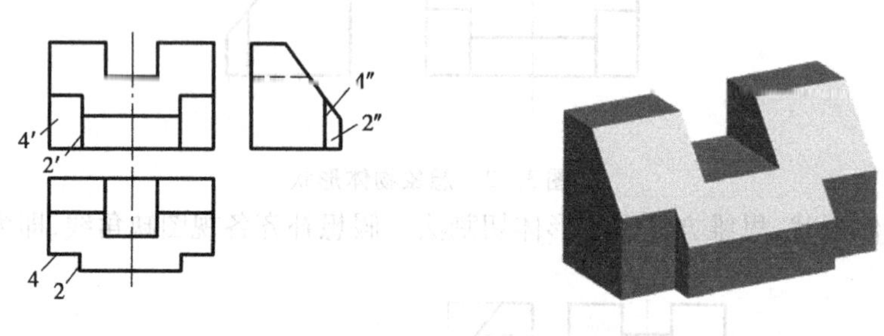

例3.14　看懂漏线的压块三视图，想象出整体形状。

1）对图3.43(a)所给漏线的三视图进行投影分析，可知压块是挖切类组合体，可用线面分析法看图，从而查找出所漏的图线。

①由俯视图左部的前、后斜线与主视图线框对应关系可知，压块左部的前、后面与H面垂直。根据垂直面的投影特性可知其左视图的前、后部位应是与主视图相对应的类似形；

②从俯视图上的两同心圆与左视图上对应的虚线可知，压块中部是一沉孔，从而判定主视图该孔所遗漏的虚线。

把所漏图线考虑进来，便可想象出压块的形状，如图3.43(b)所示。

2）在想象出压块整体形状的基础上，依次补画出主、左视图中的漏线。作图过程见图3.43(c)、(d)。

项目小结

通过本项目的学习，应对组合体的分类和组合形式有了进一步了解，合理运用形体分析法来看图和画图，并按要求合理、准确地标注尺寸，使绘图能力进一步提高；同时，通过读识各类组合体图形知识训练后，能增强空间思维和想象能力，为学习零件图奠定必要的基础。

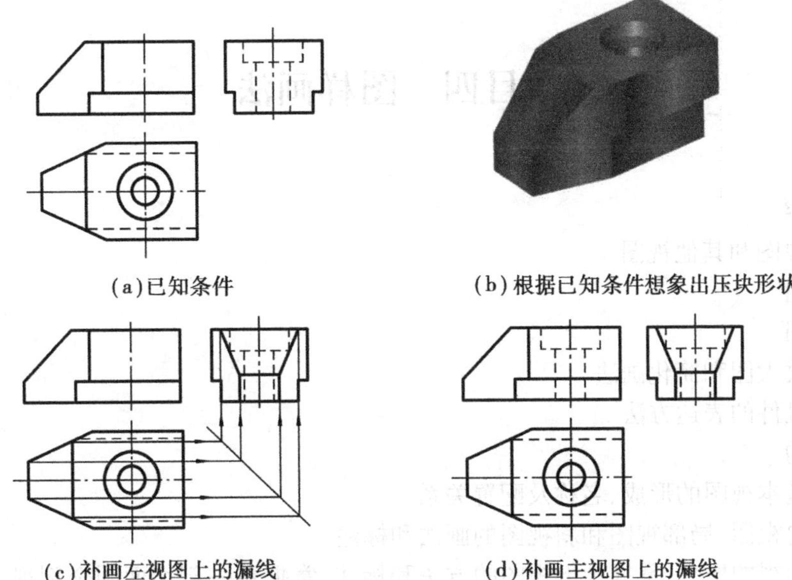

(a)已知条件

(b)根据已知条件想象出压块形状

(c)补画左视图上的漏线

(d)补画主视图上的漏线

图 3.43　补画视图中漏线的方法

复习思考题

1. 组合体有哪几种组合形式？
2. 形体分析法的概念及看图步骤是什么？
3. 各类组合体的组合形式各有什么特点？
4. 线条、线框的含义是什么？
5. 线面分析的看图步骤如何？
6. 读识组合体图形的方法有哪些？

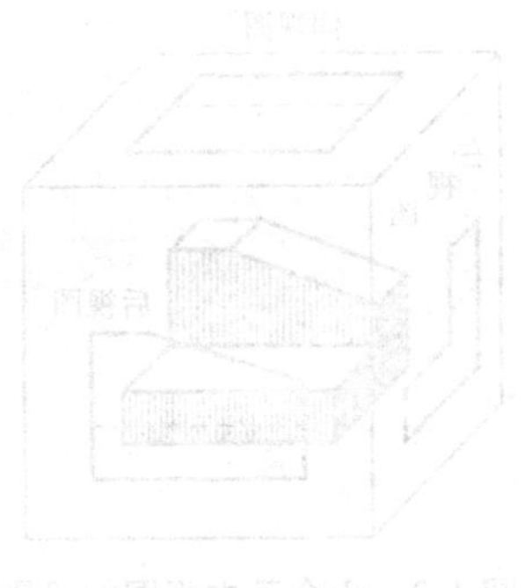

项目四　图样画法

项目内容

1. 基本视图和其他视图
2. 剖视图
3. 断面图
4. 局部放大图和简化画法
5. 识读机件的表达方法

项目目的

1. 熟悉基本视图的形成、名称及配置关系
2. 熟悉向视图、局部视图和斜视图的画法和标注
3. 理解剖视的概念，掌握画剖视图的方法和标注，掌握单一剖切面画全剖视图、半剖视图和局部剖视图的方法与标注
4. 识读移出断面和重合断面的画法及标注
5. 识读局部放大图和常用图形的简化画法
6. 掌握读剖视图的方法和步骤

项目实施过程

任务一　基本视图和其他视图

一、基本视图

1. 基本视图的定义

基本视图是机件向基本投影面投射所得的视图。

2. 视图的形成及名称

基本视图投影体系是在原有的三个投影面（正面 V、水平面 H 和右侧面 W）基础上，再增加三个相互垂直的投影面构成的一个正六面体（图 4.1），将机件放置在正六面体（方箱）中，分别向六个投影面投射所得的六面视图（主、俯、左、右、后、仰），称为基本视图（图 4.2）。

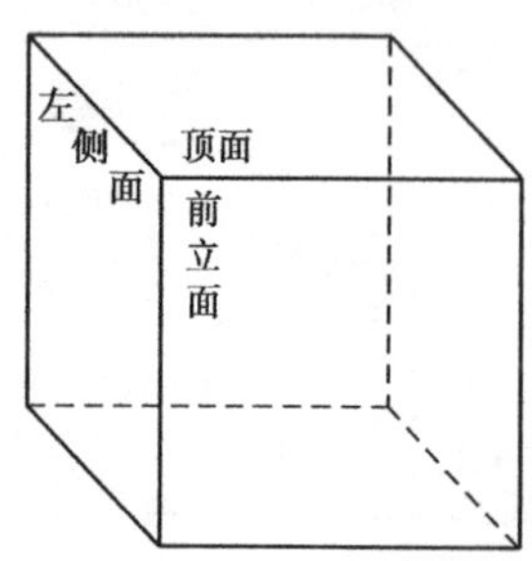

图 4.1　六个基本投影面

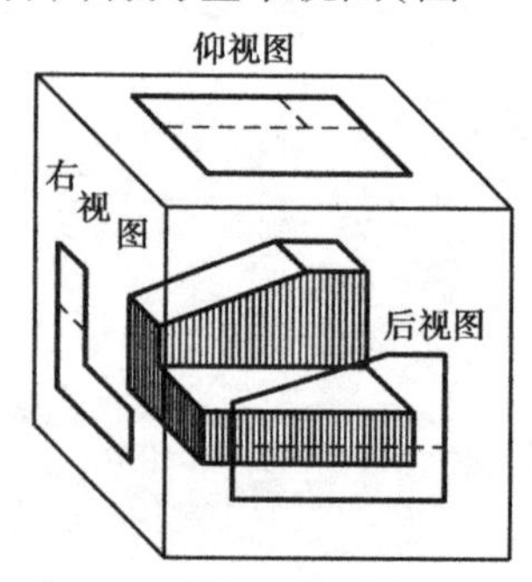

图 4.2　六个基本视图的投影

3. 六个基本投影面的展开

以主视图所在的正立面为基准，把基本投影面都展开到与正立面在同一平面上，如图 4.3 所示。

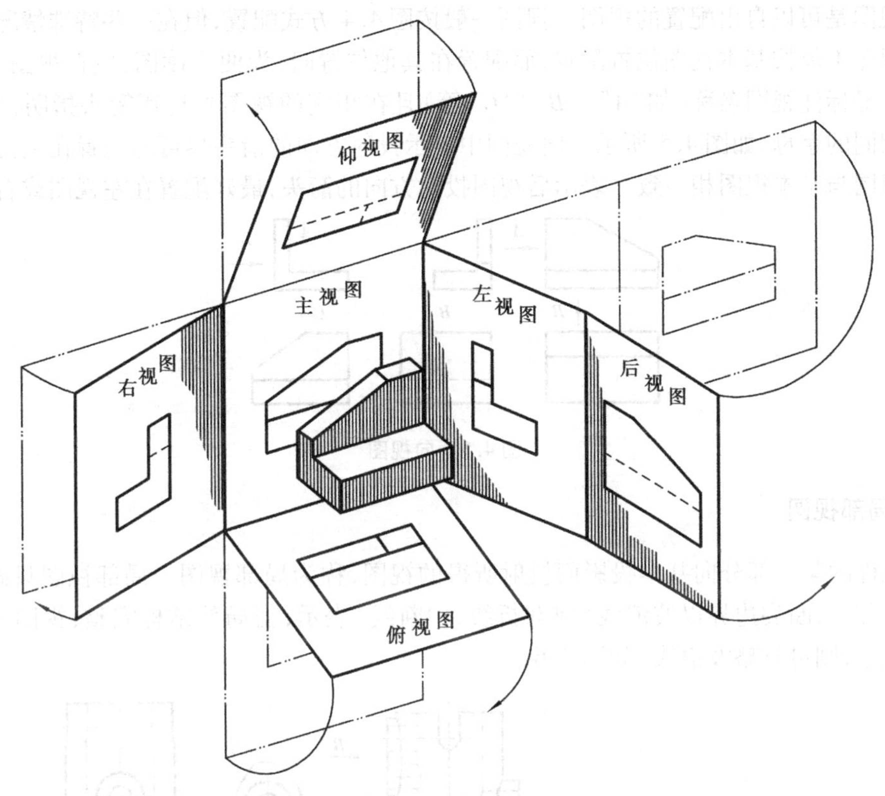

图 4.3 六个基本投影面的展开

4. 六个基本视图配置关系

如图 4.4 所示，按这种位置配置的各个视图均可不标注视图的名称。

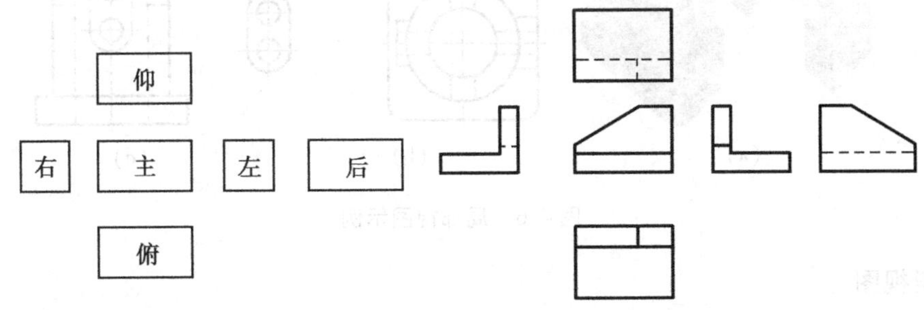

图 4.4 六个基本视图的配置

5. 视图投影关系和方位关系

六个基本视图之间尺寸上仍符合“长对正、高平齐、宽相等”的三等规律。方位上以主视图为基准，除后视图外，各视图的里边（靠近主视图的一边）均表示机件的后面；各视图的外边（远离主视图的一边）均表示机件的前面，即“里后外前”。熟悉物体上的前后方位在视图中的位置，才能正确判断物体各部分的相对位置。

二、向视图

向视图是可以自由配置的视图。视图一般按图 4.4 方式配置，但在一些特殊情况下，当图样上的视图不能按基本视图位置配置，而配置在其他位置时，为便于读图，应在视图上方用大写拉丁字母标注视图名称（如“*A*”、“*B*”、“*C*”等）且在相应的视图附近用箭头指明投射方向，并标注相同的字母，如图 4.5 所示。向视图中表示投射方向的箭头尽可能配置在主视图上，以使所获视图与基本视图相一致。表示后视图投射方向的箭头，最好配置在左视图或右视图上。

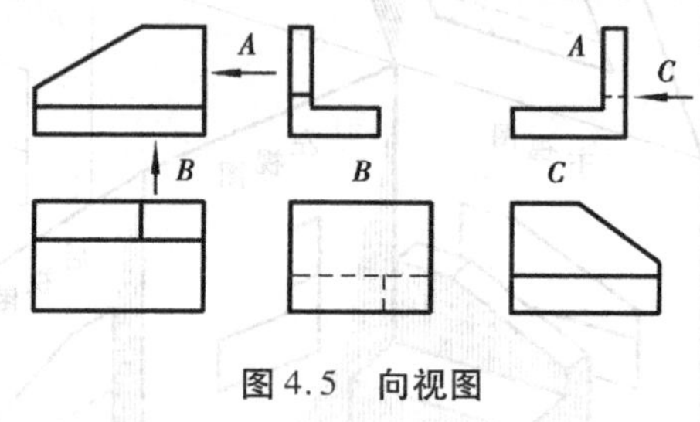

图 4.5　向视图

三、局部视图

将机件的某一部分向基本投影面投射所得的视图，称为局部视图。局部视图只画出基本视图的一部分，断裂边界以波浪线（或双折线、中断线）表示，当局部结构完整，视图外形轮廓成封闭状态，则可省略波浪线（如图 4.6）。

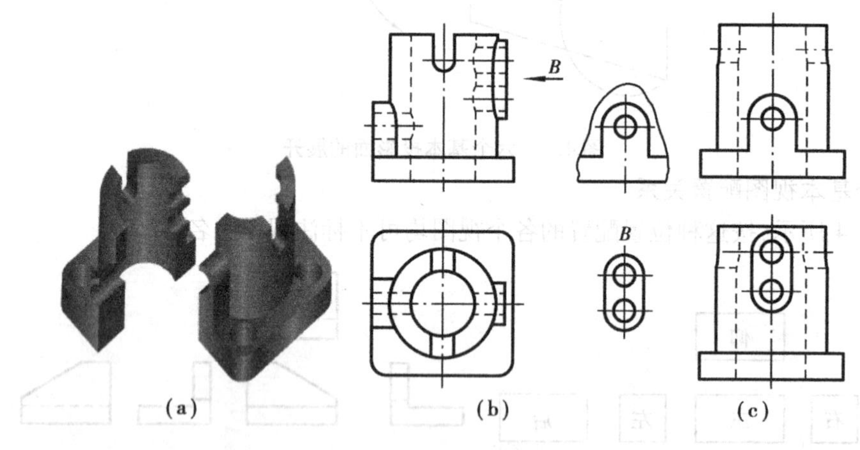

图 4.6　局部视图示例

四、斜视图

机件向不平行于任何基本投影面的平面投射所得的视图，称为斜视图。

将机件上在基本视图中不能反映实形的倾斜部分向新的辅助投影面（辅助投影面应与机件上倾斜部分平行且垂直于某一个基本投影面）投射并展开，即可得到反映该部分实形的斜视图（图 4.7）。斜视图只反映机件上倾斜结构的实形，其余部分省略不画。斜视图的断裂边界可用波浪线或双折线表示。

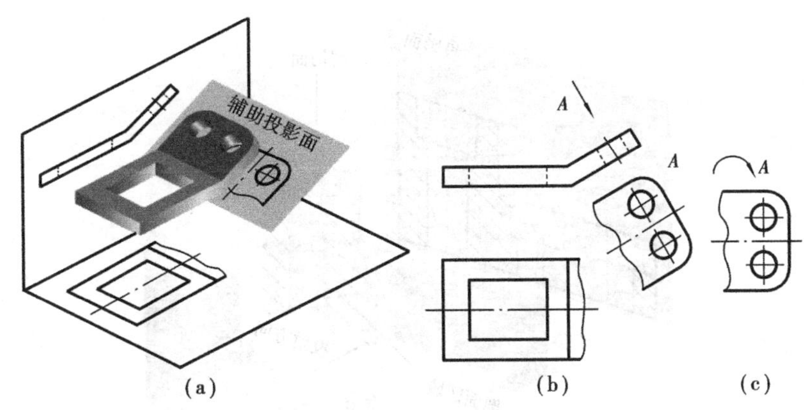

图4.7　斜视图概念

五、识读局部视图和斜视图的方法

(1)在视图中找带字母的箭头,看清所示部位和投影方向,然后找对应相同字母的视图"×"。

(2)视图通常是放在箭头所指的方向,如图4.7中*A*向斜视图;有时也可放在其他位置,如图4.6中*B*向局部视图。

(3)若局部视图按基本视图的投影关系位置配置,中间又没有其他图形隔开时,可省略标注。若按向视图位置配置时一般需进行标注,用带字母的箭头标明所要表达的部位和投射方向,并在局部视图上方标注相应的视图名称。如图4.6,图4.7。

(4)看斜视图时应注意,投影方向是斜的,一定标注有投影方向和视图名称"×",若视图转正放置,则在斜视图上方标有"⌒\"旋转符号,与图形实际旋转方向一致,如图4.7所示。

任务二　剖视图

一、剖视图的概念及画法

当机件视图中不可见部分的形状结构复杂时,视图中会出现较多的虚线,虚线绘制不如实线方便,并且这些虚线往往与外形轮廓线(粗实线)重叠交错,使得图形不够清晰,这样既不便于画图看图,也不便于标注尺寸,而且用基本视图、向视图、局部视图和斜视图又不能得到解决时,为了使原来在视图中不可见部分的虚线转化为可见的实线,达到简化图形的目的,国家标准规定了剖视图的基本表示法。

1.剖视图的概念

假想用剖切面剖开物体,将处在观察者和剖切平面之间的部分移去,而将其余部分向投影面投影所得到的图形称为剖视图,简称剖视,如图4.8所示。

2.剖视图的画图步骤

①根据已知视图想象机件的外部形状和内部结构,分析内形分布位置和相互关系,选择适当的剖切位置、剖切方法和剖视种类将虚线较多的视图改画成剖视图。

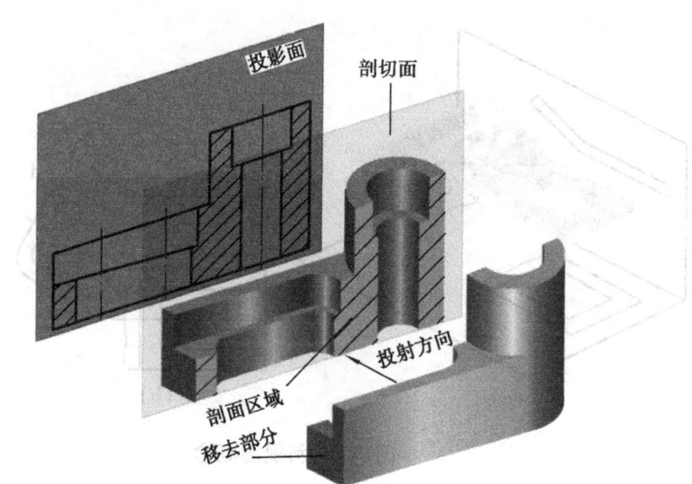

图 4.8　剖视图的形成

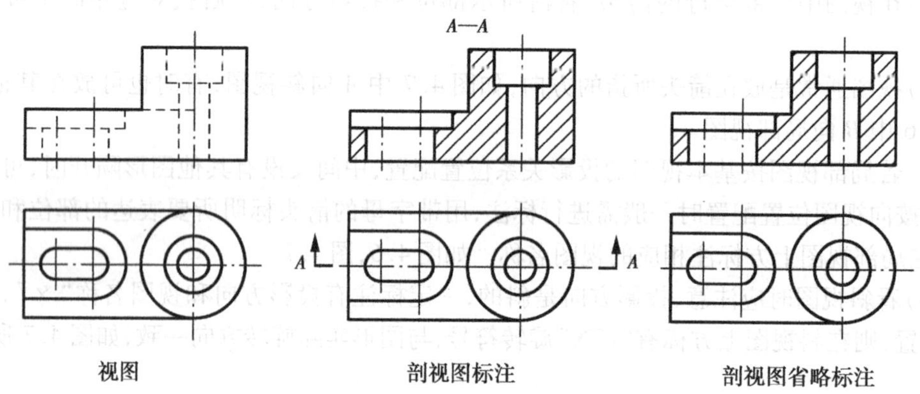

图 4.9　剖视图与视图的比较

②对外形结构简单的机件一般沿结构的对称平面或中心平面剖开机件，假想将处在观察者和剖切面之间的部分移去，将剩余部分在原视图上不可见的孔槽虚线在剖视图上画成可见的实线。注意检查剖切平面后的可见部分也要用实线表示出来，不能遗漏。

③想象剖切平面与机件实体相交的断面形状，分清实体部分和空腔部分，在机件与剖切平面相接触的剖面区域内，根据材料的不同画出规定的剖面符号。图中没有材料说明的通常使用金属材料的剖面线。

④绘制剖视图后，一般应在剖视图的上方，用大写拉丁字母标出"X—X"表示剖视图的名称；在相应的视图上用长约 5 mm，画在剖切位置的两端的两段粗实线表示剖切位置；用箭头表示投射方向，并注上同样的字母。根据具体情况也可作相应的标注省略。

3. 剖面符号(见表 4.1)

金属材料的剖面线画法，应以适当角度的细实线绘制，最好与主要轮廓线或剖面区域的对称线成 45°，如图 4.10 所示。

表 4.1　材料的剖面符号

材料类别	图　例	材料类别	图　例	材料类别	图　例
金属材料(已有规定剖面符号者除外)		型砂、填砂、粉末冶金、砂轮、陶瓷刀片、硬质合金刀片		木材纵断面	
非金属材料(已有规定剖面符号者除外)		钢筋混凝土		木材横断面	
转子、电枢、变压器和电抗器等的叠加钢片		玻璃及供观察用的其他透明材料		液体	
线圈绕组元件		砖		木质胶合板(不分层数)	
混凝土		基础周围的泥土		格网(筛网、过滤网等)	

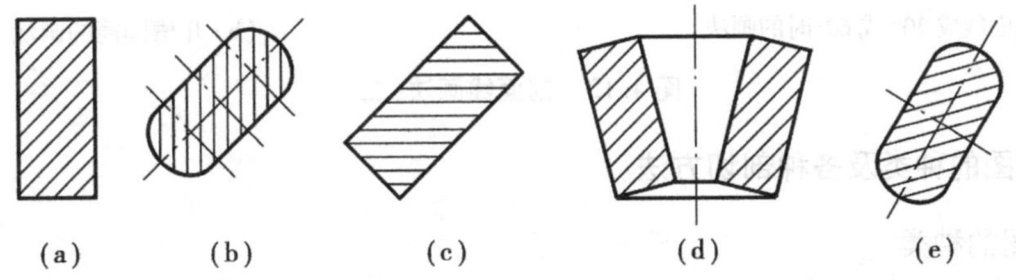

图 4.10　剖面线的角度

同一物体的各个剖面区域,其剖面线画法应一致,相邻物体的剖面线必须以不同的斜向或以不同的间隔画出,剖面线间隔应按剖面区域大小选择,剖面区域较大,剖面线间隔相应也较大,如图 4.11 所示。

当图形中的主要轮廓线与水平成 45°时,该图形的剖面线应画成与水平成 30°或 60°的平行线,其倾斜的方向仍与其他图形的剖面线一致。剖面线应画在剖切面与机件材料相接触区域,未接触处不画剖面线。见图 4.12 所示。

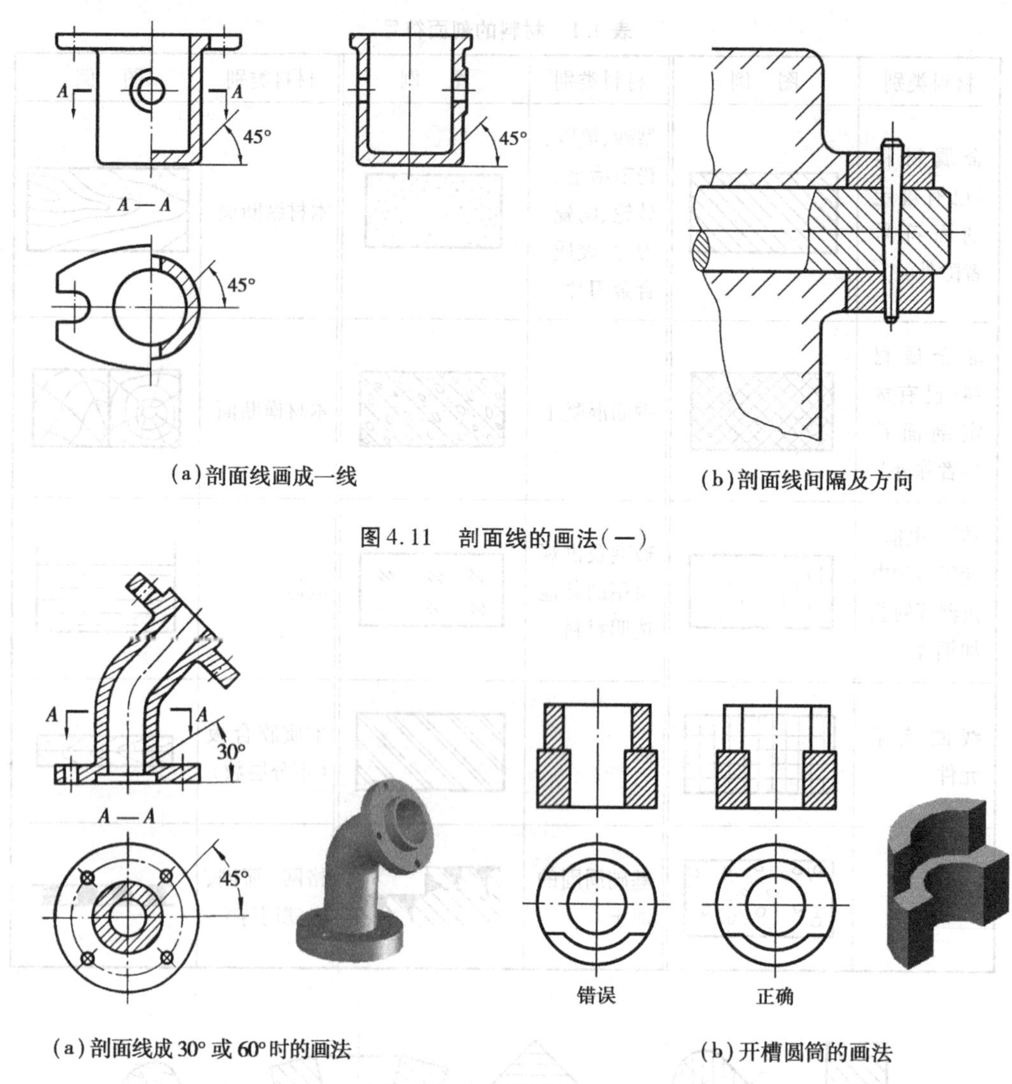

图 4.11 剖面线的画法(一)

图 4.12 剖面线画法(二)

二、剖视图的种类及各种剖切方法

1. 剖视图的种类

由于剖切面剖切机件的范围不同,剖视图可分为全剖视图半剖视图和局部剖视图三种。

(1)全剖视图。全剖视图是用剖切平面完全剖开机件所得的视图。

主要用于表达内部形状比较复杂、外部形状比较简单、或外形已在其他视图上表达清楚的零件,如图 4.9 所示,即为一个全剖视图。

(2)半剖视图。当零件具有对称平面时,向垂直于对称平面的投影面上投射所得到的图形,可以以对称中心线为界,一半画成剖视图,另一半画成视图,这种组合的图形称为半剖视图。如图 4.13 所示。

当机件的内、外形状都比较复杂而又对称时,或机件的形状接近于对称,且不对称的部分已另有图形表达清楚时,也可以画成半剖视图。半剖视图的标注与全剖视图相同。

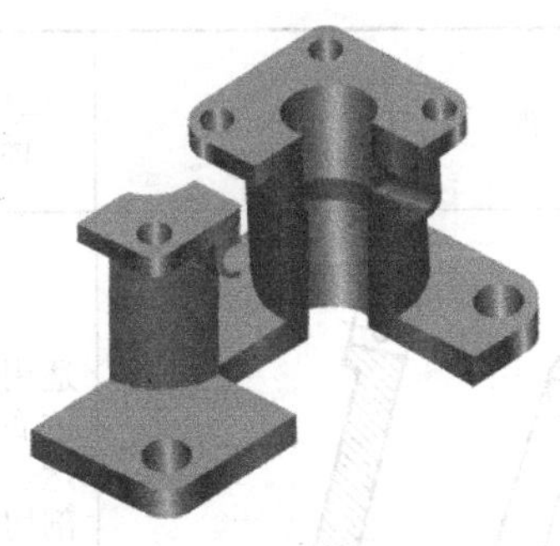

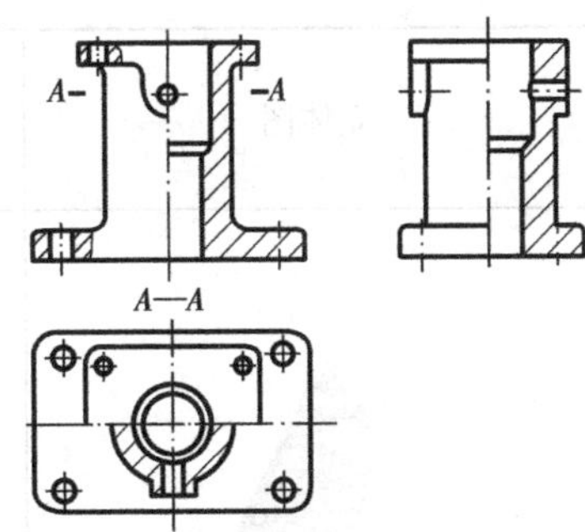

图 4.13　半剖视图

(3)局部剖视图。用剖切平面局部地剖开机件所得到的剖视图,称为局部剖视图,如图4.14所示。

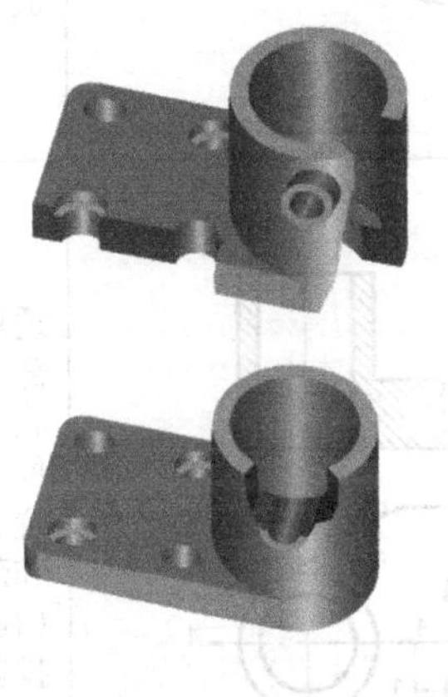

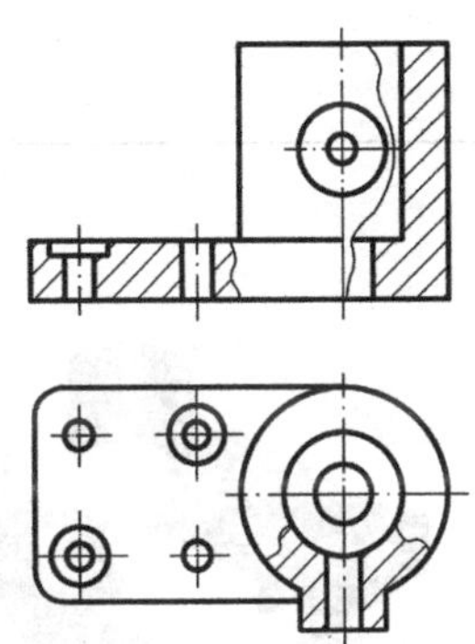

图 4.14　局部剖视图

当零件上只有局部结构需要表达,或者零件的内、外形状都比较复杂而又不对称时,常采用局部剖视图。局部剖视图一般不需标注,局部剖视图用波浪线分界。

2. 机件的各种剖切方法,如表 4.2 所示

表 4.2　机件的各种剖切方法

剖切平面与剖切方法	立体图	视　图	适用范围及标注方法
单一剖切面,且剖切面平行某一基本投影面			最常见的剖切方法,适用零件外形简单内部结构需要剖开表达。因剖切面通过对称面且剖视图有直接投影关系,故省略剖切位置、投影方向和剖视图名称的标注。

续表

剖切平面与剖切方法	立体图	视 图	适用范围及标注方法
单一剖切平面，剖切面不平行于基本投影面，斜剖		A—A A A	适用于倾斜部位的内形表达。必须标注剖切位置和投影方向及相应剖视图名称。斜剖视图也可如斜视图旋转放置。
几个平行剖切面，阶梯剖		A—A A A A A A A	适用于零件内部结构呈阶梯状分布。必须标注剖切位置、投影方向和剖视图名称（视图有直接投影关系可省略箭头）。
几个相交剖切面，旋转剖		A A—A A A	适用于零件有明显旋转中心内形的表达，如轮盘。必须标注剖切位置、投影方向（和投影平面垂直）和剖视图名称，倾斜剖切面是旋转到与基本投影面平行后才画出的结构。

续表

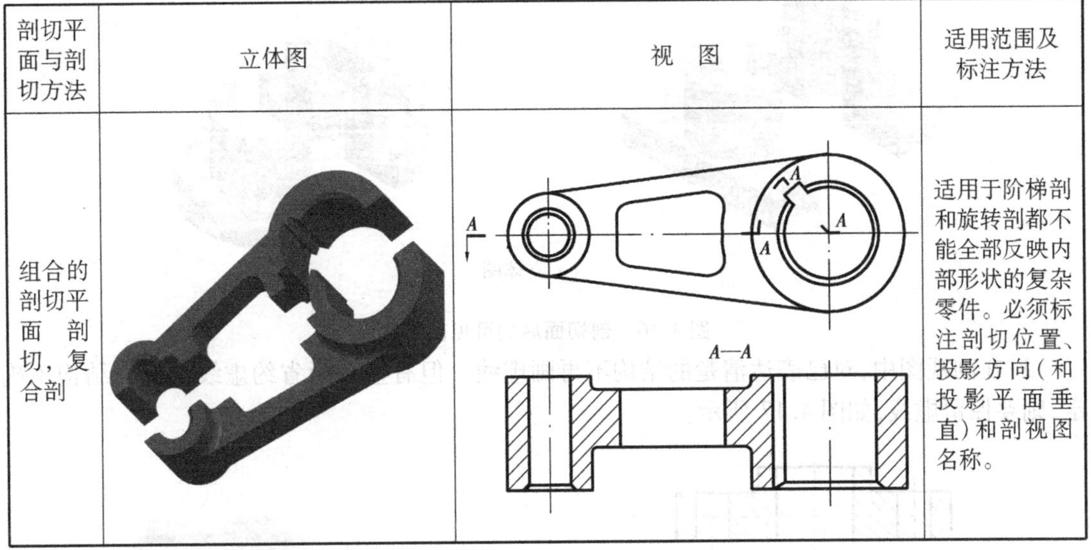

剖切平面与剖切方法	立体图	视　图	适用范围及标注方法
组合的剖切平面剖切，复合剖			适用于阶梯剖和旋转剖都不能全部反映内部形状的复杂零件。必须标注剖切位置、投影方向（和投影平面垂直）和剖视图名称。

3. 画剖视图的注意事项

1）剖切是假想的，一个视图画剖视后，其他视图仍画出完整结构，如图 4.15 所示。

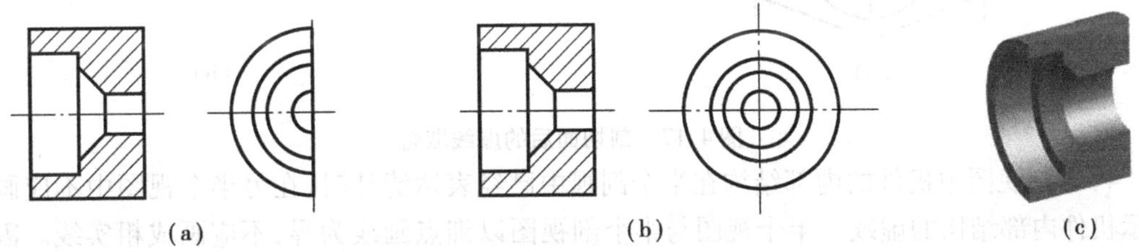

图 4.15　剖视图完整结构

2）剖视图中在剖切面后面的可见轮廓，应全部用粗实线画出，不应出现漏画线的错误，如图 4.16 所示。

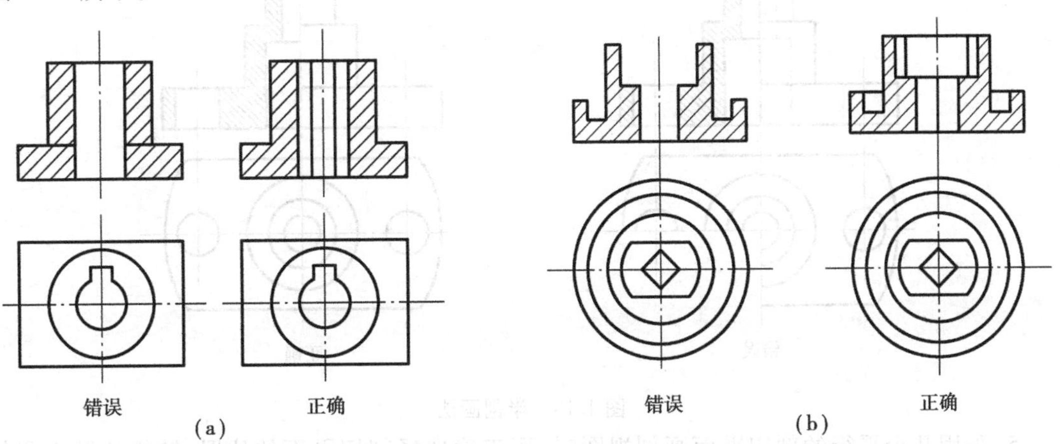

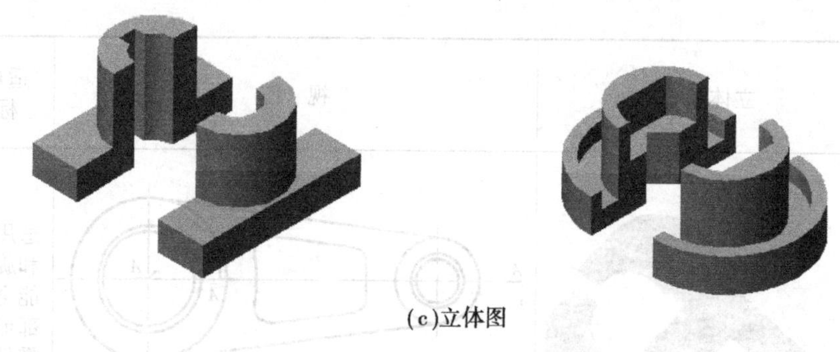
(c)立体图

图 4.16　剖切面后的可见轮廓线

3)在剖视图中,对已表达清楚的结构不再画虚线。但有些图形省约虚线会带来结构不确定,则要保留虚线,如图 4.17 所示。

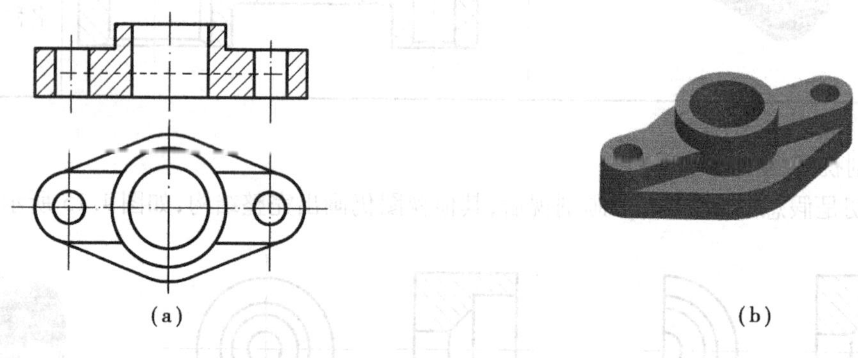
(a)　　(b)

图 4.17　剖切面后的虚线取舍

4)半剖视图中机件的内部结构在半个剖视中已经表达清楚时,在另半个视图中不应画出表示机件内部结构的虚线。半个视图与半个剖视图以细点画线为界,不应画成粗实线。因为剖切是假想的,并不是真的把机件切开并拿走一部分。因此,当一个视图取剖视后,其余视图应按完整机件画出,如图 4.18 所示。

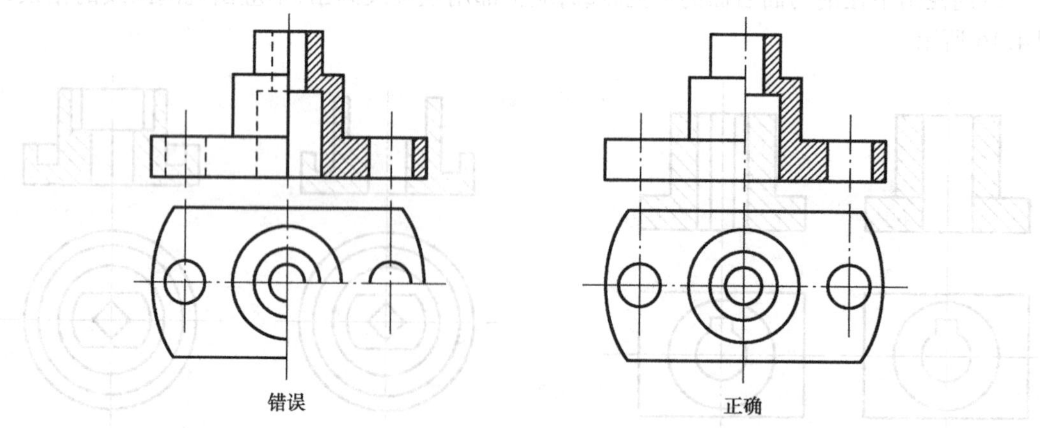

图 4.18　半剖画法

5)采用几个平行的剖切平面画剖视图时,要正确选择剖切平面的位置,转折位置不应与轮廓线重合,转折应垂直转折。在剖视图形内不应出现不完整要素,剖切面转折处剖视图中没有新的轮廓线出现，如图 4.19 所示。

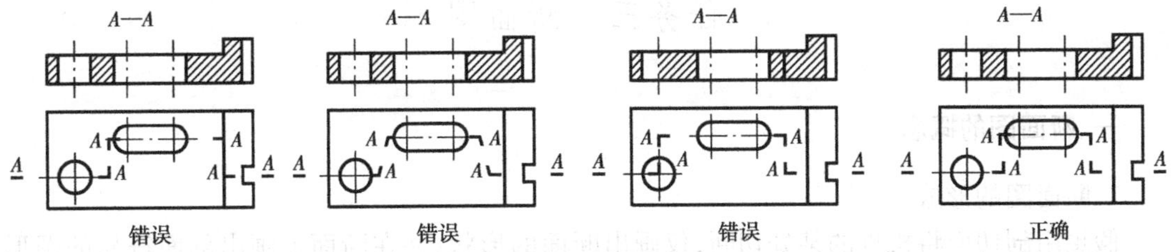

图 4.19　阶梯剖画法

6）旋转剖中应先假想按剖切位置剖开机件，然后将被剖切面剖开的结构及有关部分，旋转到与选定的投影面平行后再进行投射，如图 4.20 所示。

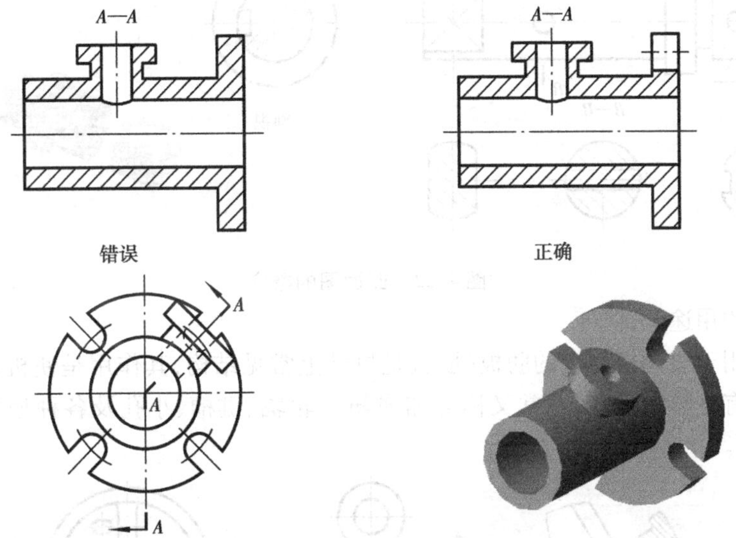

图 4.20　旋转剖先剖开后旋转的画法

7）局剖的波浪线不能与视图上其他图线重合，不能处于轮廓线的延长线位置，也不能超越被剖开部分的外形轮廓线；孔中不应有波浪线，如图 4.21 所示。

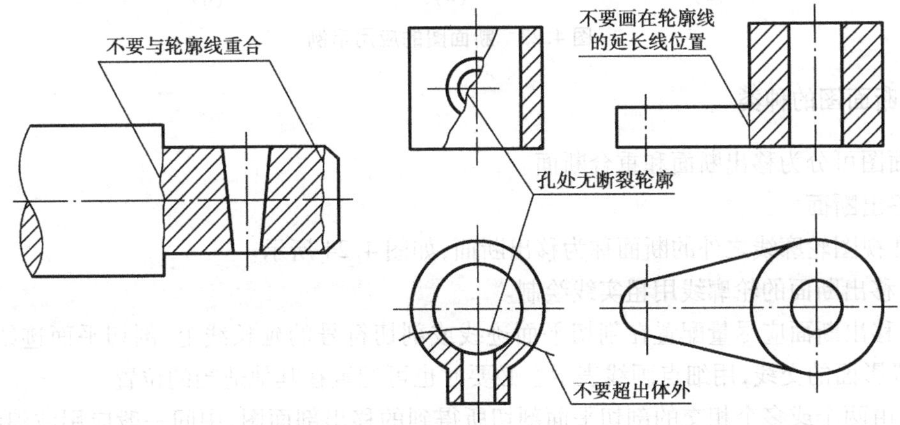

图 4.21　局剖的若干错误画法

任务三　断面图

一、断面图的概念

1. 断面图的形成

假想用剖切面将机件的某处切断，仅画出断面的形状，并在断面上画出剖面符号的图形，称为断面图，简称断面。如图4.22所示。

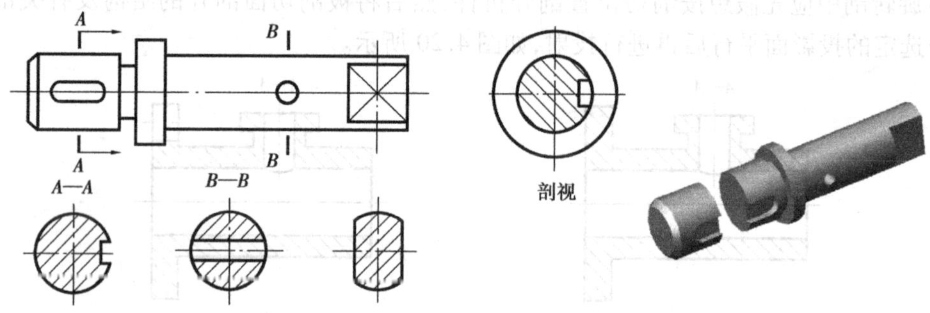

图4.22　断面图的概念

2. 断面图的用途

断面图常用于表达机件上的肋板（肋板是机件上常见结构，其作用是使机件既节省材料，减轻重量又具有足够的强度，通常又称为加强筋）、轮辐、键槽、小孔及各种型材的断面形状，如图4.23所示。

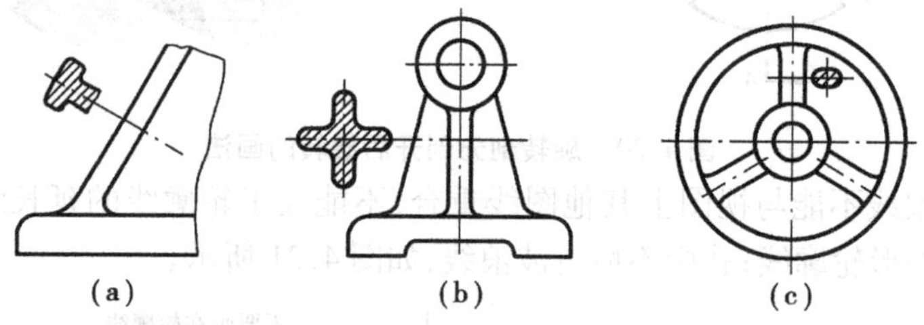

图4.23　断面图的应用示例

二、断面图的种类

断面图可分为移出断面和重合断面。

1. 移出断面

画在视图轮廓线之外的断面称为移出断面，如图4.24所示。

（1）移出断面的轮廓线用粗实线绘制。

（2）移出断面应尽量配置在剖切平面迹线或剖切符号的延长线上，剖切平面迹线是剖切平面与投影面的交线，用细点画线表示。必要时也可配置在其他适当的位置。

（3）由两个或多个相交的剖切平面剖切所得到的移出剖面图，中间一般应用波浪线断开，如图4.24所示。

(4)断面图形对称时,移出断面可画在视图的中断处,如图 4.25 所示。

图 4.24　移出断面图的配置(一)　　　图 4.25　移出断面图的配置(二)

(5)当剖切平面通过回转面形成的孔或凹坑的轴线时,这些结构按剖视绘制,如图 4.26(a),4.26(b)所示。

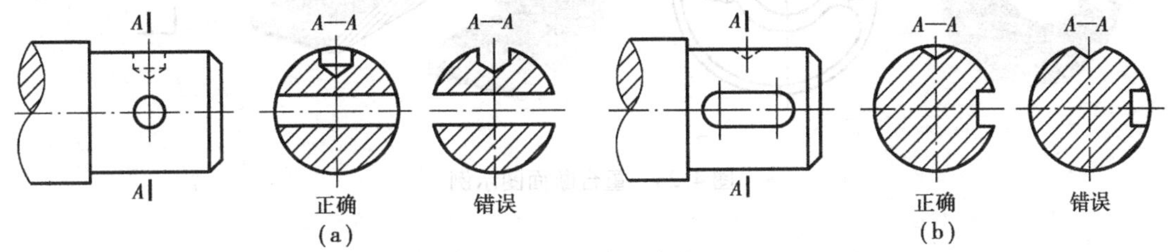

图 4.26　带有孔或凹坑的断面图

(6)当剖切平面通过非圆孔,导致出现完全分离的两个断面时,这些结构应按剖视绘制,如图 4.27(a),4.27(b)所示。

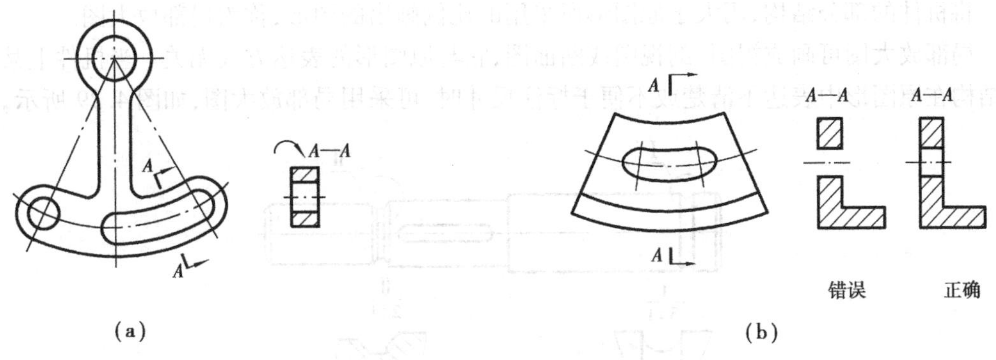

图 4.27　按剖视图绘制的非圆孔的断面图

(7)移出断面的标注方法如下:

①移出断面一般应用剖切符号表示剖切位置,用箭头表示投影方向,并注上字母,在断面图的上方应用同样字母标出相应的名称“×—×”。

②配置在剖切线延长线上的移出断面可省略字母。

③当移出断面图形对称,即图形形状与投影方向无关时,可省略箭头。

④配置在剖切线延长线上而又对称的移出断面,和配置在视图中断处的移出断面可以不标注,如图 4.24 和如图 4.25 所示。

2. 重合断面

画在视图轮廓线之内的断面称作重合断面,如图4.26所示。

重合断面图的轮廓线规定用细实线绘制。当视图中的轮廓线与重合断面重叠时,视图中的轮廓线仍应连续画出,不可间断,如图4.28所示。

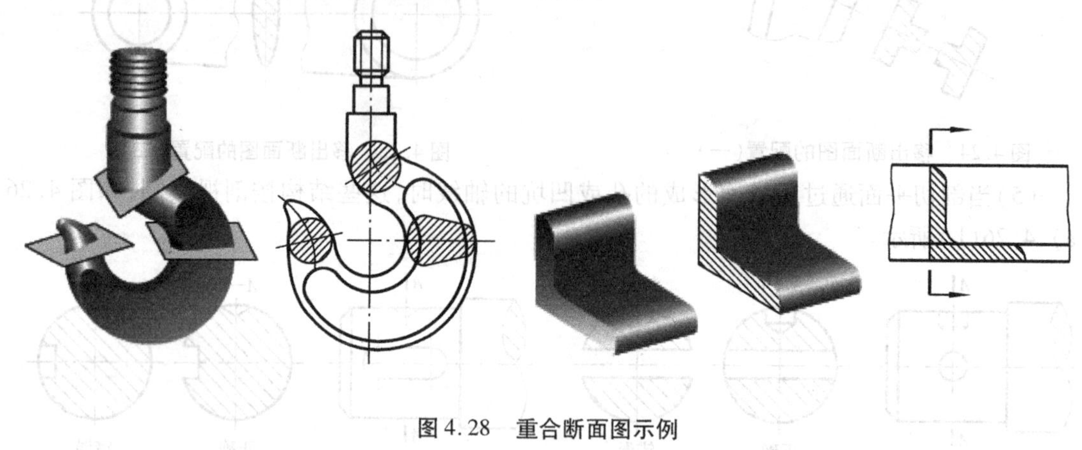

图4.28 重合断面图示例

任务四 局部放大图和简化画法

一、局部放大图

将机件的部分结构,用大于原图形所采用的比例画出的图形,称为局部放大图。

局部放大图可画成视图、剖视图或断面图,它与原图形的表达方式无关。当机件上某些细小结构在原图形中表达不清楚或不便于标注尺寸时,可采用局部放大图,如图4.29所示。

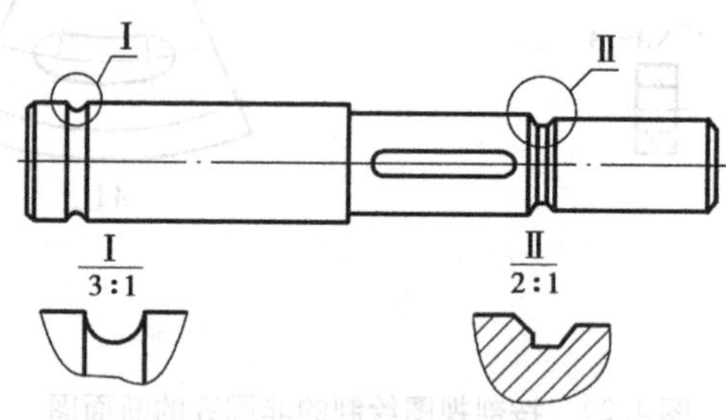

图4.29 局部放大图

在绘制局部放大图时,应用细实线圆或长圆圈出被放大的部位,并尽量配置在被放大部位的附近,而且要在图形上方标出放大的比例,如图4.29所示。

当同一机件上有几个被放大的部分时,必须用罗马数字,依次标明被放大的部位,并在局部放大图的上方,标注出相应的罗马数字和采用的比例。当机件上仅有一个需要放大的部位时,在局部放大图的上方只需标注采用的比例,如图4.29所示。

二、肋板和轮辐的规定画法

对于机件的肋、轮辐及薄壁等结构，如剖切平面按纵向剖切，这些结构都不画剖面符号，而用粗实线将它与其相邻接部分分开，如图 4.30 所示；回转体机件上均匀分布的肋、轮辐、孔等结构不处于剖切平面上时，可将这些结构旋转到剖切平面上画出。

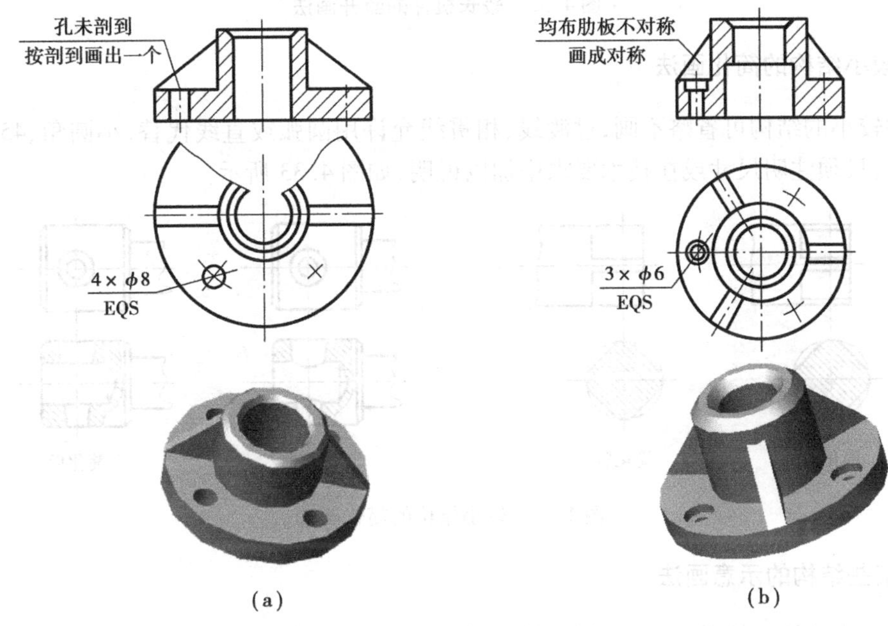

图 4.30　肋和轮辐结构的画法

三、相同结构要素的简化画法

机件上有相同的结构要素（如齿、孔、槽等），并按一定规律分布时，可以只画出几个完整的要素，其余用细实线连接，或画出它们的中心位置，但图中必须注出该要素的总数，如图4.31所示。

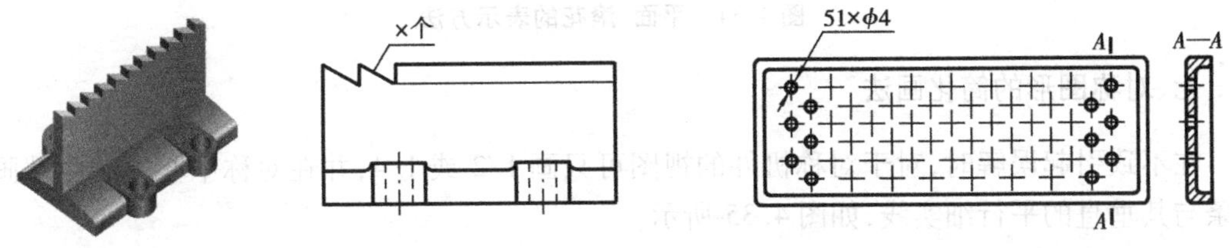

图 4.31　相同要素的省略画法

四、断开画法

对较长的机件沿长度方向的形状一致或按一定规律变化时，例如轴、杆、型材、连杆等，可以断开后缩短表示，但要标注实际尺寸。画图时，可用图 4.32 中所示的方法表示。

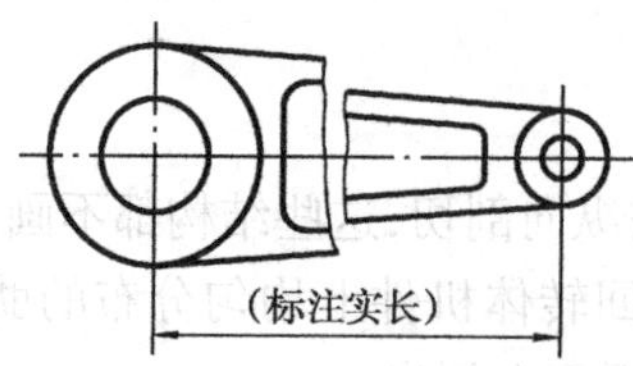

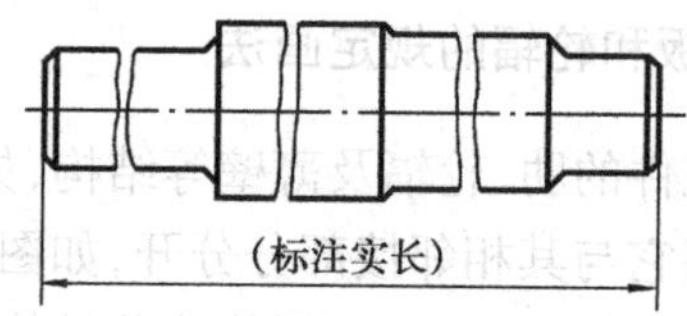

图 4.32　较长机件的断开画法

五、较小结构的简化画法

机件较小的结构可省略不画，过渡线、相贯线允许用圆弧或直线代替，小圆角、45°小倒角允许不画，只须注明尺寸或在技术要求中加以说明，如图 4.33 所示。

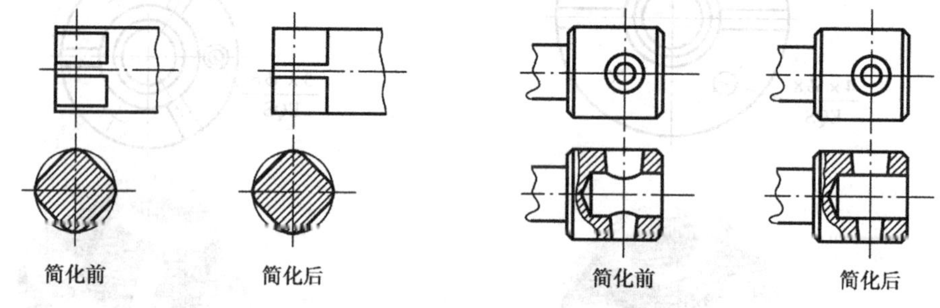

图 4.33　较小结构的简化画法

六、某些结构的示意画法

当回转体机件上的平面在图形中不能充分表达时，可用两条相交的细实线表示这些平面。滚花一般采用在轮廓线附近，用细实线局部画出的方法表示，如图 4.34 所示。

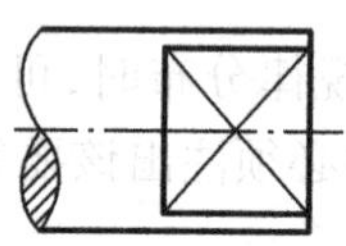
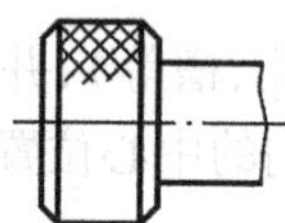
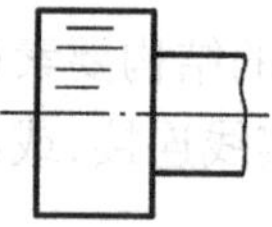

图 4.34　平面、滚花的表示方法

七、对称图形的简化画法

在不致引起误解时，对于对称机件的视图可只画 1/2 或 1/4，并在对称中心线的两端画出两条与其垂直的平行细实线，如图 4.35 所示。

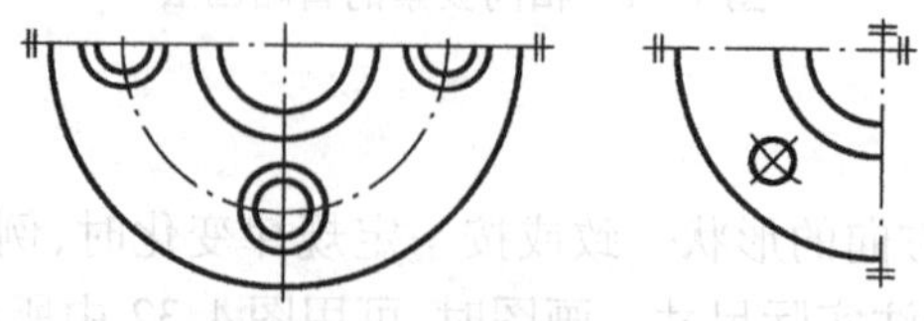

图 4.35　对称图形的画法

任务五 识读机件表达方法

一、读图要求

较复杂的机件，往往综合运用多种表达方法。读图时，同时要涉及视图、剖视、断面图的识读等问题，应通过分析，弄清视图的名称、剖切位置、投射方向、各视图的表达意图以及它们之间的关系，从而想象出机件的整体结构形状。

二、读剖视图的方法和步骤

机件表达的原则是：根据机件不同的结构特点，用最少的视图，最完整、清晰地表达出机件的内外结构形状。下面以一支架的表达方法加以说明，如图 4.36 所示。

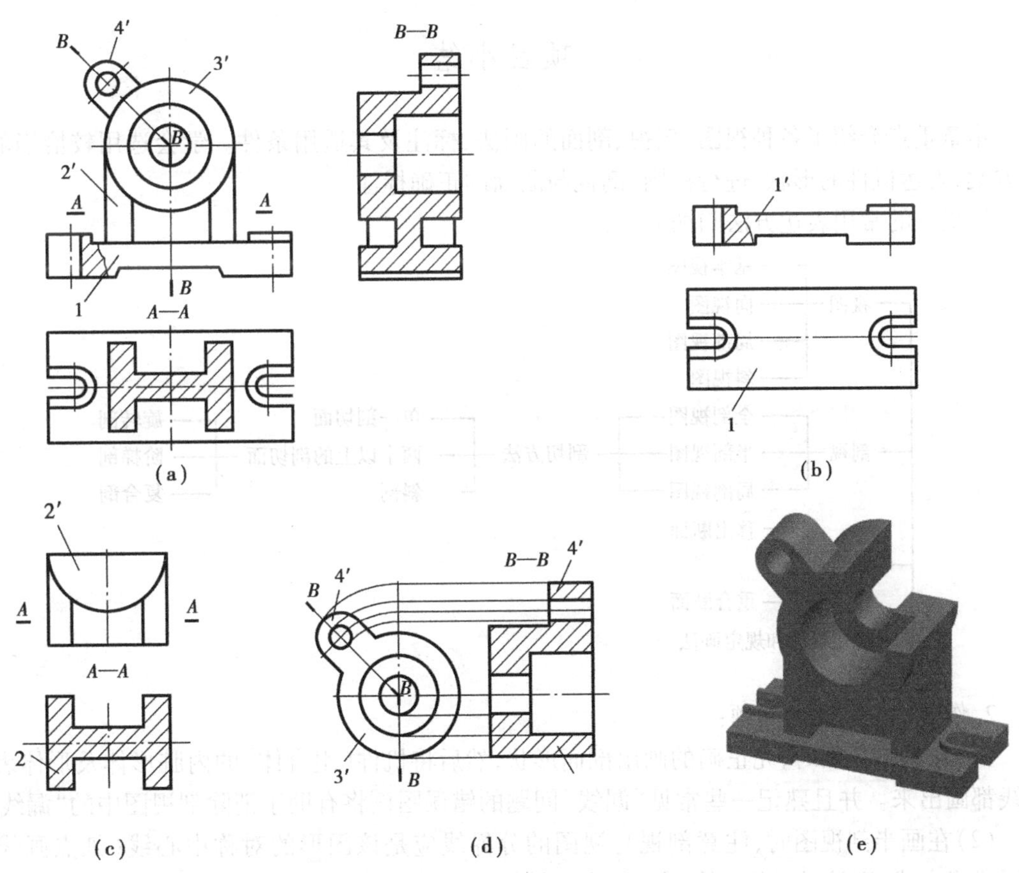

图 4.36 支架的表达方法

1. 分析各视图的特点及投影关系

主视图采用局部剖视图，以表达 U 型凹槽；俯视图采用 *A*—*A* 全剖视，通过主视图 *A*—*A* 处剖切以表达 *A*—*A* 处断面形状以及 *A*—*A* 处以下机件的形状；左视图采用 *B*—*B* 全剖视，从主视图的剖切标注 *B*—*B*，说明是旋转剖，倾斜剖切平面旋转到与侧立投影面平行以表达两相交剖切平面处的机件内外形状。

2. 分析各部分投影关系,想象每一部分内外形状

看剖视图时,一般把机件的内外形状分成几个部分,在已知视图和剖视图中分离出每一部分的对应关系,逐个把有投影关系的视图配合起来读,想象该部分的内外形状。

通过三个剖视图的投影关系,把主视图的线框分解为四个主要部分:通过主视图的线框 1 对应俯视图的线框 1 的投影关系想象底板 1 的形状。通过主视图的线框 2 及剖切标注 *A—A* 与俯视图的对应线框 2 的投影关系想象支撑板 2 的形状。通过主视图的线框 3 和线框 4 及剖切标注 *B—B* 与旋转剖的左视图的线框 3,4 的投影关系想象圆筒体 3 与耳板 4 的形状。

3. 综合起来想整体

分别想象出机件的底板 1,支撑板 2,圆筒体 3 与耳板 4 的形状后,把这四部分的相对位置、连接关系进行综合构思。想象出圆筒体 3 与耳板 4 斜交,支撑板 2 与圆筒体 3 相切、并把圆筒体 3 与底板 1 连接成整体。

项目小结

本章重点介绍了各种视图、剖视、剖面的画法、标注及其适用条件。学会选用较恰当的表达方案,表达机件的形状,进行视图、剖视与断面的正确标注。

1. 机件的常用表达方法归纳如下:

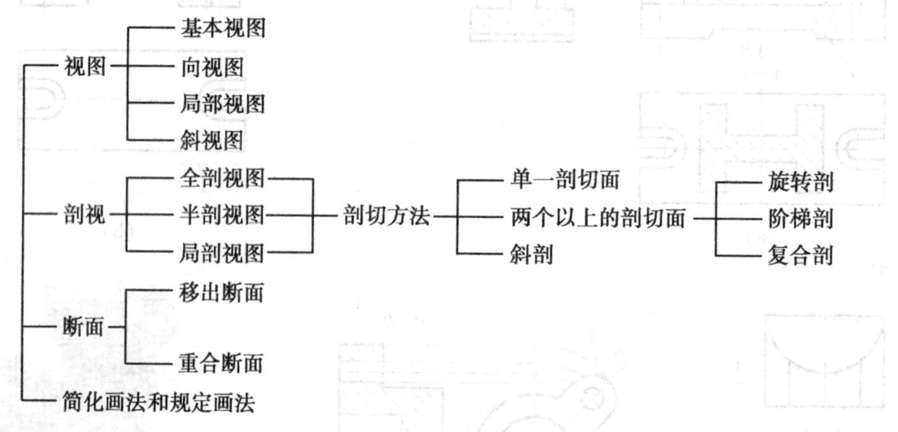

2. 作图中应注意的问题:

(1)在画剖视图时,先正确的画出剖面形状,然后将机件(组合体)的内脏形体及形体表面交线都画出来。并且熟记一些常见“漏线”问题的错误图例将有助于消除剖视图中的“漏线”。

(2)在画半剖视图时,注意剖视与视图的分界线应是该图形的对称中心线(细点画线)。若画成粗实线,则是错误的。半剖视图中,对可省略的虚线不省略,也是不恰当的。

(3)在画局部剖视图时,应注意不要将剖视与视图的分界线——波浪线,应画在被剖的实体表面上,不应画出被剖实体表面的范围或以粗实线为界。

(4)对于视图、剖视、剖面的标注较为烦琐,再加上省略标注的原则,常容易注错或漏标。关键是要明确,标注的目的是表明视图间的投影对应关系;对于剖视、剖面,则是指明剖切面的

剖切位置和指明所得相应的剖视图或断面图，以便于看图时对照。

(5)关于视图、剖视图中虚线的取舍问题，一般情况下是：在剖视图中不画或少画虚线，在半剖视图中，对于视图部分用于表示内形的部分和剖视中用于表明外形的虚线，一般常不画出虚线。只有当画出虚线后，有助于表明机件结构形状，又不影响图形的清晰且利于看图时，才画出必要的虚线。

(6)在画剖面线时，最好使用45°三角板，注意保持同一机件剖面线的间隔和方向的一致性。

(7)关于简化画法和规定画法本章只重点要求掌握肋板、轮辐、均匀分布的小孔等规定画法。

复习思考题

1. 机件的表达方法包括哪些？

2. 视图主要表达什么？视图分哪几种？基本视图的名称、配置、标记如何？局部视图、斜视图的应用场合怎样？如何标注？

3. 什么是剖视图？剖视图是如何形成的？为什么要使用剖视图？

4. 剖切平面的位置怎样选择？剖面线的画法有什么规定？

5. 剖视图分哪几种？各适用于哪些情况？剖视图的标注如何？

6. 剖视图与断面图有何区别？有几种断面图？各适用于什么情况？移出断面图如何标注？什么情况下可省略标注？

7. 在什么场合下使用局部放大图？常用的简化画法有哪些？对于肋、轮辐等的规定画法有哪些？

项目五　标准件及常用件规定画法

项目内容

1. 螺纹
2. 常用螺纹紧固件及其联接
3. 标准直齿圆柱齿轮
4. 键联接和销联接
5. 常用滚动轴承
6. 圆柱螺旋压缩弹簧

项目目的

1. 了解螺纹的形成、种类和用途，熟悉螺纹的要素，掌握螺纹的规定画法、标注和查表方法
2. 熟悉常用螺纹紧固件的种类、标记与查表方法
3. 能识读螺栓联接画法、螺柱联接和螺钉联接的画法
4. 了解标准直齿圆柱齿轮轮齿部分的名称及尺寸关系，能绘制标准直齿圆柱齿轮及其啮合
5. 了解平键与平键联接、销与销联接的规定画法
6. 了解常用滚动轴承的类型、代号及其简化画法和规定画法
7. 能识读弹簧的规定画法

项目实施过程

在机器和设备上，除一般零件外，还会经常用到螺栓、螺母、垫圈、齿轮、键、销、滚动轴承、弹簧等标准件和常用件。如图 5.1 所示齿轮油泵装配图的零件组成。

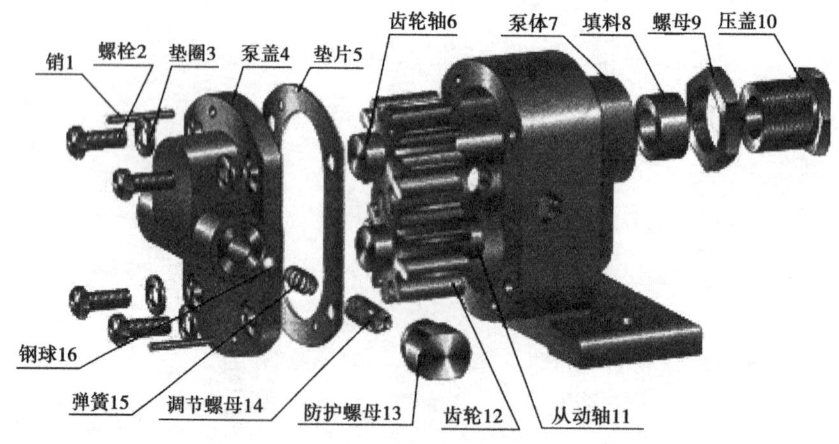

图 5.1　齿轮油泵装配图

由于这些零部件用途广、用量大，为了便于批量生产和使用，对它们的结构与尺寸都已全部或部分标准化了。为了提高绘图效率，对上述零部件的某些结构和形状不必按其真实投影画出，而是根据相应的国家标准所规定的画法、代号和标记进行绘图和标注。

任务一　螺纹和螺纹连接

一、螺纹的形成、基本要素、种类及标注

1. 螺纹的形成

各种螺纹都是根据螺旋线原理加工而成的。主要分为机械加工和用丝锥，板牙加工螺纹两种。在圆柱表面上，沿着螺旋线所形成的，具有相同剖面的连续凸起和沟槽称为螺纹。图5.2表示车削加工螺纹的方法。车削螺纹是当工件旋转时，螺纹车刀沿工件的轴线方向作等速移动形成螺旋线，经多次吃刀后，在工件圆柱表面上，形成具有连续凸起和沟槽的部分就是螺纹。由于刀刃形状不同，在工件表面切掉部分的截面形状也不同，因而可得到各种不同的螺纹。

螺纹的形成如图5.2所示。

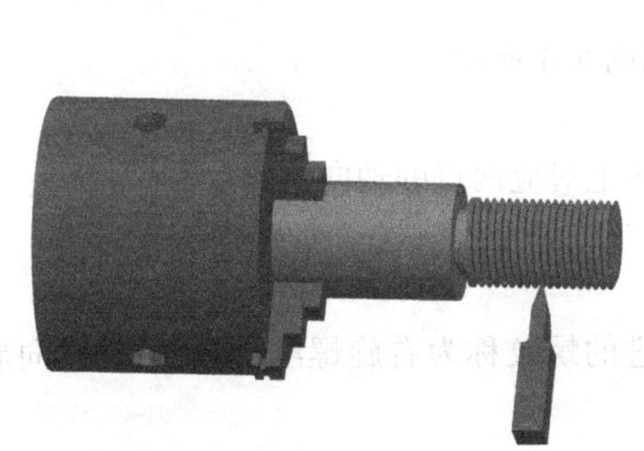

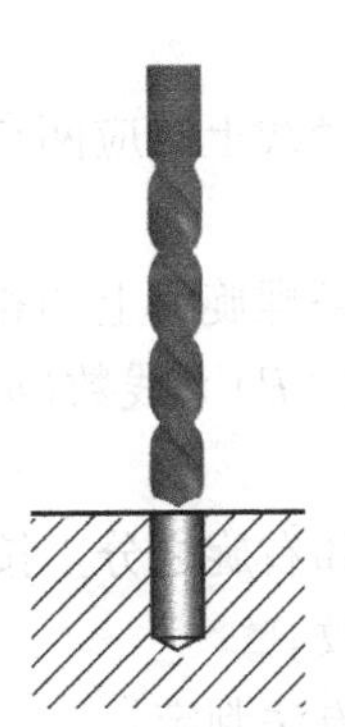

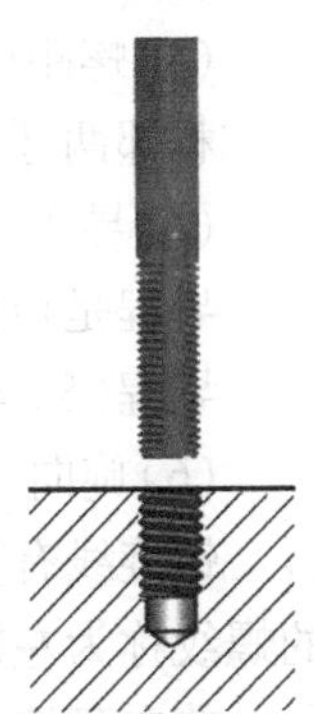

图5.2　螺纹的形成

2. 螺纹的要素

(1)螺纹牙型

在通过螺纹轴线的断面上螺纹的轮廓形状称为牙型。螺纹牙型如图5.3所示。

(a)三角形

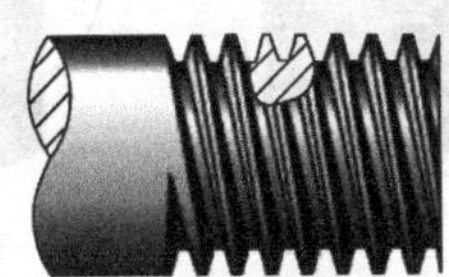

(b)梯形

(c)锯齿形

图5.3　螺纹的牙型

(2)螺纹直径

螺纹直径有大径(d,D)、中径(d_2,D_2)和小径(d_1,D_1)之分，如图5.4所示。

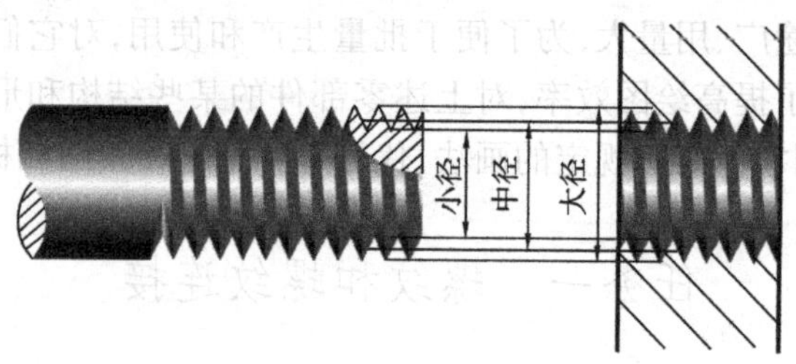

图 5.4　螺纹的直径

大径(d,D)是与外螺纹牙顶或内螺纹牙底相重合的假想圆柱面的直径。

小径(d_1,D_1)是与外螺纹牙底或内螺纹牙顶相重合的假想圆柱面的直径。

中径(d_2,D_2)是一个假想圆柱面的直径,该圆柱的母线通过牙型上沟槽和凸起宽度相等的地方,此假想圆柱面的直径称为中径。

公称直径　代表螺纹尺寸的直径。对普通螺纹来说,公称直径是指螺纹的大径 d、D。

(3)线数(n)

线数是指形成螺纹的螺旋线的条数,螺纹有单线和多线之分。

(4)螺距(P)

相邻两牙在中径线上对应两点的轴向距离,如图 5.4 所示。

(5)导程(S)

导程是指同一条螺旋线上的相邻两牙在中径线上对应两点的轴向距离。

导程(S) = 螺距(P) × 线数(n)

(6)旋向

螺旋线有左旋和右旋之分。按顺时针方向旋进的螺纹称为右旋螺纹,按逆时针方向旋进的螺纹称为左旋螺纹。

旋向可按下列方法判定:

将螺纹轴线垂直放置,螺纹的可见部分是左高右低者是左旋螺纹,右高左低者是右旋螺纹,如图 5.5 所示。

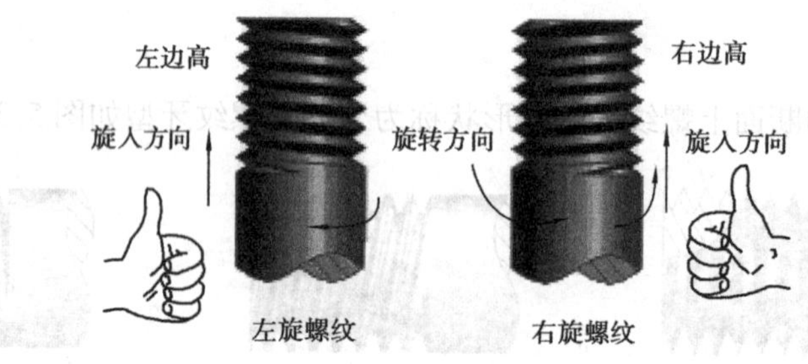

图 5.5　螺纹的旋向

二、螺纹的规定画法

1. 外螺纹的规定画法

外螺纹的规定画法,如图 5.6 所示。

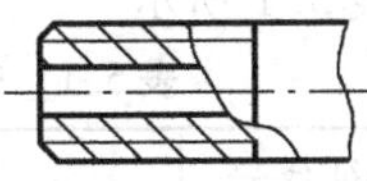

图 5.6　外螺纹的规定画法

(1)大径用粗实线表示;

(2)小径用细实线表示;

(3)螺纹终止线用粗实线表示;

(4)小径在投影为圆的视图中用细实线只画约 3/4 圈。

2. 内螺纹的规定画法

内螺纹的规定画法,如图 5.7 所示。

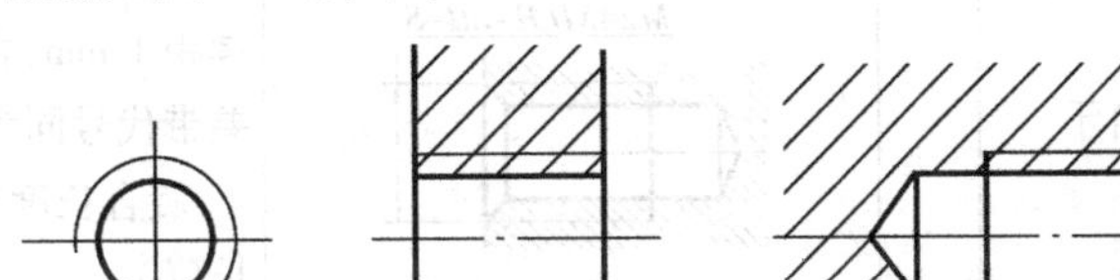
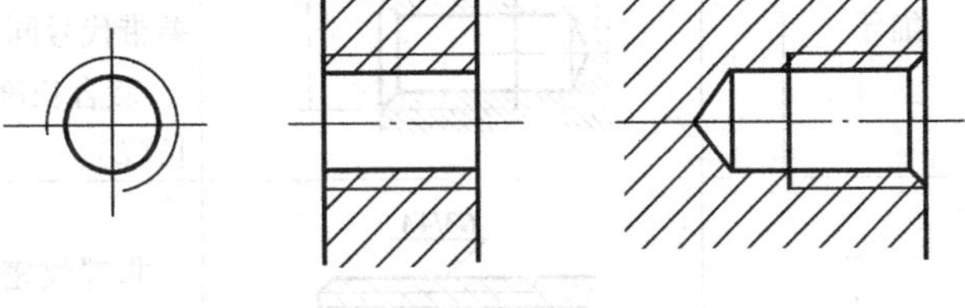

图 5.7　内螺纹的规定画法

(1)大径用细实线表示;

(2)小径用粗实线表示;

(3)螺纹终止线用粗实线表示;

(4)大径在投影为圆的视图用细实线只画约 3/4 圈,剖面线必须画到粗实线。

3. 螺纹联接的规定画法

螺纹联接的规定画法,如图 5.8 所示。

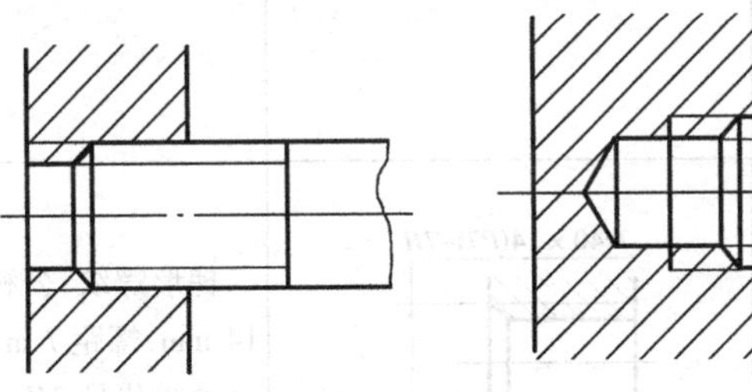

图 5.8　螺纹联接的规定画法

以剖视图表示内外螺纹的联接时,其旋合部分按外螺纹的画法绘制,其余部分仍按各自的画法表示。

三、螺纹的种类及标注

常用的螺纹有:连接螺纹(如普通螺纹)、管螺纹和传动螺纹(如梯形螺纹和锯齿形螺纹)。由于螺纹的规定画法不能表示螺纹种类和螺纹要素。因此绘制螺纹图样时,必须按照国家标准所规定的格式和相应代号进行标注。

螺纹的种类及标注见表5.1所示。

表5.1　螺纹的种类及标注

螺纹种类			螺纹特征代号		标注示例	标注的含义
连接螺纹	普通螺纹		粗牙	M	M20-5g6g-40	粗牙普通螺纹，公称直径20 mm，螺距2.5 mm，右旋，中径公差带代号5g，顶径公差带代号6g，旋合长度40 mm。 左旋螺纹以“LH”表示，右旋螺纹不标注。
			细牙		M24XILH-6H-S	细牙普通螺纹，公称直径24 mm，螺距1 mm，左旋，中径和顶径的公差带代号同为6H，短旋合长度。 旋合长度分为短(S)、中等(N)、长(L)。
	管螺纹	非螺纹密封的管螺纹	G		G3/4A	非螺纹密封的管螺纹，尺寸代号3/4，公差等级为A级。
		用螺纹密封的管螺纹	圆锥外螺纹	R	$R_c3/4$　R3/4	用螺纹密封的管螺纹，尺寸代号3/4，内、外均为圆锥螺纹。
			圆锥内螺纹	R_C		
			圆柱内螺纹	R_P		
传动螺纹	梯形螺纹		Tr		Tr40×14(P7)-7H	梯形螺纹，公称直径40 mm，导程14 mm，螺距7 mm，双线，右旋，中径公差带代号7H。
	锯齿形螺纹		B		B32×6LH-7e	锯齿形螺纹，公称直径32 mm，单线，螺距6 mm，左旋，中径公差带代号7e。

标注说明：

①普通螺纹

粗牙普通螺纹不标注螺距，细牙螺纹标注螺距。

左旋螺纹以“*LH*”表示，右旋螺纹不标注旋向（所有螺纹旋向的标记，均与此相同）。

公差带代号由中径公差带和顶径公差带（对外螺纹指大径公差带、对内螺纹指小径公差带）两组公差带组成。大写字母代表内螺纹，小写字母代表外螺纹。若两组公差带相同，则只写一组。

旋合长度分为短（*S*）、中等（*N*）、长（*L*）三种旋合长度。一般应采用中等旋合长度（此时 *N* 省略不注）。

②非螺纹密封的管螺纹

其内、外螺纹都是圆柱管螺纹，对外螺纹分 *A*，*B* 两级标记；内螺纹公差带只有一种，所以不加标记。

管螺纹的尺寸代号用1/2，3/4，1，…表示，并非公称直径，也不是管螺纹本身任何一个直径的尺寸。管螺纹的大径、中径、小径及螺距等具体尺寸，只有通过查阅相关的国家标准才能知道。

③梯形和锯齿形螺纹

只标注中径公差带；

旋合长度只有中等旋合长度（*N*）和长旋合长度（*L*）两组，若为中等旋合长度则 *N* 省略不注。

梯形螺纹的公称直径是指外螺纹大径。实际上内螺纹大径大于外螺纹大径，但标注内螺纹代号时要标注公称直径，即外螺纹大径。

四、常见的螺纹联接形式

（1）常用的螺纹连接件有：螺栓、双头螺柱、螺钉及螺母、垫圈等。平垫圈用来保护零件表面不被螺母损伤，同时增大螺母的支撑面，遮盖螺孔和不平的表面。弹簧垫圈用来防止零部件工作时因受冲击载荷和交变载荷的作用导致螺母松动脱落，常在螺母下方配弹簧垫圈以保证螺纹连接的可靠。

螺纹连接件画法分为两种：

1）根据零件标记查阅相应标准获得各部分尺寸画图：

例如：六角头螺栓 *M*20×60 GB/T 5780—2000，螺母 *M*20 GB/T 6170—2000，

垫圈 GB/T 97. 1—1985　根据查得的尺寸画图如下：

2）根据螺纹公称直径 *d* 按比例关系计算各部分尺寸近似画图：

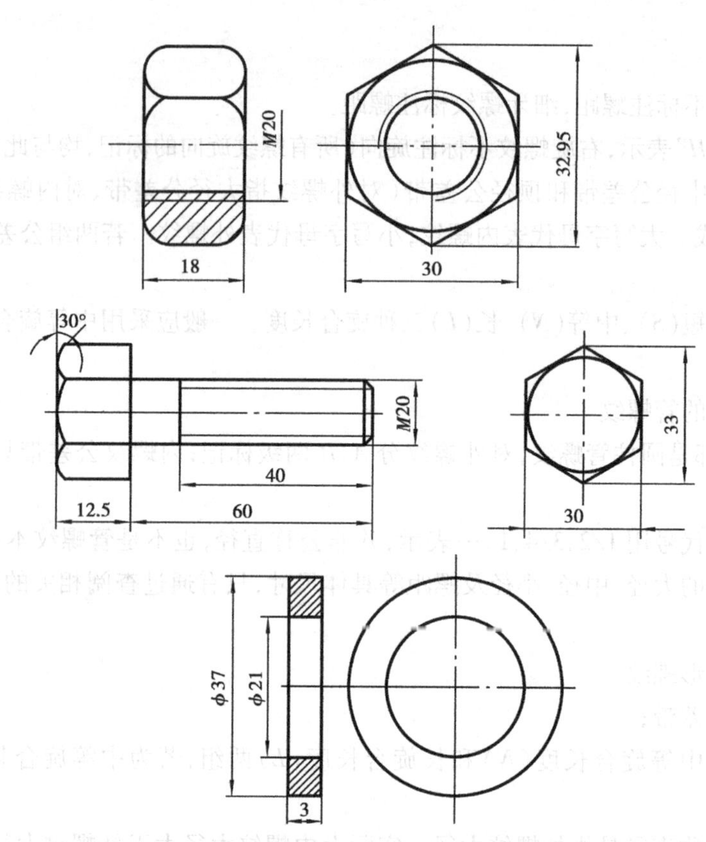

图 5.9　螺纹连接件的尺寸及画法

表 5.2　螺纹连接件近似画法的比例关系

名　称	尺寸比例	名　称	尺寸比例	名　称	尺寸比例	名　称	尺寸比例
螺栓	$b=2d$ $k=0.7d$ $R=1.5d$ $R_1=d$ $e=2d$ $d_1=0.85d$ $c=0.1d$ s 由作图决定	螺柱	b_m 查表 6.3 决定 $b=2d$ $l_2=b_m+0.3d$ $l_3=b_m+0.6d$	螺母	$e=2d$ $R=1.5d$ $R_1=d$ $m=0.8d$ R,s 由作图决定	平垫圈	$h=0.15d$ $d_2=2.2d$
						弹簧垫圈	$s=0.25d$ $D=1.3d$
						被联接零件	$D_0=1.1d$

(2)常见的螺纹连接形式有:螺栓连接、双头螺柱连接和螺钉连接。

螺栓连接用于联接两个不太厚的零件 δ_1,δ_2,被联接零件必须先加工出光孔,孔径略大于螺栓公称直径($1.1d$),以便于装配。联接时螺栓穿入孔内、套上垫圈、拧上螺母。

双头螺柱连接用于被联接件之一较厚,不便加工通孔的零件。先在厚板中加工不通孔,其孔径应是螺纹的小径 $d_1=0.85\ d$,孔深 b_m+d。(b_m指旋入端长度,依材料而定,见表 5.3)。

然后在孔内加工内螺纹，在较薄工件上加工一个光孔，孔径为 $1.1d$。联接时，先把螺柱旋入较厚零件螺纹孔中，将螺柱旋入端旋入至旋不动为止，这就产生了螺纹终止线与联接板的孔口平齐，端面重合，螺柱旋入与内螺纹终止线相距 $0.5d$，如果没有这段距离，则达不到紧固作用。装上被连接板套上垫圈拧紧螺母。装上垫圈螺母后，螺柱长度要高于螺母 $0.3d$，避免紧固时受力过大捋丝。

表 5.3　双头螺柱旋入端长度(b_m)

旋入端材料	旋入端长度	标准代号
钢与青铜	$b_m = d$	GB 897—1988
铸铁	$b_m = 1.25d$	GB 898—1988
铸铁或铝合金	$b_m = 1.5d$	GB 899—1988
铝合金	$b_m = 2d$	GB 900—1988

螺钉连接用于与螺柱联接类似，只是螺钉终止线必须超出两被联接件的结合面，表示尚有拧紧的余地。

图 5.10 是按各部分比例关系绘制螺纹连接件近似画法。

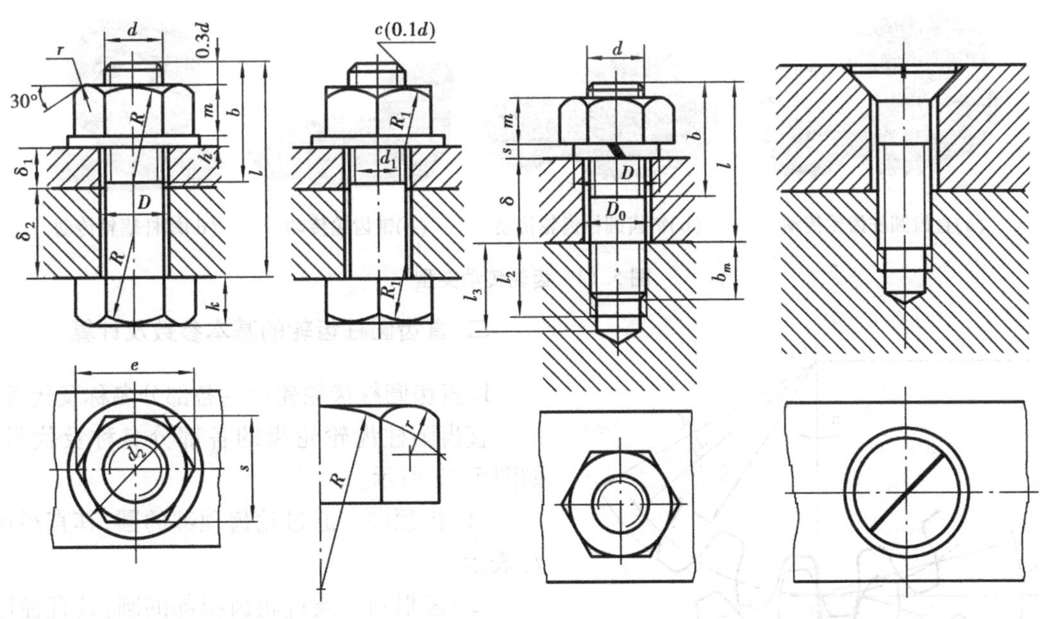

图 5.10　螺纹连接画法

任务二　齿　轮

齿轮在机器制造业中应用十分广泛，它可以用来传递动力、改变运动方向、运动速度、运动方式等。齿轮上每一个用于啮合的凸起部分，称为轮齿，其余部分称为轮体。一对齿轮的齿，依次交替地接触，从而实现一定规律的相对运动的过程和形态，称为啮合。

一、认识各种齿轮和齿轮传动

各种常见齿轮和齿轮传动类型，如图 5.11、图 5.12 所示。

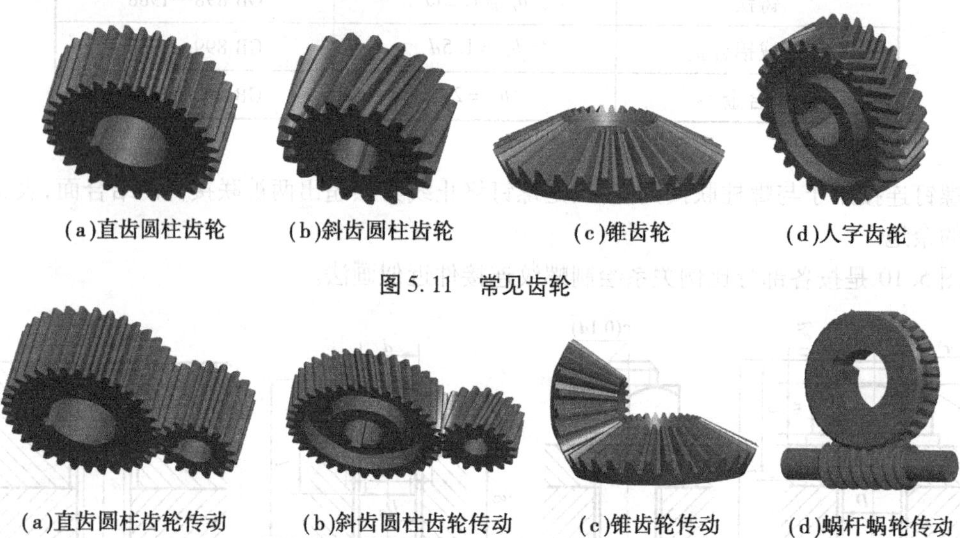

(a)直齿圆柱齿轮　(b)斜齿圆柱齿轮　(c)锥齿轮　(d)人字齿轮

图 5.11　常见齿轮

(a)直齿圆柱齿轮传动　(b)斜齿圆柱齿轮传动　(c)锥齿轮传动　(d)蜗杆蜗轮传动

图 5.12　齿轮传动类型

二、直齿圆柱齿轮的基本参数及计算

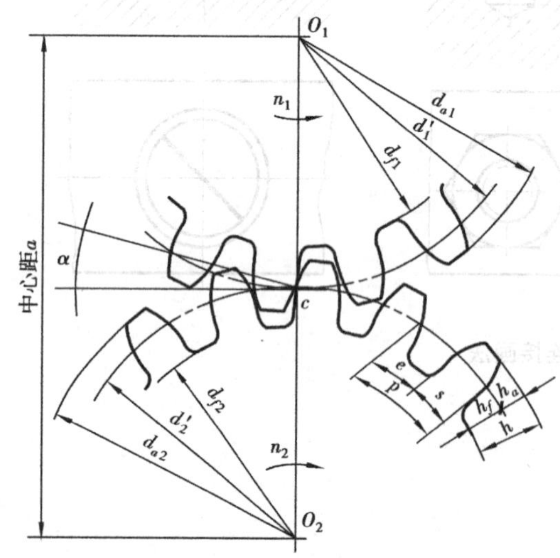

图 5.13　齿轮的各部分名称及代号

1. 直齿圆柱齿轮轮齿的各部分名称及代号

直齿圆柱齿轮轮齿的各部分名称及代号，如图 5.13 所示。

(1) 齿顶圆　通过轮齿顶部的圆，其直径用 d_a 表示。

(2) 齿根圆　通过轮齿根部的圆，其直径用 d_f 表示。

(3) 分度圆　在齿顶圆和齿根圆。对于标准齿轮，在此圆上的齿厚 s 与槽宽 e 相等，其直径用 d 表示。

(4) 齿高　齿顶圆和齿根圆之间的径向距离，用 h 表示。齿顶圆和分度圆之间的径向距离称为齿顶高，用 h_a 表示。分度圆和齿根圆之间的径向距离称为齿根高，用 h_f 表示。$h = h_a + h_f$。

(5)齿距、齿厚、槽宽　在分度圆上相邻两齿对应点之间的弧长称为齿距，用 p 表示。在分度圆上一个轮齿齿廓间的弧长称为齿厚，用 s 表示。一个齿槽齿廓间的弧长称为槽宽，用 e 表示。对于标准齿轮，$s = e$，$p = s + e$。

(6)模数　当齿轮的齿数为 z，则分度圆的周长 $= zp = \pi d$

所以　$d = zp/\pi$

令　$m = p/\pi$

则　$d = mz$

m 称为模数，单位是毫米。它是齿距与 π 的比值。为了便于齿轮的设计和加工，在国家标准中对模数做出了统一的规定，见表 5.4 所示。

表 5.4　标准模数(GB/T 1357—1987)　(mm)

第一系列	0.1　0.12　0.15　0.2　0.25　0.3　0.4　0.5　0.6　0.8　1　1.25　1.5　2　2.5　3　4　5　6　8　10　12　16　20　25　32　40　50
第二系列	0.35　0.7　0.9　1.75　2.25　2.75　(3.25)　3.5　(3.75)　4.5　5.5　(6.5)　7　9　(11)　14　18　22　28　36　45

注：在选用模数时，应优先选用第一系列，其次选用第二系列，括号内模数尽可能不选用。

(7)压力角　在一般情况下，两相啮合轮齿的端面齿廓在接触点处的公法线，与两分度圆的内公切线所夹的锐角，称为压力角，用 α 表示。齿轮标准压力角为 20°。

(8)中心距　平行轴或交错轴齿轮副的两轴线之间的最短距离称为中心距，用 a 表示。

(9)齿数　一个齿轮的轮齿总数，用 z 表示。

2. 直齿圆柱齿轮轮齿各部分的尺寸关系

齿轮的模数 m 确定后，按照与 m 的比例关系，可算出轮齿各部分的尺寸，见表 5.5 所示。

表 5.5　直齿圆柱齿轮轮齿各部分的尺寸关系

名称及代号	计算公式	名称及代号	计算公式
模　数 m	$m = d/z$	分度圆直径 d	$d = mz$
齿顶高 h_a	$h_a = m$	齿顶圆直径 d_a	$d_a = d + 2h_a = m(z+2)$
齿根高 h_f	$h_f = 1.25m$	齿根圆直径 d_f	$d_f = d - 2h_f = m(z-2.5)$
齿　高 h	$h = h_a + h_f = 2.25m$	中心距 a	$a = (d_1 + d_2)/2 = m(z_1 + z_2)/2$

三、直齿圆柱齿轮的规定画法

1. 单个圆柱齿轮的规定画法

在表示齿轮端面的视图中，齿顶圆用粗实线画出，齿根圆用细实线画出或省略不画，分度圆用点划线画出，如图 5.14(a)所示。

另一视图一般画成全剖视图，而轮齿按不剖处理。用粗实线表示齿顶线和齿根线，用点划线表示分度线，如图 5.14(b)所示。

若为斜齿轮或人字齿轮，则用三条与齿线方向一致的细实线表示轮齿的方向，如图

5.14(c)、图5.14(d)所示。

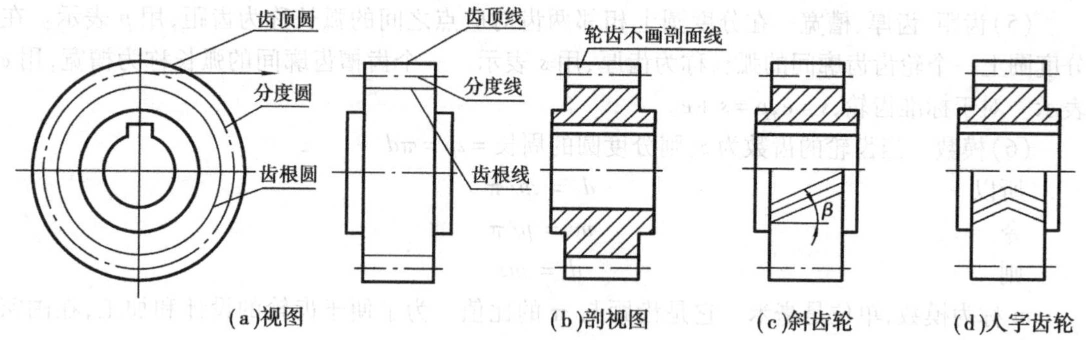

图5.14 单个圆柱齿轮的规定画法

2. 齿轮的啮合画法

在表示齿轮端面的视图中,啮合区内的齿顶圆均用粗实线绘制,如图5.15(a)所示。

也可省略不画,但相切的两分度圆须用点划线画出,两齿根圆省略不画,如图5.15(b)所示。

若不作剖视,则啮合区内的齿顶线不必画出,此时分度线用粗实线绘制,如图5.15(c)所示。

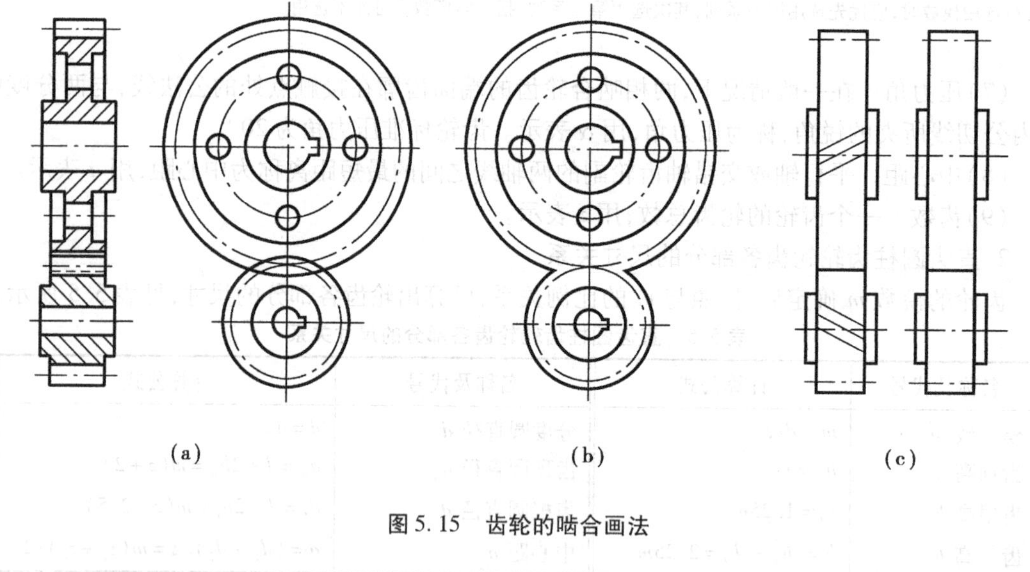

图5.15 齿轮的啮合画法

任务三 键联接和销联接

一、认识键和销

键是机械中常用的连接件,它的功用主要用于轴和轴上零件的联接,使之不产生相对运动,以传递扭矩。为了使齿轮、带轮等零件和轴一起转动,通常在轮孔和轴上分别加工出键槽,将键嵌入,用键将轮和轴连接起来进行传动,如图5.16所示。

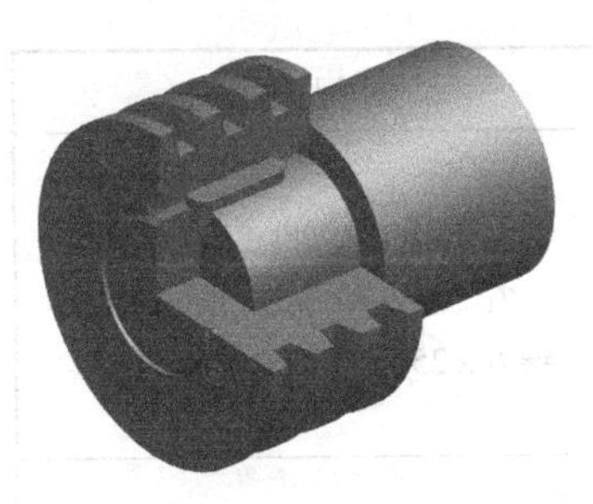

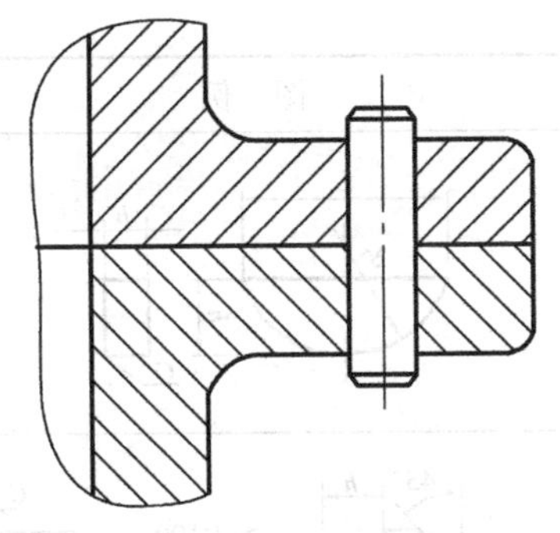

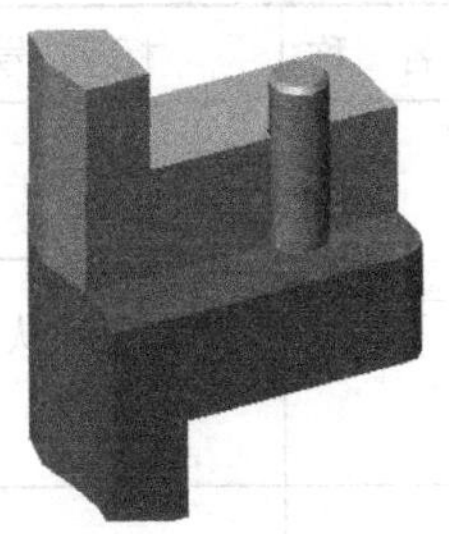

图 5.16　键和销的作用

二、键联接

1. 键的种类及标记

键的种类见图 5.17 所示。

(a)常用的几种键

(b)常用的销

图 5.17　常用的键和销

键的种类及标记见表 5.6 所示。

表 5.6　常用键的型式和规定标记

名　称	标 准 号	图　例	标记示例
普通平键	GB/T 1096—1979 (1990 年确认有效)	h　C　b　R=0.5b　L	普通平键(A 型), $b=18$ mm, $h=11$ mm, $L=100$ mm 键 18×100 GB/T 1096—1979 注:A 型普通平键不注“A”

续表

名　称	标准号	图　例	标记示例
半圆键	GB/T 1099—1979（1990 年确认有效）		半圆键，$b=6$ mm，$h=10$ mm，$d_1=25$ mm，$L=24.5$ mm 键 6×25　GB/T 1099—1979
钩头楔键	GB/T 1665—1979（1990 年确认有效）		钩头楔键，$b=18$ mm，$h=11$ mm，$L=100$ mm 键 18×100　GB/T 1565—1979

2. 键联接的画法

键联接的画法见表 5.7 所示。

表 5.7　键联接的画法

名称	联接的画法	说　明
普通平键		1. 键侧面接触 2. 顶面有一定间隙 3. 键的倒角或圆角可省略不画
半圆键		1. 键侧面接触 2. 顶面有间隙
钩头楔键		键与键槽在顶面、底面同时接触

三、销联接

1. 销的种类及标记

销主要用于零件间的联接或定位，销的种类及标记见表 5.8 所示。

表 5.8　销的种类及标记

名称	标 准 号	图　例	标记示例
圆柱销	GB/T 119.1—2000	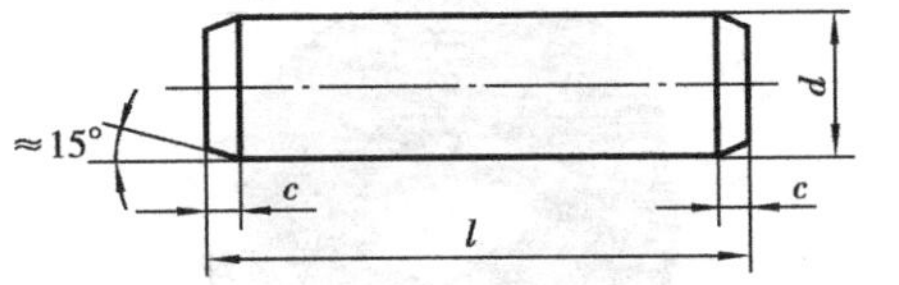	直径 $d=10$ mm，公差为 $m6$，长度 $l=80$ mm 销　GB/T 119.1　10 $m6\times80$
圆锥销	GB/T 117—2000	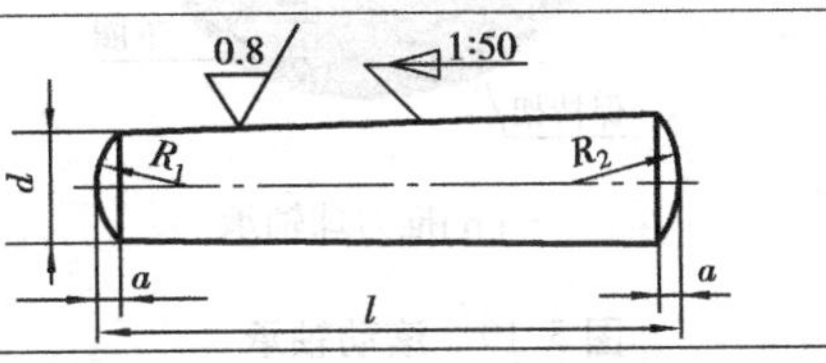	直径 $d=10$ mm，长度 $l=100$ mm， 销　GB/T 117　10×100 （注：圆锥销的公称尺寸是指小端直径）
开口销	GB/T 91—2000	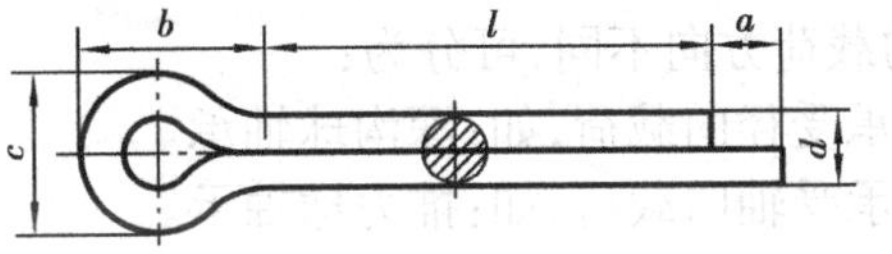	公称直径（指销孔直径）$d=4$ mm，$l=20$ mm 销　GB/T 91　4×20

2. 销联接的画法

销联接的画法如图 5.18 所示。

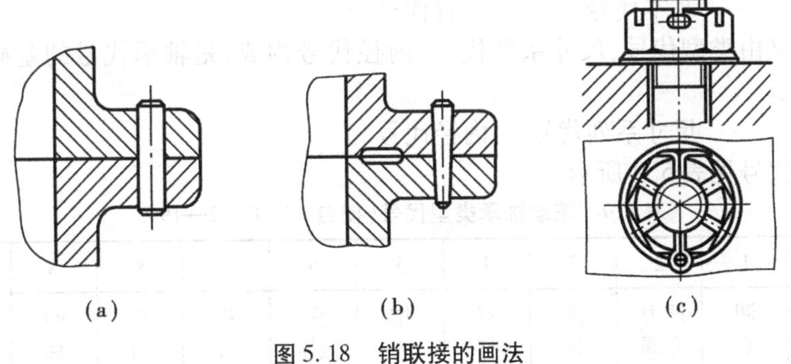

(a)　(b)　(c)

图 5.18　销联接的画法

任务四　滚动轴承

滚动轴承一般是支承旋转轴的标准组件，具有结构紧凑、摩擦力小等优点，在生产中使用比较广泛。滚动轴承的规格、型式很多，都已实现标准化和系列化了，由专门的工厂生产，需用时可根据要求，查阅有关标准选购。

一、滚动轴承的结构和种类

滚动轴承的种类虽多，但它们的结构大致相似，一般由内圈、外圈、滚动体、隔离圈（或保持架）四部分组成，如图5.19所示。一般内圈装在轴颈上，外圈装在机座或零件的轴承座孔中，工作时滚动体在内外圈间的滚道上滚动，形成滚动摩擦。隔离圈的作用是把滚动体相互隔开，滚动体主要分球形和柱形两种。

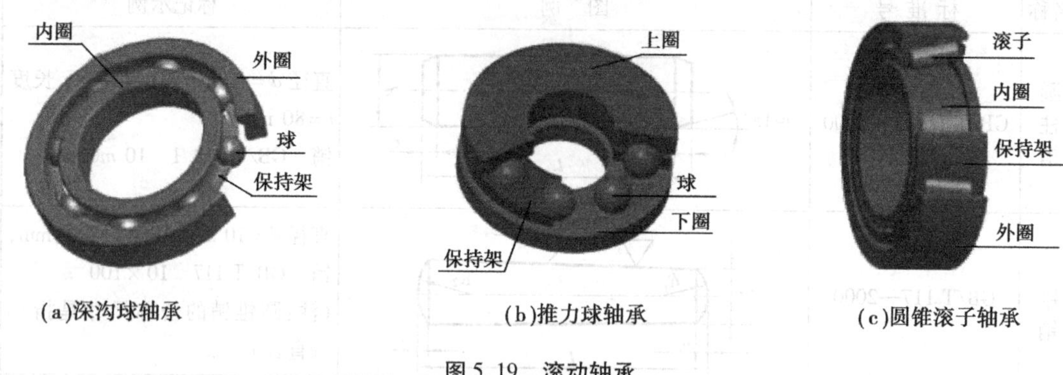

图5.19　滚动轴承

滚动轴承按其所能承受的载荷方向不同，可分为：

（1）向心轴承　主要用于承受径向载荷，如：深沟球轴承。

（2）推力轴承　主要用于承受轴向载荷，如：推力球轴承。

（3）向心推力轴承　既可承受径向载荷，又可承受轴向载荷，如：圆锥滚子轴承。

二、滚动轴承的代号

滚动轴承的代号由基本代号、前置代号和后置代号构成，其排列方式如下：

前置代号　　　基本代号　　　后置代号

基本代号又由类型代号、尺寸系列代号、内径代号构成，是轴承代号的基础，其排列方式如下：

类型代号　　　尺寸系列代号　内径代号

轴承类型代号见表5.9所示。

表5.9　滚动轴承类型代号（摘自GB/T 272—1993）

代号	0	1	2	3	4	5	6	7	8	N	U	QJ
轴承类型	双列角接触球轴承	调心球轴承	调心滚子滚承和推力调心滚子轴承	圆锥滚子轴承	双列深沟球轴承	推力球轴承	深沟球轴承	角接触球轴承	推力圆柱滚子轴承	圆柱滚子轴承	外球面球轴承	四点接触球轴承

内径代号表示轴承的公称内径，一般用两位数字来表示，其表示方法见表5.10所示。

表 5.10 滚动轴承内径代号(摘自 GB/T 272—1993)

轴承公称内径/mm		内径代号	示例
0.6~10(非整数)		用公称内径毫米数表示,在其与尺寸系列代号之间用"/"分开	深沟球轴承 618/2.5　$d=2.5$ mm
1~9(整数)		用公称内径毫米数直接表示,对深沟及角接触轴承7,8,9直径系列,内径与尺寸系列代号之间用"/"分开	深沟球轴承　625　$d=5$ mm 深沟球轴承　618/5　$d=5$ mm
10~17	10	00	深沟球轴承　6200　$d=10$ mm
	12	01	深沟球轴承　6201　$d=12$ mm
	15	02	深沟球轴承　6202　$d=15$ mm
	17	03	深沟球轴承　6203　$d=17$ mm
20~480 (22,28,32 除外)		公称内径除以 5 的商数,商数为个位数,需在商数左边加"0",如 08	圆锥滚子轴承　30308　$d=40$ mm 深沟球轴承　6215　$d=75$ mm
≥500 以及 22,28,32		用公称内径毫米数直接表示,但在与尺寸系列代号之间用"/"分开	调心滚子轴承　230/500　$d=500$ mm 深沟球轴承　62/22　$d=22$ mm

滚动轴承标记示例:

例 5.1　深沟球轴承　61800

6——轴承类型代号

1——宽度系列代号

8——直径系列代号

00——内径代号,表示内径 $d=10$ mm

例 5.2　圆锥滚子轴承　32206

3——轴承类型代号

2——宽度系列代号

2——直径系列代号

06——内径代号,表示内径 $d=6\times5=30$ mm

例 5.3　推力球轴承　51201

5——轴承类型代号

1——高度系列代号

2——直径系列代号

01——内径代号,表示内径 $d=12$ mm

三、滚动轴承的画法

滚动轴承的画法,见表 5.11 所示。

表 5.11　滚动轴承的画法(摘自 GB/T 4459.7—1998)

轴承类型	结构形式	通用画法	装配示意图	图示符号
深沟球轴承 60000		B A d D $\frac{2}{3}A$ $\frac{2}{3}B$		
圆锥滚子轴承 30000				
推力球轴承 50000				

任务五　弹　簧

一、认识弹簧

弹簧是一种用来减振、夹紧、测力和储存能量的零件,种类很多,有螺旋弹簧、涡卷弹簧、碟形弹簧、板弹簧等,如图 5.20 所示。用途最广的是圆柱螺旋弹簧,圆柱螺旋弹簧根据用途不同可分为压缩弹簧、拉伸弹簧和扭转弹簧。

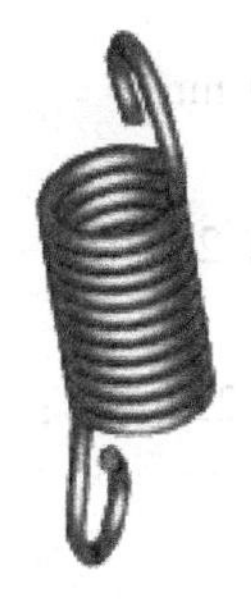

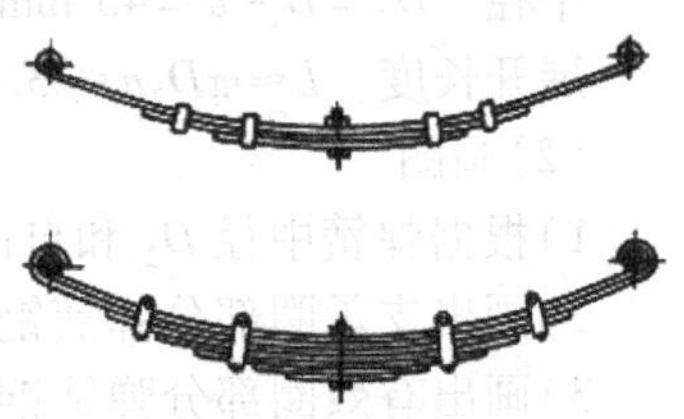

(a)压缩弹簧　(b)扭转弹簧　(c)拉伸弹簧　(d)涡卷弹簧　(e)板弹簧

图 5.20　弹簧

二、圆柱螺旋压缩弹簧的画法

1. 圆柱螺旋压缩弹簧的各部分名称及尺寸计算(图 5.21)

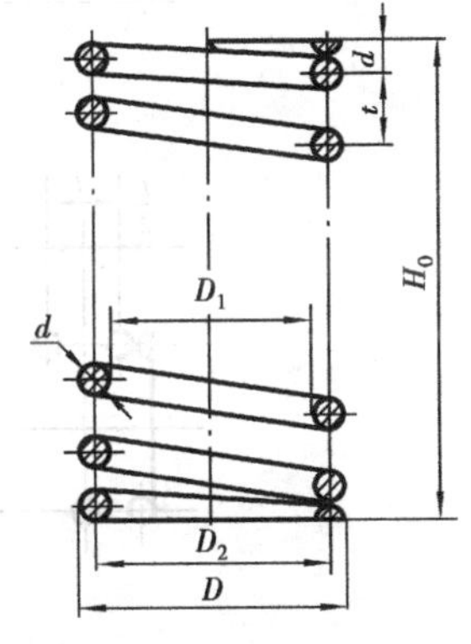

图 5.21　弹簧的各部分名称

1)弹簧丝直径 d

2)弹簧直径

弹簧中径 D_2　弹簧的内外直径平均值 $D_2=(D+D_1)/2=D-d$。

弹簧内径 D_1　弹簧的最小直径 $D_1=D_2-d$

弹簧外径 D　弹簧的最大直径 $D=D_2+d$

3)节距 t　除支承圈外,相邻两圈沿轴向的距离。一般 $t=(D_2/3)/(D_2/2)$。

4)有效圈数 n、支承圈数 n_2 和总圈数 n_1　为了使压缩弹簧工作时受力均匀,保证轴线垂直于支承端面,两端常并紧且磨平。这部分圈数仅起支承作用,不产生弹性变形所以叫支承圈。支承圈数(n_2)有 1.5 圈、2 圈和 2.5 圈三种。2.5 圈用得较多,即两端各并紧 11/4 圈,其中包括磨平 3/4 圈。压缩弹簧除支承圈外,具有相等节距的圈数称有效圈数,有效圈数 n 与支承圈数 n_2 之和称为总圈数 n_1,即

$$n_1 = n + n_2$$

5)自由高度(或自由长度)H_0　弹簧在不受外力时的高度(或长度),即:

$$H_0 = nt + (n_2 - 0.5)d$$

当,$n_2=1.5$ 时　$H_0=nt+d$

当,$n_2=2$ 时　$H_0=nt+1.5d$

当,$n_2=2.5$ 时　$H_0=nt+2d$

6)弹簧展开长度 L　制造时弹簧簧丝的长度。$L\approx\pi D_2 n_1$

2. 圆柱螺旋压缩弹簧的画法如图 5.22 所示。

例 5.4　已知弹簧簧丝直径 $d=5$ mm,弹簧外径 $D=43$ mm,节距 $t=10$ mm,有效圈数 $n=8$,支承圈 $n_2=2.5$。试画出弹簧的剖视图。

(1)计算

总圈数　$n_1 = n + n_2 = 8 + 2.5 = 10.5$

自由高度　$H_0 = nt + 2d = 8 \times 10\ \text{mm} + 2 \times 5\ \text{mm} = 90\ \text{mm}$

中径　$D_2 = D - d = 43\ \text{mm} - 5\ \text{mm} = 38\ \text{mm}$

展开长度　$L \approx \pi D_2 n_1 = 3.14 \times 38\ \text{mm} \times 10.5\ \text{mm} = 1\ 253\ \text{mm}$

(2)画图

1)根据弹簧中径 D_2 和自由高度 H_0 作矩形框(图 5.22(a));

2)画出支承圈部分弹簧钢丝的断面(图 5.22(b));

3)画出有效圈部分弹簧钢丝的断面(图 5.22(c));

4)按右旋方向作相应圆的公切线及剖面线,即完成作图(图 5.22(d))。

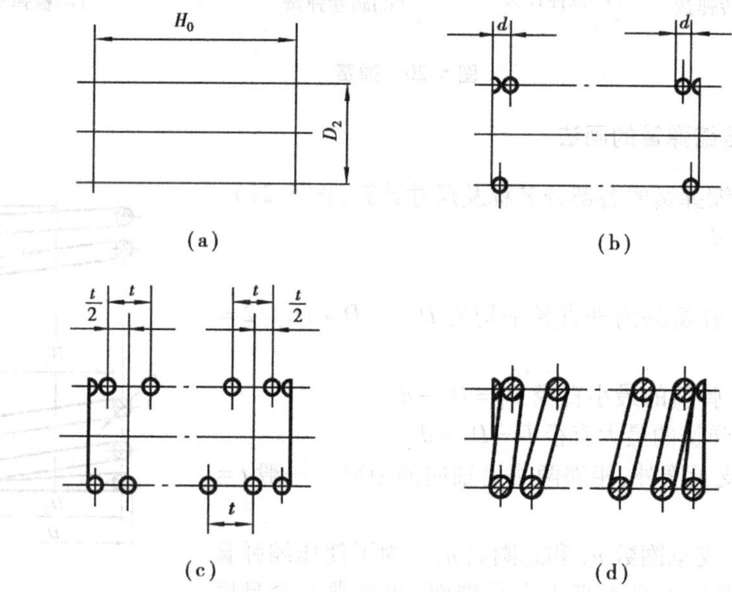

图 5.22　圆柱螺旋压缩弹簧的画图步骤

画图时,应注意以下几点:

1)圆柱螺旋弹簧无论支承的圈数多少,均可按 2.5 圈绘制。

2)在非圆视图上,各圈的外形轮廓应画成直线。

3)有效圈数在四圈以上的螺旋弹簧,允许每端只画两圈(不包括支承圈),中间各圈可省略不画,只画通过簧丝剖面中心的两条点画线。当中间部分省略后,也可适当地缩短图形的长度。

4)右旋弹簧或旋向不作规定的螺旋弹簧,在图上画成右旋;左旋弹簧允许画成右旋,但左旋弹簧不论画成左旋或右旋,一律要加注"*LH*"。

圆柱螺旋弹簧可画成视图、剖视图或示意图。如图 5.23 所示。

三、弹簧在装配图中的规定画法

1)弹簧中间各圈采用省略画法后,弹簧后面被挡住的零件轮廓不必画出,如图 5.24(a)所示。

2)当簧丝直径在图上小于或等于 2 mm 时,可采用示意画法,如图 5.24 (b)所示。

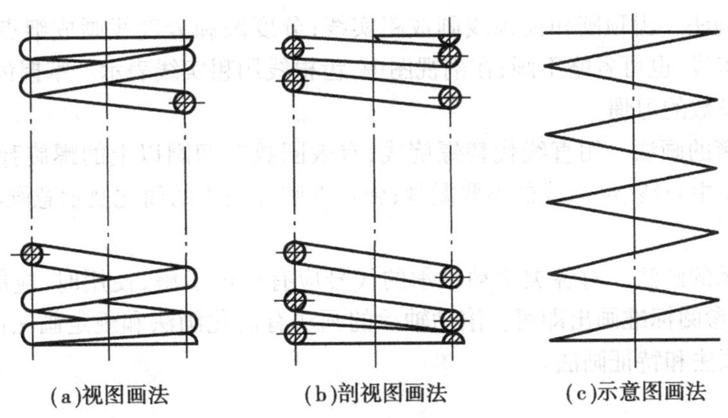

图 5.23　圆柱螺旋压缩弹簧的画法

3）当簧丝直径在图上小于或等于 2 mm 时，如是断面，可以涂黑表示，如图 5.24（c）所示。

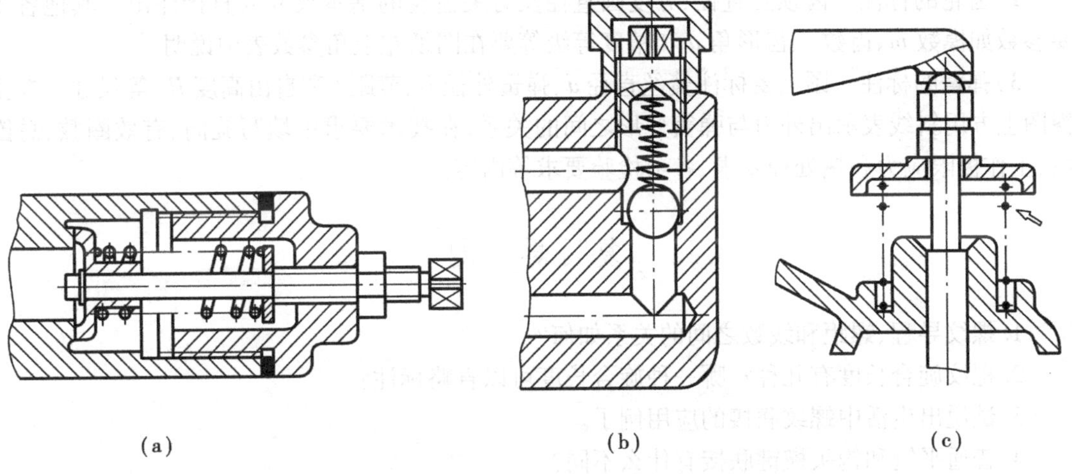

图 5.24　装配图中弹簧的画法

项目小结

本章主要介绍了螺纹紧固件、齿轮、键、销、弹簧、滚动轴承等标准件及常用件。这些标准件及常用件一般不按真实投影画图，国家标准中规定了画法和标注方法。

1. 画法

1）螺纹的画法　无论是外螺纹还是内螺纹（当内螺纹画成剖视图时），螺纹的大径用粗实线表示，小径用细实线表示，螺纹终止线用粗实线表示。当用剖视图表达内外螺纹的联接时，其旋合部分按外螺纹的画法绘制，其余部分仍按各自的画法表示。要求到有关工厂去参观，增加对螺纹的加工过程、螺纹上的常见结构的感性认识。

2）螺纹紧固件的画法　螺纹紧固件种类很多，且有各自的结构和尺寸标准，加强对标准化意义的了解，培养运用标准的习惯，查阅标准手册的能力。根据螺纹紧固件的标记在有关标准中查出其结构形式、规格、尺寸等画图或按经验公式近似计算尺寸画图。

3)齿轮的画法　齿顶圆和齿顶线画成粗实线;分度圆和分度线画成细点画线;齿根圆和齿根线画成细实线,也可省略不画;在剖视图中,齿根线用粗实线表示。掌握齿轮模数的含义,养成选用标准模数的习惯。

4)螺旋弹簧的画法　用直线代替螺旋线;有效圈数在四圈以上的螺旋弹簧,中间部分可省略不画。簧丝中心线、剖面线的不要漏画;弹簧在装配图中的简化及示意画法及被弹簧遮挡部分省略不画。

5)滚动轴承的画法　对各类滚动轴承的代号应有一般了解,使用时,应能根据需要查阅标准,画图时能参阅标准画出即可。滚动轴承的画法有简化画法和规定画法两种。简化画法又可分为通用画法和特征画法。

2. 标注

1)标准螺纹的标注　在螺纹的大径上注明特征代号、公称直径、螺距、旋向、公差代号和旋合长度代号。

2)齿轮的标注　齿顶圆直径、分度圆直径及有关齿轮的基本尺寸要直接注出。其他各主要参数如模数 m、齿数 z、齿形角 a 和精度等级等要在图纸左上角参数表中说明。

3)弹簧的标注　图上要标注簧丝直径 d、弹簧外径 D、节距 t 和自由高度 H_0 等尺寸。在主视图上方用斜线表示出外力与弹簧变形之间的关系,在技术要求中填写旋向、有效圈数、总圈数、工作极限应力和热处理要求、各项检验要求等内容。

复习思考题

1. 螺纹导程、螺距和线数之间的关系如何?
2. 螺纹旋合长度有几种?哪一种旋合长度可以省略标注?
3. 试说出生活中螺纹联接的应用例子。
4. 普通平键和钩头楔键联接有什么不同?
5. 常见的销有几种形式?它们的主要作用是什么?
6. 试举例说明齿轮在生活中的应用情况。
7. 什么是模数?其单位是什么?
8. 在圆柱齿轮啮合的画法中,啮合处怎么绘制?
9. 滚动轴承的代号能反映出它的哪些性质?
10. 滚动轴承代号 30209 的含义是什么?
11. 螺旋弹簧的中间部分是否可以省略不画?
12. 试说出生活中使用弹簧的例子?不少于 5 个。

项目六　零件图

项目内容

1. 零件图的作用和内容。
2. 零件图的视图选择原则和表示方法。
3. 典型零件图的尺寸标注。
4. 零件上常见的工艺结构。
5. 零件图上的技术要求。
6. 识读零件图。
7. 绘制零件图。

项目目的

1. 理解零件图的作用、内容。
2. 熟悉零件图的视图选择原则和典型零件的表示方法。
3. 了解尺寸基准的概念,熟悉典型零件图的尺寸标注。
4. 了解零件上常见的工艺结构。
5. 了解表面粗糙度的概念,掌握表面粗糙度符号、代号及其标注与识读。
6. 理解极限与配合的概念、标准公差与基本偏差系列,掌握极限与配合在图样上的标注与识读。
7. 熟悉常用形位公差的项目、符号以及标注与识读。
8. 掌握识读零件图的方法和步骤,能识读中等复杂程度的零件图。
9. 理解绘制零件图的方法和步骤,能绘制简单零件图。

项目实施过程

任务一　零件图的作用和内容

一、零件图的作用

大家知道,任何机器都是由很多零件装配而成的;而装配机器必须首先制造零件。工人在生产过程中要根据零件的图形进行零件加工,以保证加工的正确性;检验人员要根据零件的图形,检验工人生产出来的零件是否合格,以保证产品的质量。因此,我们把指导制造和检验零件的图形称零件工作图,简称零件图,所以零件图是零件生产过程中起直接指导作用的技术文件。

二、零件图的内容

一张完整的零件图应包括下列内容,如图 6.1 所示。

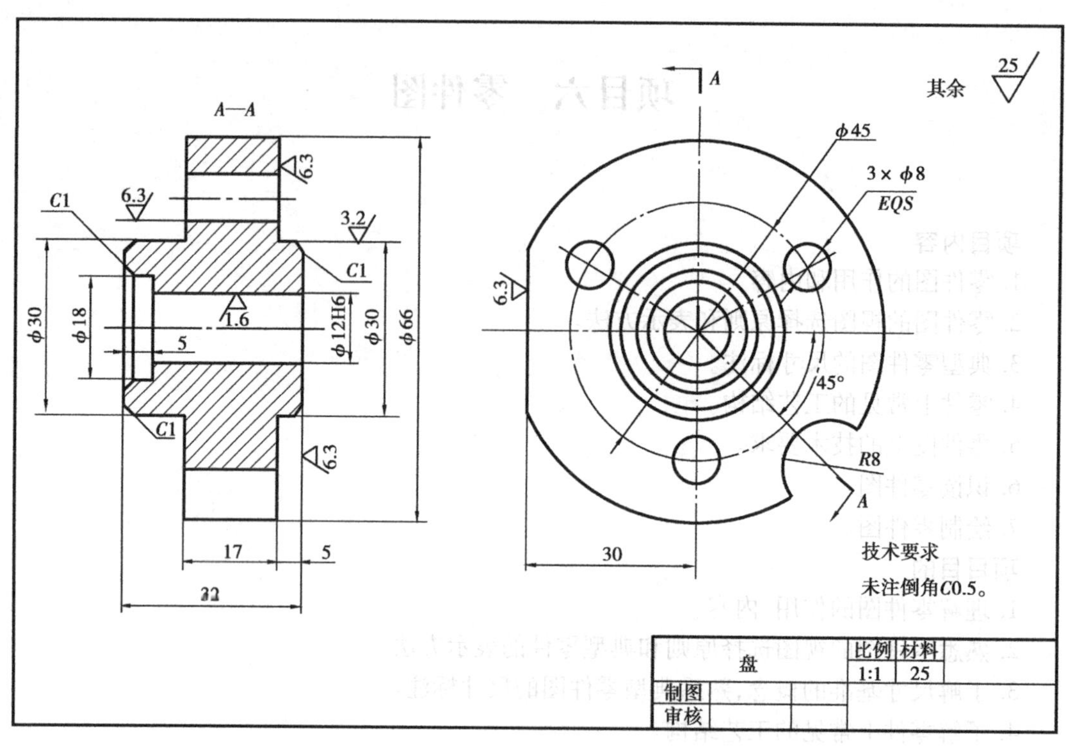

图 6.1　盘零件图

1. 标题栏　填写零件的名称、材料、比例以及设计、审核者的责任签名、日期等。

2. 一组视图　用一组必要的视图、剖视图、断面图等，正确、完整、清晰地表达零件的结构形状。

3. 一组尺寸　正确、完整、清晰、合理地标注制造零件、检验零件时所需的全部尺寸。

4. 技术要求　用规定的符号、代号标注以及用文字说明零件在制造、检验过程中应达到的各项技术要求。如表面粗糙度、尺寸公差、形位公差、热处理及表面处理等。

任务二　零件图的视图选择原则和表示方法

一、零件图的视图选择原则

零件图的视图选择，包括主视图的选择和其他视图的选择两个方面。在选择零件图的主视图和其他视图时，应在零件结构分析的基础上，充分运用前面所介绍的各种表达方法，正确、完整、清晰地表达零件的内、外部形状和结构特征。

1. 主视图的选择原则

表达零件时，通常以主视图为主，看零件图时常常也先看主视图，所以主视图是零件图的核心。主视图选择是否得当，将直接影响零件图的表达效果，也影响到看图和画图是否方便。因此，画零件图时应首先选择好主视图。

在选择主视图的投影方向时，应综合考虑以下3个原则：

(1)形状特征原则

主视图的投影方向，应最能表达零件各部分的形状特征。

如图6.2所示支座主视图，箭头K所示方向的投影清楚的显示出该支座各部分形状、大小及相互位置关系。支座由圆筒、连接板、底板，支撑肋四部分组成，所选择的主视图投影方向K较其他方向更清楚地显示了零件的形状特征。这样，使我们更为方便地识读该零件图。

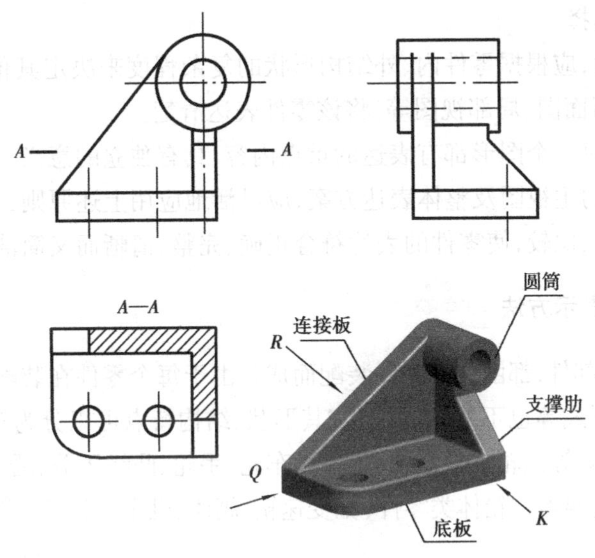

图6.2　支座的主视图选择

(2)加工位置原则

主视图的投影方向，应尽量与零件在机械加工时的位置相一致。如图6.3所示，轴类零件的主要加工工序在车床上和磨床上完成，因此，零件主视图应选择其轴线水平位置放置，以便于看图加工，减少差错，即B向作主视图投影方向比A向好。

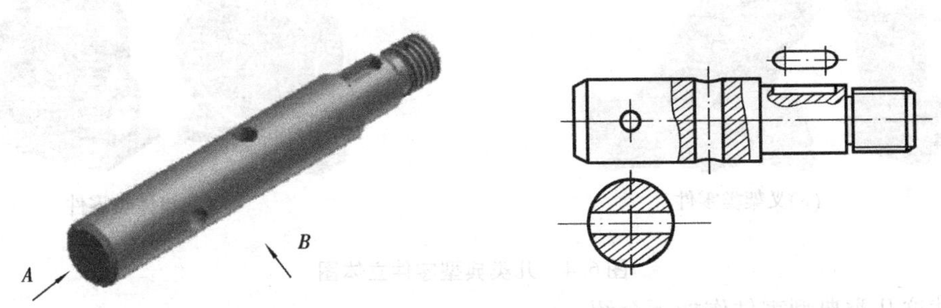

图6.3　轴类零件的主视图选择

对轴、套、轮、盘类回转体零件，在选择主视图时一般应遵循这一原则。

(3)工作位置原则

由于零件在机器或部件中有一定的工作位置,因此在选择主视图的投影方向时,应尽量与零件在机器或部件上的工作位置相一致。根据这个原则选择主视图,便于将零件图与装配图联系起来考虑,分析和想象零件在机器或部件中的工作情况。同时,在装配、安装调试时,容易和装配图直接对照,有利于看图。

对支架、箱体等非回转体零件,在选择主视图时一般应遵循这一原则。

2. 其他视图的选择

主视图选择好后,应根据零件内、外结构形状的复杂程度来决定其他视图(优先考虑基本视图),如:剖视图、断面图、局部视图等,将该零件表达清楚。

需要注意的是,每一个图形都有表达的重点内容,具有独立的意义。

总之,确定零件的主视图及整体表达方案,应灵活地应用上述原则,从实际出发,根据具体情况全面地加以分析、比较,使零件的表达符合正确、完整、清晰而又简洁的要求。

二、典型零件的表示方法

任何一台机器或部件,都由许多零件装配而成。由于每个零件在装配体中所起的作用不相同,因而它们的表达形式等也不尽相同,但按其形状、结构特点可以分为轴套类零件(如机床主轴、各种传动轴、空心套等)、轮盘类零件(如各种车轮、手轮、凸缘压盖、圆盘等)、叉架类零件(如摇杆、连杆、轴承座、支架等)、箱体类零件(如变速箱、阀体、机座、床身等)四类,如图6.4。

(a)轴套类零件　(b)轮盘类零件　(c)叉架类零件　(d)箱体类零件

图6.4　几类典型零件立体图

现就这几类典型零件作如下介绍。

1. 轴套类零件

(1)轴套类零件的结构特点

轴套类零件的基本形状是由同一轴线数段直径不同的回转体组成,常见的结构有轴肩、倒角、螺纹、越程槽(或退刀槽)、键槽、销孔等。

(2)轴套类零件在视图表达方面的特点

此类零件主要是在车床或磨床上加工，因此，它们的视图通常选择一个主视图，且将其轴线水平放置，使其符合加工位置和反映轴向特征，并常常将先加工的一端放在右边，再根据各部分的结构特点，选用局部视图、移出断面、局部视图、局部放大图等图样表达方法，如图6.5轴零件图。

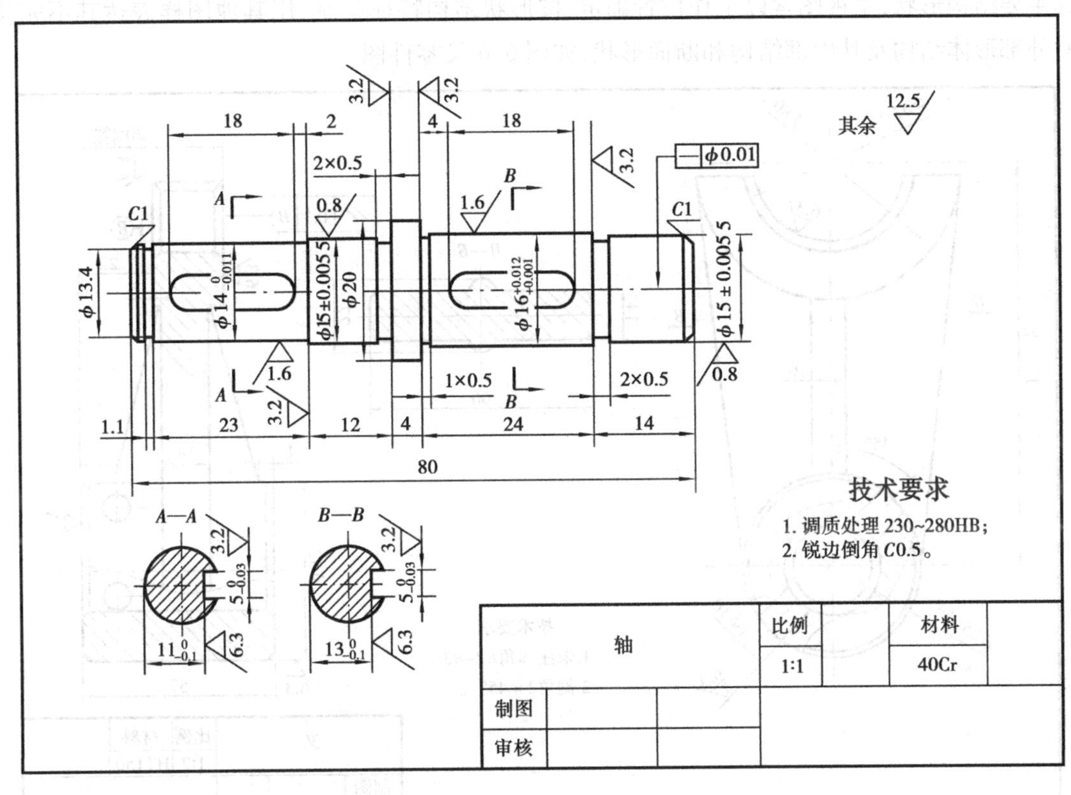

图6.5 轴零件图

2. 轮盘类零件

(1)轮盘类零件的结构特点

轮盘类零件轴向尺寸小而径向尺寸较大，零件的主体多数是由同轴回转体构成，也有主体形状是矩形，并在径向分布有螺孔或光孔、销孔、轮辐等结构。

(2)轮盘类零件的表达方法

轮盘类零件和轴套类零件类似，在视图表达上通常选1~2个基本视图，表达其主要结构形状，主视图的位置符合零件的加工位置，再选用剖视、断面、局部视图等其他视图表示其内部结构和局部结构。如图6.1盘零件图。

3. 叉架类零件

(1)叉架类零件的结构特点

叉架类零件在机器或部件中主要起操纵、连接、传动或支承作用，零件毛坯多为铸、锻件。

该类零件通常由支承部分、工作部分和连接部分构成,用不同截面形状的筋板或实心杆件支撑连接起来,形式多样,结构复杂,具有铸(锻)造圆角,拔模斜度、凸台,凹坑等常见结构。

(2)叉架类零件的表达方法

叉架类零件需经过多种机械加工,主要加工位置不明显,所以一般按它的工作位置和结构形状特征来选择主视图,或使主要孔的轴线水平或竖直放置,且一般用1~3个基本视图表示其主要结构形状,主视图常以工作位置确定、按形状特征绘制,用其他图样表达其不完整的外部形体结构及其内部结构和断面形状,如图6.6叉零件图。

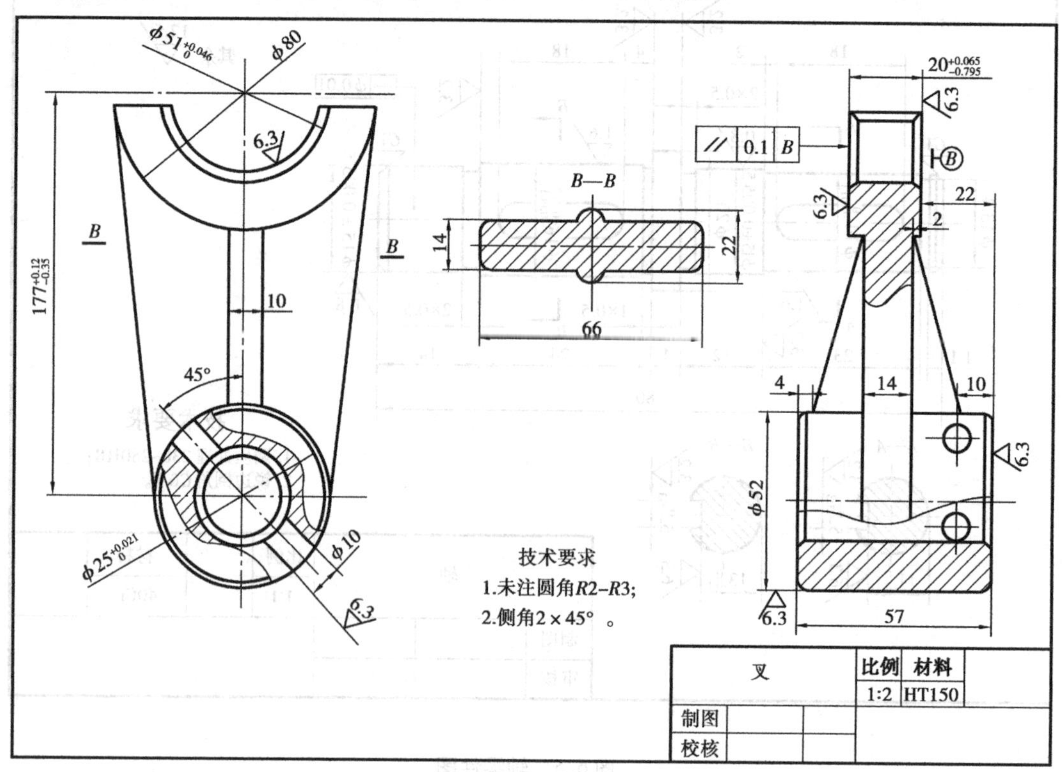

图6.6　叉零件图

4. 箱体类零件

(1)箱体类零件的结构特点

箱体类零件一般是机器或部件的主体部分,它起着支承,包容其他零件的作用,因此,多为中空的壳体,并有轴承端盖的连接螺孔等,其结构形状复杂,一般多为铸件,经必要的机械加工而成。

(2)箱体类零件的表达方法

由于箱体类零件形状复杂,加工工序较多,加工位置不尽相同,但箱体在机器中上工作位置是固定的。因此,箱体的主视图常常按工作位置及形状特征来选择,一般需要三个以上的基本视图表达其内、外结构形状,再配以其他视图表示其局部结构形状。如图6.7蜗杆减速器箱体零件图。

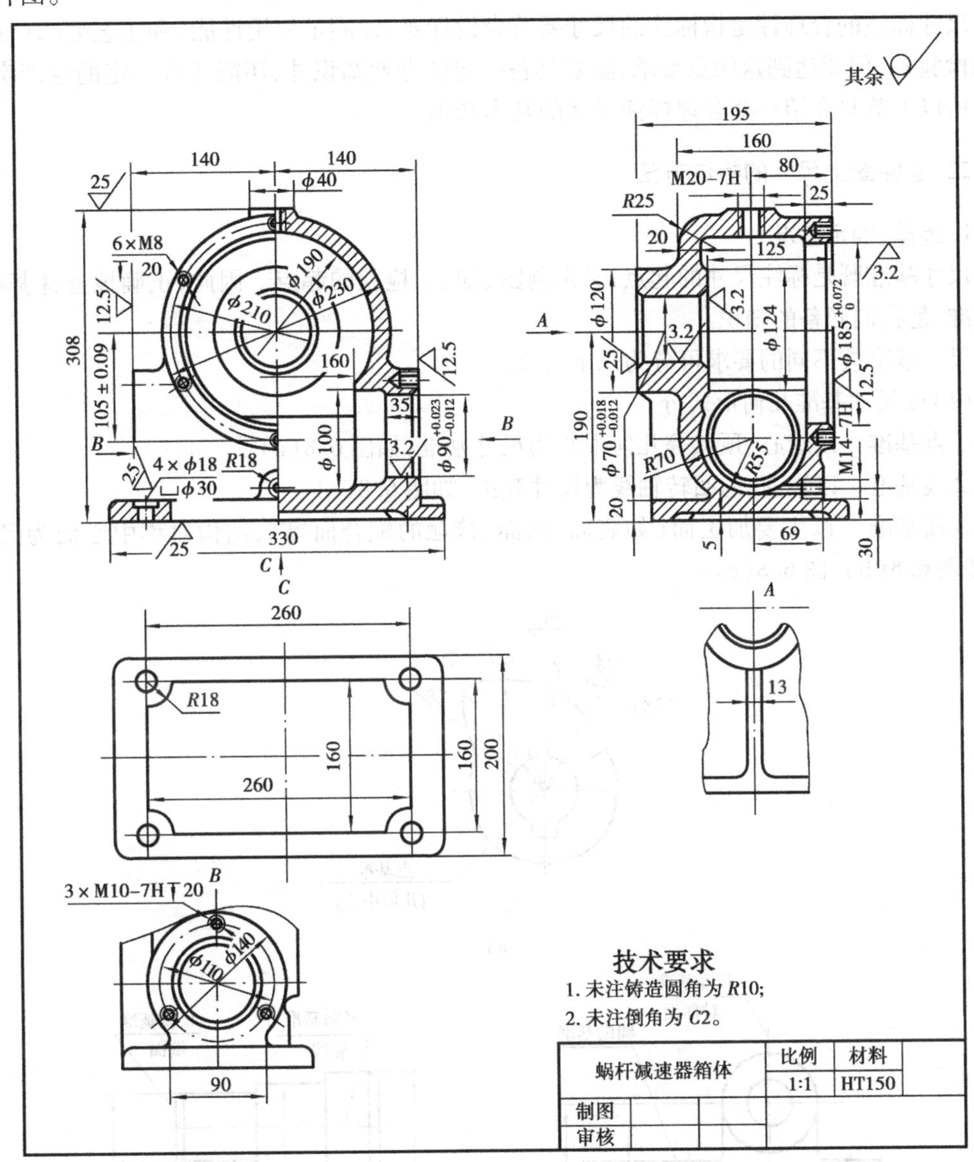

图6.7 蜗杆减速器箱体零件图

任务三 典型零件图的尺寸标注

一、零件图上尺寸标注的要求

一个机器零件，不仅有结构形状，而且还有大小。零件的结构形状，用一组必要的图形在零件图上加以表达，而零件的大小，则要由零件图上标注的尺寸来确定。因此，零件图上的尺寸是零件加工、检验的重要依据。所以，零件图的尺寸标注要正确、完整、清晰、合理。关于正确、完整、清晰的要求，前面有关章节中已有明确叙述，本节着重介绍合理性。

尺寸标注的合理性是指标注的尺寸要符合设计要求（满足使用性能）和工艺要求（便于加工和检验）。但要达到这两点要求，除要具备一定的专业知识外，还需要有一定的生产实践经验。所以本节只介绍一些合理标注尺寸的基本知识。

二、零件图上尺寸的标注方法

1. 选择、确定基准

尺寸基准既是标注尺寸的起点，又是制图、加工、检验的起点。因此，正确地选择基准，认识基准，是我们必备的知识。

尺寸基准按不同的要求可分为以下几类。

（1）按尺寸基准几何形式分

①点基准　以球心、顶点等几何中心为尺寸基准，如图6.8(a)。

②线基准　以轴、孔的回转轴线为尺寸基准，如图6.8(c)。

③面基准　以主要加工面（如底面、端面、接触的配合面等）、结构对称中心面为尺寸基准，如图6.8(b)，图6.8(c)。

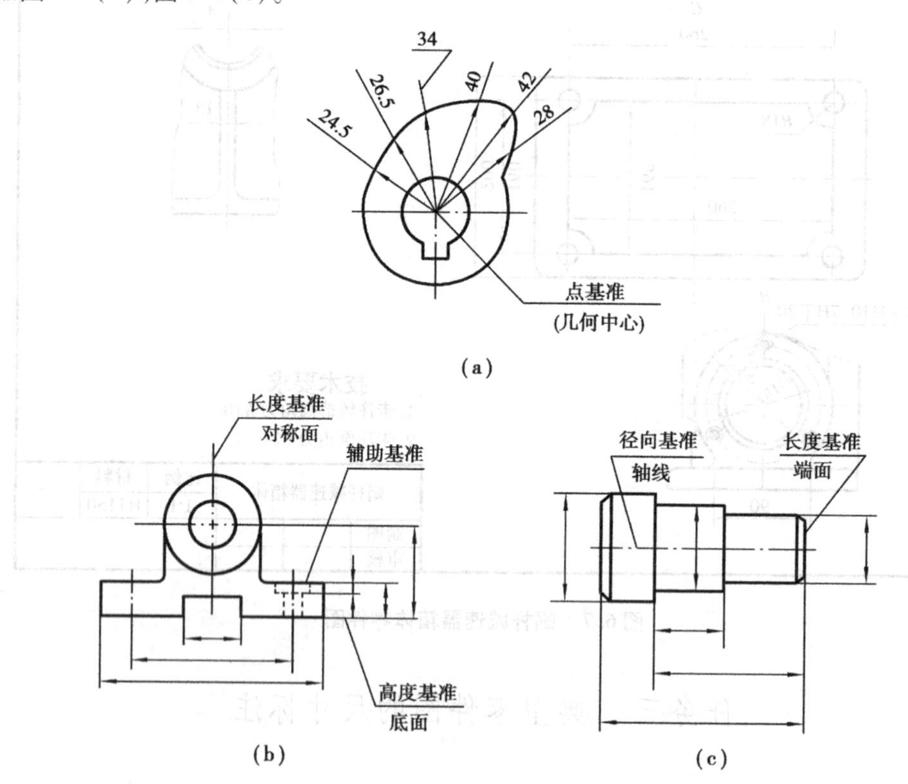

图6.8　点、线、面基准

（2）按尺寸基准重要性分

①主要基准　确定零件主要尺寸的基准。如图6.8(b)的底面、图6.8(c)的轴线和端面。

②辅助基准　为方便加工和测量而附加的基准。如图6.8(b)的辅助基准。

(3)按尺寸基准性质分

①设计基准　用以确定零件在部件或机器中位置的基准,叫设计基准。如图6.8(b)的高度基准、图6.8(c)的径向基准。

②工艺基准　在零件加工过程中,为满足加工和测量要求而确定的基准,叫工艺基准。如图6.8(b)的辅助基准,就是为了方便测量而增加的基准。

总之,任何一个零件总有长、宽、高三个方向的尺寸,因此,每个方向至少应该有一个基准,同一方向的基准之间一定要有尺寸联系。

2. 从基准出发,标注出零件上各个部分形体的大小尺寸及位置尺寸

尺寸标注的形式有三种(以轴类零件为例)。

(1)链式

同一方向的尺寸,依次首尾相接注写,无统一基准,如图6.9(a)。

链式标注的特点是:每段轴长的尺寸精度,不受其他尺寸影响,但轴的总长受各段轴长尺寸误差的影响。

(2)坐标式

同一方向的尺寸以同一基准进行标注,如图6.9(b)。

坐标式标注的特点是:每一段轴的尺寸精度,不受其他尺寸影响;相邻两段轴的尺寸分别受两个尺寸误差的影响。

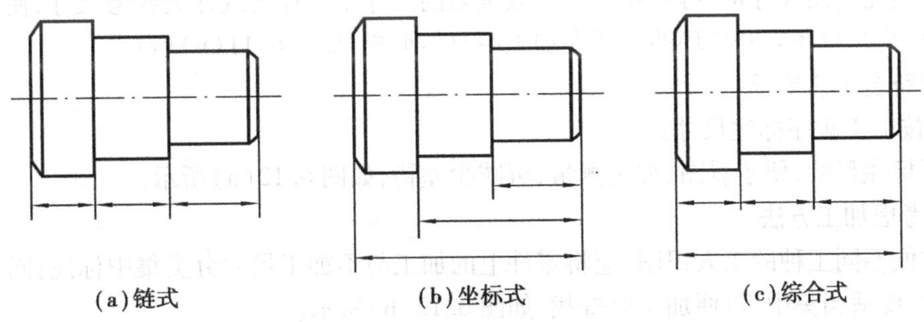

(a)链式　(b)坐标式　(c)综合式

图6.9　尺寸标注形式

(3)综合式

是链式与坐标式的综合,如图6.9(c)。

综合式标注的特点是:具有链式与坐标式标注法的优点,能灵活的适用于零件各部分结构对尺寸精度的不同要求,因此广泛地用于零件图的尺寸标注。

三、零件图尺寸标注的注意事项

1. 要考虑设计要求

零件上的重要尺寸,要从基准直接标注,不应靠间接计算而得,以保证加工时达到尺寸要求,避免由尺寸转折、换算而带来的误差或差错,如图6.10所示。

2. 主、辅基准之间要有联系尺寸

辅助基准和主要基准之间,要标注联系尺寸,联系尺寸的标注,如图6.8(b)、图6.10(a)所示。

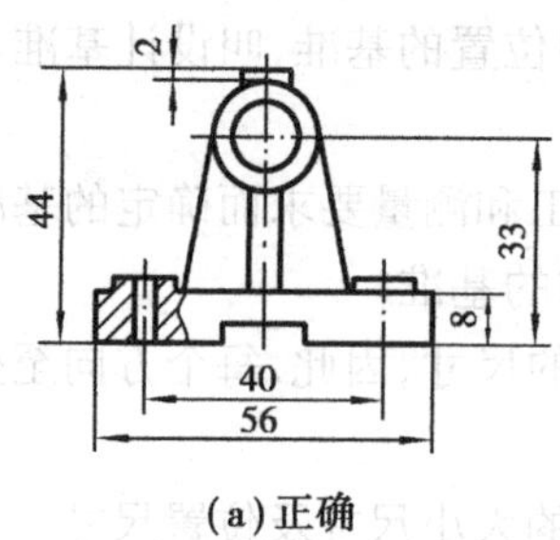

(a)正确

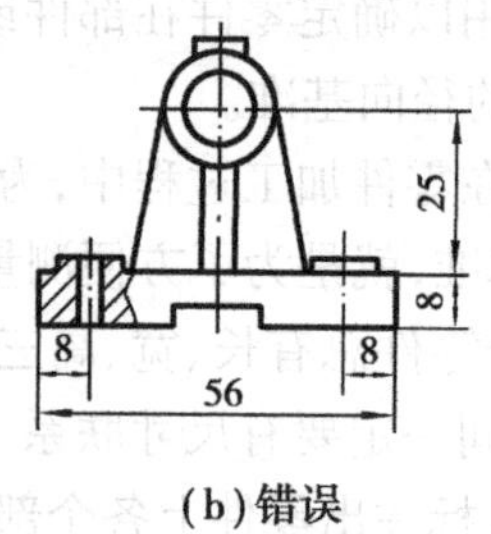

(b)错误

图6.10 主要尺寸应直接注出

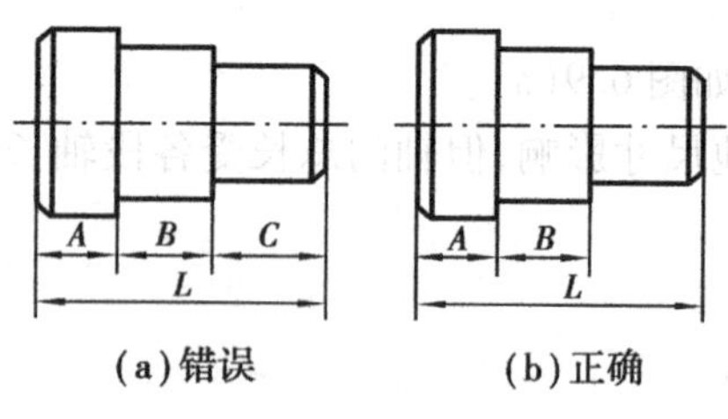

(a)错误 (b)正确

图6.11 封闭尺寸链

3. 不要注成封闭尺寸链

封闭尺寸链,就是首尾相接,绕成一整圈的一组尺寸,如图6.11(a)所示。在尺寸链中,各尺寸称为尺寸链的环。封闭尺寸链的注法,使所有的轴向尺寸一环接一环,任何一环尺寸的精度可以得到保证,但由于各段误差累积反映到总长上,因此总长尺寸精度难以得到保证。

为了避免封闭尺寸链,可选择一个不太重要的尺寸不予标出或作为参考尺寸,使尺寸链留有开口,称为开口环。开口环的尺寸在加工中自然形成,如图6.11(b)所示。

4. 要符合工艺要求

(1)按加工顺序标注尺寸。

这样标注尺寸,便于看图、加工测量,可减少差错,如图6.12(a)所示。

(2)考虑加工方法。

为方便不同工种的工人识图,应将零件上的加工与不加工尺寸分类集中标注;同一工种的加工尺寸,要适当集中,以便加工时查找,如图6.12(b)所示。

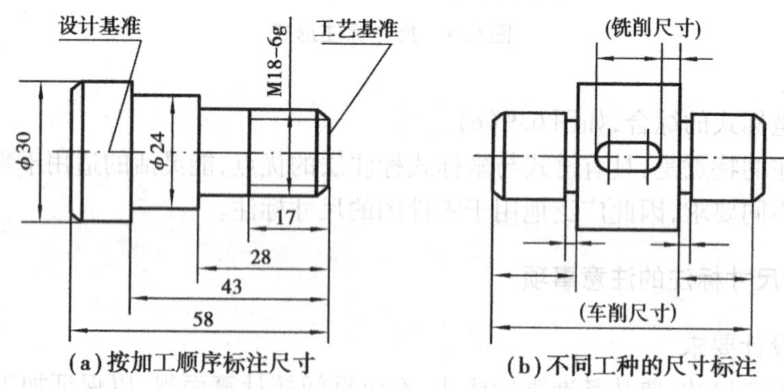

(a)按加工顺序标注尺寸 (b)不同工种的尺寸标注

图6.12 尺寸标注应符合工艺要求

(3)按测量要求,从测量基准出发标注尺寸,如图6.13所示。

5. 零件上常见结构的尺寸注法

零件上常见结构的尺寸注法,见表6.1。

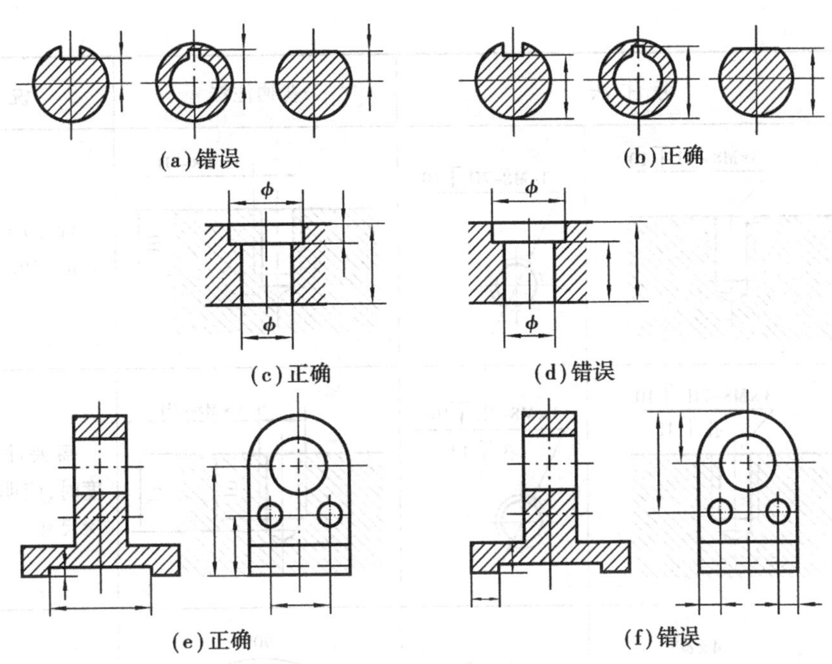

图 6.13 从测量基准标注尺寸

表 6.1 零件上常见结构的尺寸注法

序号	类型	旁注法		普通注法	说明
1	光孔	4×φ6 ↧12	4×φ6 ↧12	4×φ6 12	4×φ6 表示直径为 6 mm、深度为 12 mm、均匀分布的 4 个光孔。
2		4×φ6H7 ↧10 孔↧12	4×φ6H7 ↧10 孔↧12	4×φ6H7 10 12	光孔深为 12 mm；钻孔后需精加工至φ6H7、深度为 10 mm。
3	螺孔	3×M6-7H	3×M6-7H	3×M6-7H	3×M6 表示直径为 6 mm、均匀分布的 3 个螺孔，7H 为中径和顶径的公差带。

续表

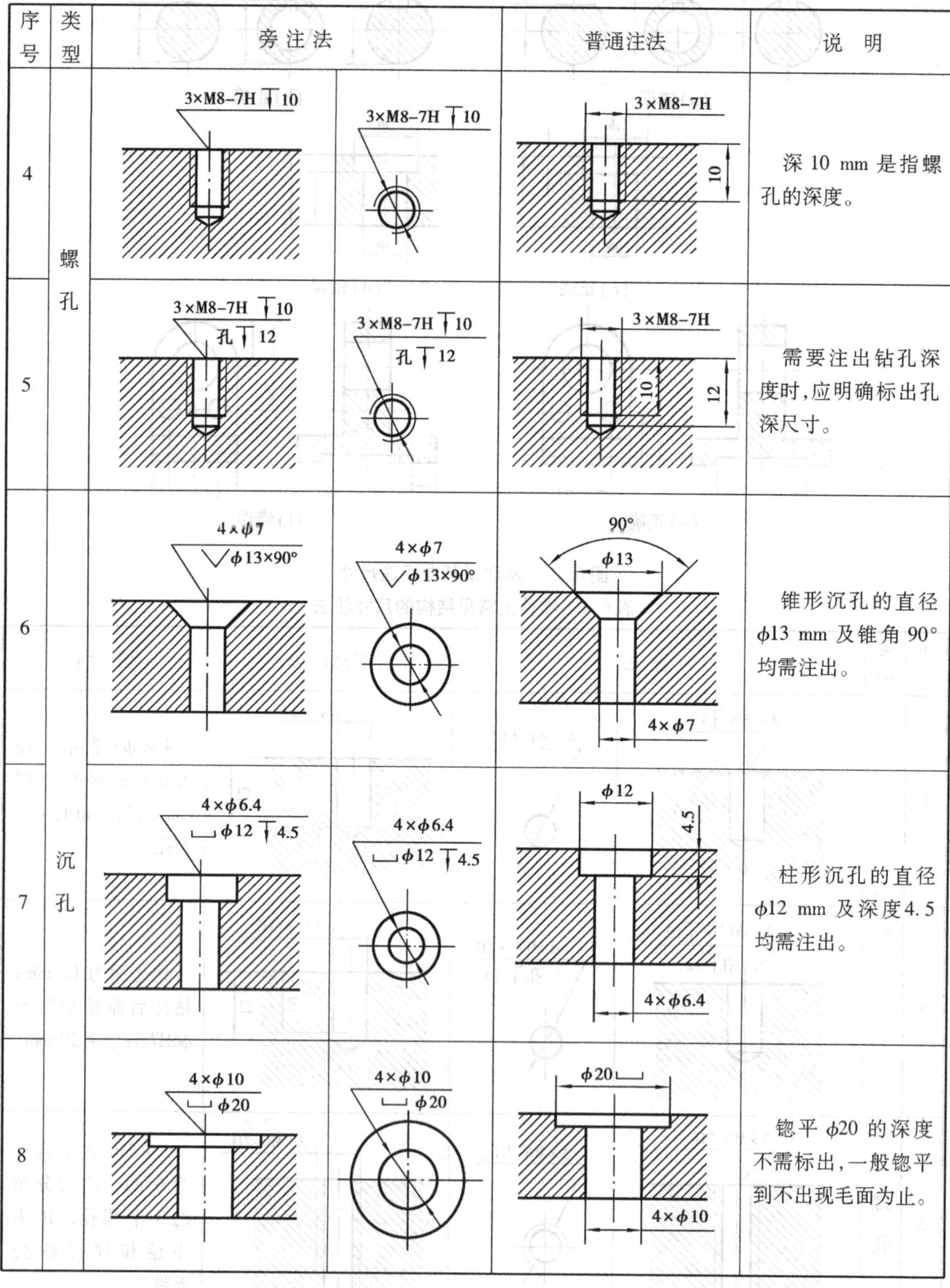

序号	类型	旁注法		普通注法	说明
4	螺孔	3×M8-7H ↧10	3×M8-7H ↧10	3×M8-7H 10	深 10 mm 是指螺孔的深度。
5	螺孔	3×M8-7H ↧10 孔 ↧12	3×M8-7H ↧10 孔 ↧12	3×M8-7H 10 12	需要注出钻孔深度时，应明确标出孔深尺寸。
6	沉孔	4×ϕ7 ⌵ϕ13×90°	4×ϕ7 ⌵ϕ13×90°	90° ϕ13 4×ϕ7	锥形沉孔的直径 ϕ13 mm 及锥角 90° 均需注出。
7	沉孔	4×ϕ6.4 ⌴ϕ12 ↧4.5	4×ϕ6.4 ⌴ϕ12 ↧4.5	ϕ12 4.5 4×ϕ6.4	柱形沉孔的直径 ϕ12 mm 及深度4.5 均需注出。
8	沉孔	4×ϕ10 ⌴ϕ20	4×ϕ10 ⌴ϕ20	ϕ20⌴ 4×ϕ10	锪平 ϕ20 的深度不需标出，一般锪平到不出现毛面为止。

任务四 零件上常见的工艺结构

零件的结构形状是根据零件在机器中的作用、位置及加工是否合理、方便而确定的；加工的方便与合理是从制造工艺考虑的。零件上一些为满足工艺需要而设计的结构形状，称为零件的工艺结构。

零件上常见的工艺结构有：

一、零件的铸造工艺结构

1. 铸造圆角

当零件的毛坯为铸件时，因铸造工艺的要求，铸件各表面相交的转角处都应做成圆角，如图 6. 14(a)。铸造圆角可防止铸件浇铸时转角处的落砂现象及避免金属冷却时产生缩孔和裂纹，如图 6. 14(b)、图 6. 14(c)。铸造圆角的大小一般取 $R = 3 \sim 5$ mm。

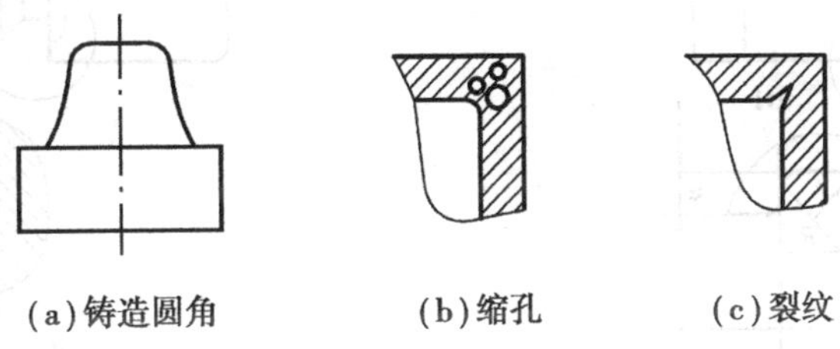

图 6. 14 铸造圆角 缩孔 裂纹

2. 拔模斜度

用铸造的方法制造零件毛坯时，为了便于在砂型中取出模样，一般沿模样拔模方向作成约 1∶20 ~ 1∶10(即 3° ~ 6°)的斜度，叫做拔模斜度，如图 6. 15 所示。因此在铸件上也有相应的拔模斜度，这种斜度在图上可以不予标注，也不一定画出。

3. 铸件厚度

铸件的壁厚不均匀一致时，铸件在浇铸后，因各处金属冷却速度不同，将产生裂纹和缩孔现象。因此，铸件的壁厚应尽量均匀，见图 6. 16(a)；当必须采用不同壁厚连接时，应采用逐渐过渡的方式，见图 6. 16(b)。

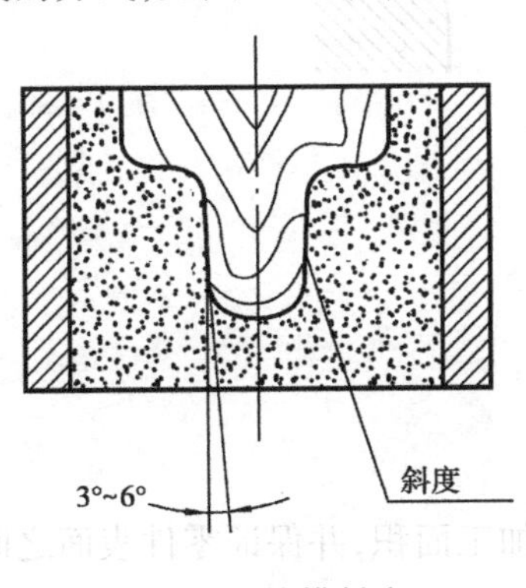

图 6. 15 拔模斜度

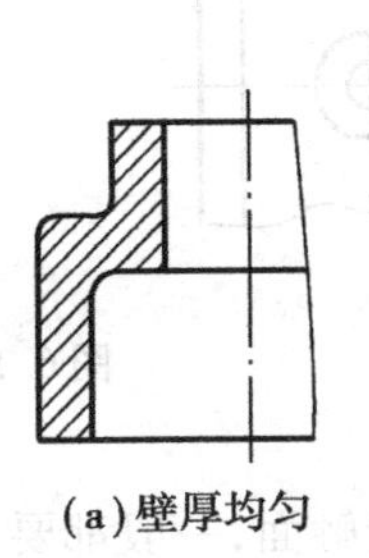

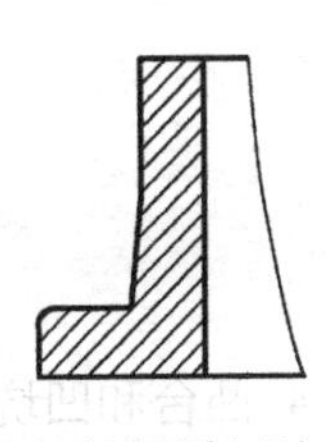

图 6. 16 铸件壁厚

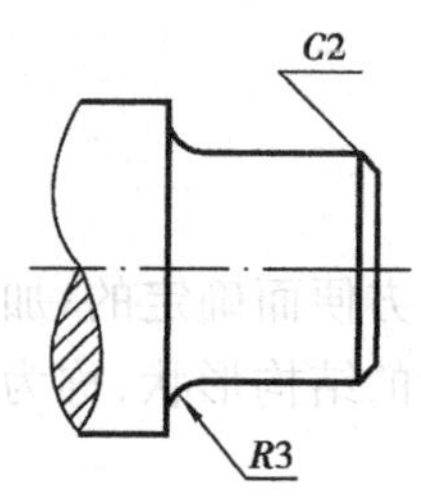

图 6.17 倒角和倒圆

二、零件的机械加工工艺结构

1. 倒角和倒圆

如图 6.17 所示，为了去除零件的毛刺、锐边和便于装配，在轴、孔的端部，一般都加工成倒角（如 C2）；为了避免因应力集中而产生裂纹，在轴肩处往往加工成圆角，称为倒圆（如 R3）。

2. 退刀槽和砂轮越程槽

在零件切削加工时，为了便于退出刀具及保证装配时相关零件的接触面靠紧，在被加工表面台阶处应预先加工出退刀槽或砂轮越程槽，如图 6.18 所示，具体尺寸和构造可查阅机械零件设计手册。退刀槽的尺寸标注方法见“1.1.6尺寸注法”。

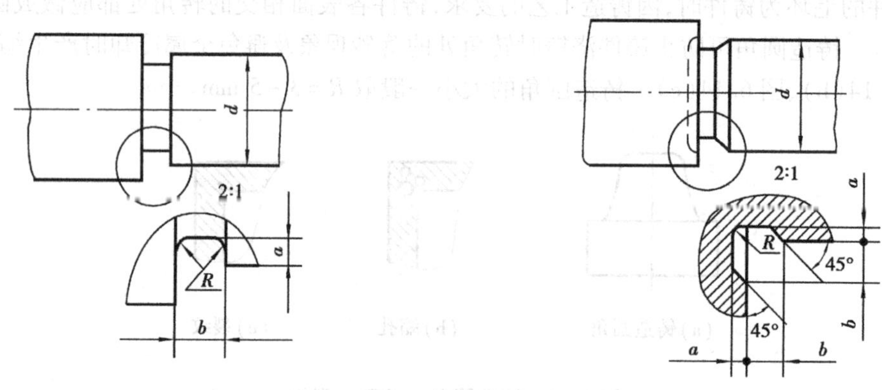

图 6.18 退刀槽和越程槽

3. 钻孔结构

用钻头钻孔时，要求钻头轴线尽量垂直于被钻孔的端面，以保证钻孔准确和避免钻头折断。常见钻孔端面的正确结构如图 6.19 所示。

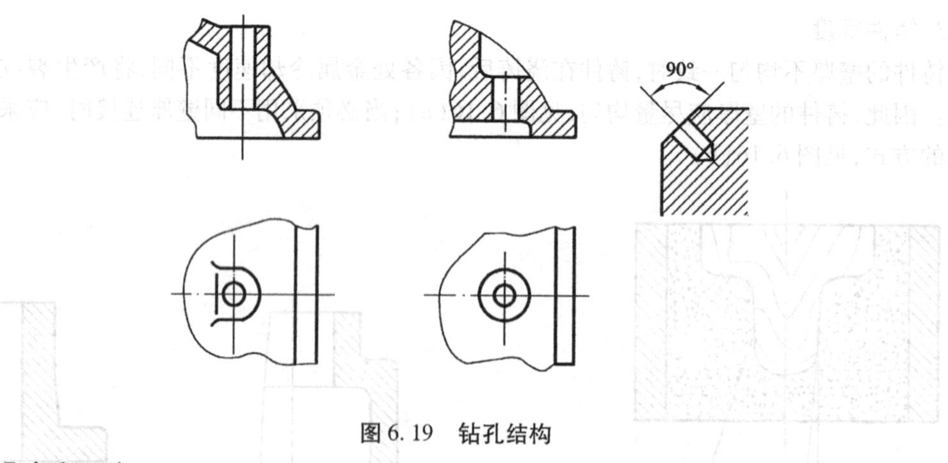

图 6.19 钻孔结构

4. 凸台和凹坑

零件上与其他零件的接触面，一般都要加工。为了减少加工面积，并保证零件表面之间有良好的接触，常常在零件上设计出凸台、凹坑或凹槽结构，如图 6.20 所示。

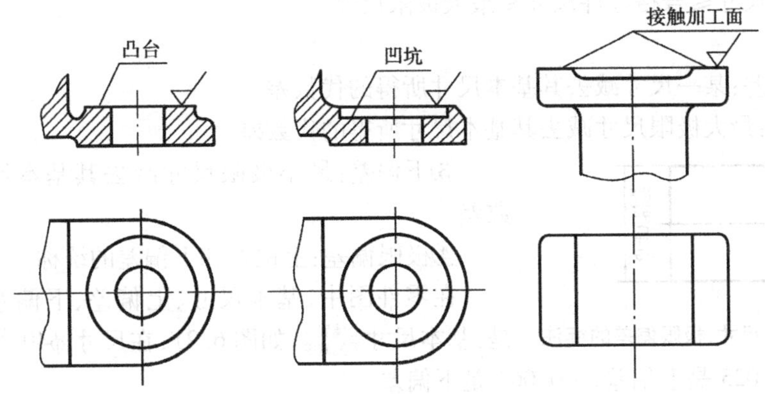

图 6.20　凸台和凹坑

任务五　零件图上的技术要求

一、零件图上技术要求的内容

1. 零件上重要尺寸的尺寸公差及形位公差；
2. 零件的表面粗糙度；
3. 零件的表面处理及热处理；
4. 零件的材料和特殊要求的说明。

上述零件上的各项技术要求，国家标准有规定符号、代号的，用规定的符号、代号直接标注在零件图上，如无规定符号、代号的，则用文字分条注写在标题栏附近的空白处。

二、极限与配合的标注方法（GB/T 4458.5—2003）

1. 互换性

在现代化的大规模生产中，常采用专业化、协作生产方式以求达到提高生产率、保证产品质量的目的。这种分散加工、集中组装的产品质量主要由零、部件的互换性给予保证。所谓互换性，就是指在制成的同一规格的零件中，不经任何挑选和修配，就可以装到机器上，并能满足机器的使用要求。零件的这种性质称为零件的互换性。

例如，自行车上的某一个螺母丢失，可以不用挑选，只要用相同规格的任何一个螺母来代替并能保证使用要求（拧紧、防松），那么，这个螺母就具有互换性。

2. 相关术语

(1)尺寸

①基本尺寸：设计者设计零件时给定的、且与相关标准尺寸进行圆整了的尺寸。

②实际尺寸：通过测量获得的尺寸。

③极限尺寸：允许尺寸的两个界限值。极限尺寸有两个，即最大极限尺寸和最小极限尺寸。最大极限尺寸，是指合格零件所允许的最大尺寸。最小极限尺寸，是指合格零件所允许的最小尺寸。合格零件的尺寸，必须满足下列式子：

最小极限尺寸≤合格零件尺寸≤最大极限尺寸

(2)偏差

①尺寸偏差:某一尺寸减去其基本尺寸所得的代数差。

②上偏差:最大极限尺寸减去其基本尺寸所得的代数差。

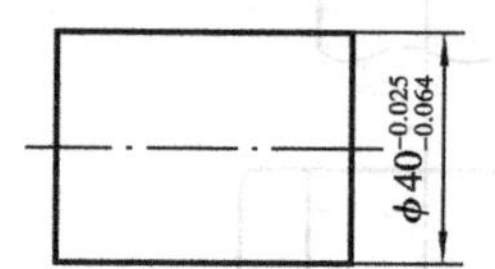

图6.21　基本尺寸,极限偏差的标注

③下偏差:最小极限尺寸减去其基本尺寸所得的代数差。

④极限偏差:上偏差和下偏差的统称。

在零件图中,基本尺寸、上偏差、下偏差标注的形式是:基本尺寸$^{上偏差}_{下偏差}$。如图6.21,在尺寸$\phi 40_{-0.064}^{-0.025}$中,$\phi 40$是基本尺寸,-0.025是上偏差,-0.064是下偏差。

(3)公差

零件的尺寸需要经过加工后才能获得,但由于零件在加工过程中会受到各种因素的影响,不可能把零件加工成理论上准确的尺寸。即使是同一个工人,在同一台机器上对同一批规格相同的零件进行加工,也很难得到完全一样的尺寸,这就是加工误差。

加工误差的存在,将影响零件的互换性。为了满足零件的互换性,加工误差必须控制在一定的范围内零件才是合格品,否则为不合格品。这个"一定范围"就是机械行业的术语——公差。

①公差:指加工零件时,允许零件尺寸变化的范围。

②公差带图和公差带

以基本尺寸为零线,用合适的比例画出尺寸的上偏差和下偏差,以表示允许零件尺寸变化的范围,称为公差带图;在公差带图中,由上偏差和下偏差两条直线所限定的区域,称为公差带。如图6.22公差带图。

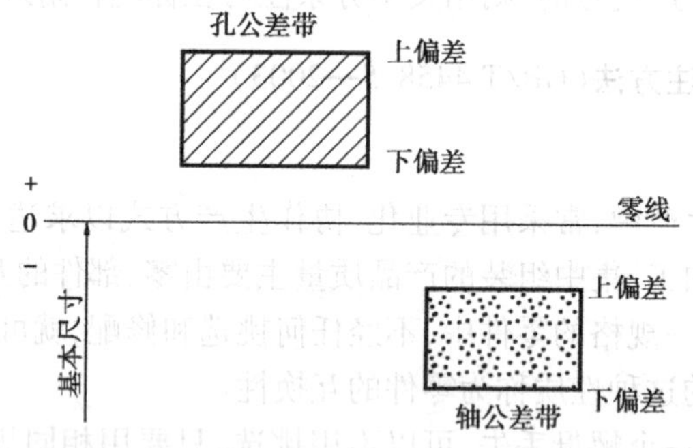

图6.22　公差带图

③零线

公差带图中的零线,是表示基本尺寸的一条直线,以其为基准确定偏差和公差。画公差带图时,先画一条水平细实线作为零线,然后根据上、下偏差的大小分别画出孔、轴的公差带。正偏差位于零线的上方,负偏差位于零线的下方。

(4)常用的计算公式

①最大极限尺寸 = 基本尺寸 + 上偏差

②最小极限尺寸 = 基本尺寸 + 下偏差

③公差 = 最大极限尺寸 - 最小极限尺寸 = 上偏差 - 下偏差 > 零

3. 标准公差和基本偏差

(1)标准公差

①标准公差:是国标规定的用以确定公差带大小的任一公差。标准公差是由基本尺寸和公差等级所确定的。

②标准公差等级

标准公差等级是用来确定尺寸精度等级的。标准公差共分 20 级,其代号用 IT 和阿拉伯数字组合表示。极限与配合在基本尺寸 500 mm 内规定了 IT01,IT0,IT1,…,IT18 共 20 个标准公差等级;在基本尺寸大于 500 ~ 3 150 mm 内规定了 IT1 ~ IT18 共 18 个标准公差等级。从标准公差数值表(见附表 1)中可看出,IT01 ~ IT18,公差等级依次降低,公差数值逐渐增大,精度逐渐降低;对所有基本尺寸的同一公差等级,虽然公差值不同,但具有相同的精确程度。

(2)基本偏差

①基本偏差:用以确定公差带相对于零线位置的上偏差或下偏差,一般为靠近零线的那个偏差。当公差带在零线上方时,下偏差为基本偏差;当公差带在零线下方时,上偏差为基本偏差,如图 6.23 基本偏差示意图。

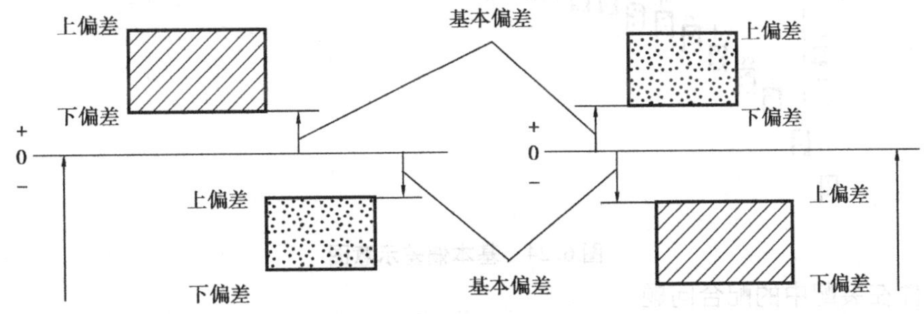

图 6.23 基本偏差示意图

②基本偏差系列

国标《极限与配合》中,对孔、轴设有 28 个不同的基本偏差,并构成了孔、轴的基本偏差系列,其代号用拉丁字母表示,大写的字母代表孔,小写的字母代表轴,如图 6.24。

从图中可看出,孔的基本偏差从 A ~ H 是下偏差(其中 H 的下偏差为零),从 K ~ ZC 的是上偏差;由于 JS 的公差带对称分布在零线的两侧,因此 JS 的基本偏差是上偏差或下偏差,即上偏差 = +IT/2 或下偏差 = -IT/2。轴的基本偏差从 a ~ h 是上偏差(其中 h 的上偏差为零),从 k ~ zc 的是下偏差;由于 js 的公差带对称分布在零线的两侧,因此 js 的基本偏差是上偏差或下偏差,即上偏差 = +IT/2 或下偏差 = -IT/2。

孔、轴的基本偏差数值一般可以从附表 2、3 中查出,也可以由下面的公式算出:

公差 = 上偏差 - 下偏差(其中的"公差" 为标准公差)

(3)公差带代号

孔、轴的公差带代号由基本偏差代号和公差等级代号组成,并要求用同一号字体书写,如 ϕ30k6、ϕ50H7,其中,ϕ30、ϕ50 为基本尺寸, k 为轴的基本偏差代号,H 是孔的基本偏差代号,6、7 表示公差等级。

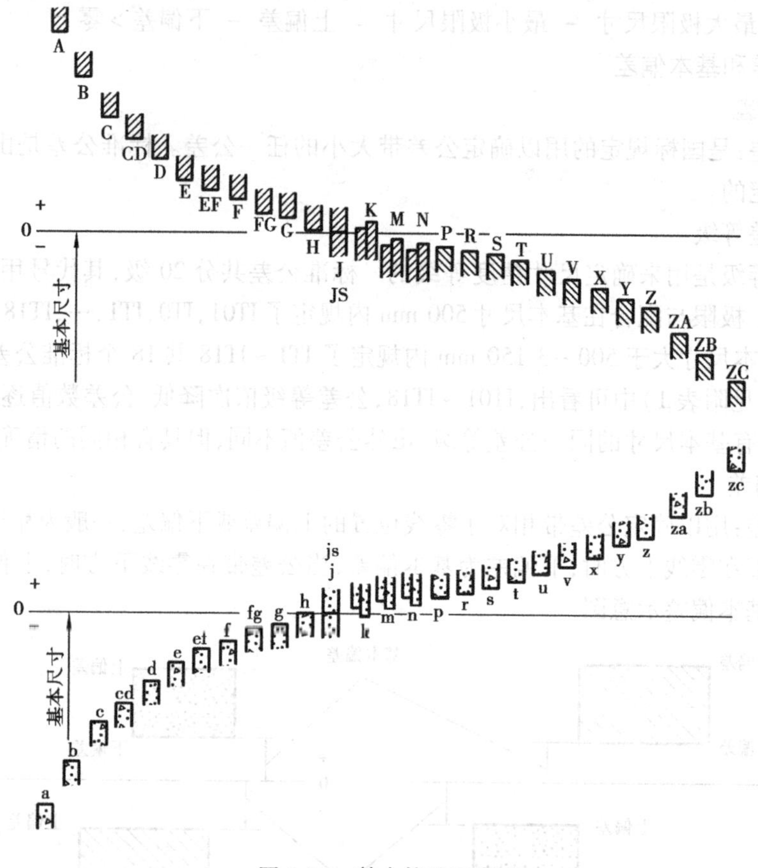

图6.24　基本偏差示意图

4.零件在装配中的配合问题

(1)配合的有关术语

配合是指基本尺寸相同、相互结合的孔和轴公差带之间的位置关系。零件加工完成后,需要经过装配才能成为部件或机器。由于相互配合的孔与轴在不同的使用情况下有不同的要求,所以在配合性质上就有松有紧。根据国家标准规定,基本尺寸相同的孔和轴的配合,按其性质不同分为三类:间隙配合、过盈配合、过渡配合。下面分别讲述这三类配合。

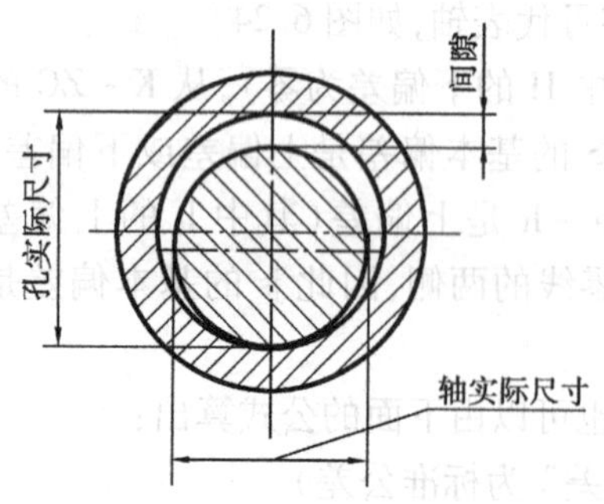

图6.25　间隙配合示意图

①间隙配合

一般地,在基本尺寸相同的孔与轴的配合中,轴的实际尺寸小于孔的实际尺寸时的配合,叫间隙配合。这时,孔的实际尺寸与轴的实际尺寸之差(为正值)叫间隙,如图6.25。这时,孔的公差带在轴的公差带上方,如图6.26 。

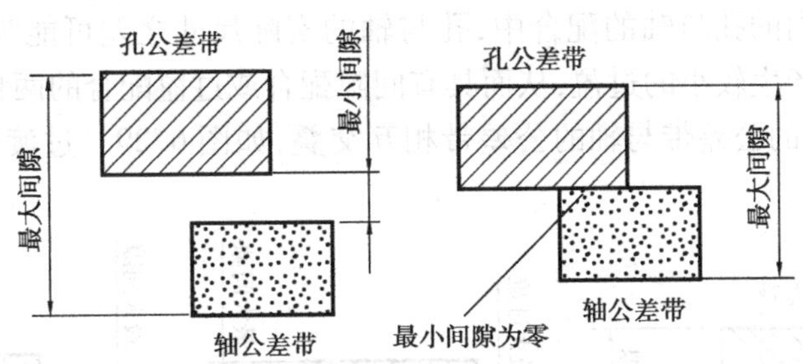

图 6.26 间隙配合公差带图

由于间隙的大小是随孔、轴实际尺寸的不同而变化的；而孔、轴实际尺寸的变化又只能在最大极限尺寸和最小极限尺寸之间，所以配合的间隙也只能在最大间隙和最小间隙之间。间隙配合主要用于两配合表面有相对运动的场合。

相关的计算公式如下：

A 最大间隙 = 孔的最大极限尺寸 - 轴的最小极限尺寸 = 孔的上偏差 - 轴的下偏差 > 零

B 最小间隙 = 孔的最小极限尺寸 - 轴的最大极限尺寸 = 孔的下偏差 - 轴的上偏差 ≥ 零

C 间隙配合公差 = 最大间隙 - 最小间隙 = 孔的公差 + 轴的公差 > 零

②过盈配合

一般地，在基本尺寸相同的孔与轴的配合中，轴的实际尺寸大于孔的实际尺寸时的配合，叫过盈配合。这时，孔的实际尺寸与轴的实际尺寸之差(为负值)叫过盈，如图 6.27。这时，孔的公差带在轴的公差带下方，如图 6.28。与间隙配合类似，过盈配合有最大过盈和最小过盈。过盈配合主要用于两配合表面要求紧固连接的场合。

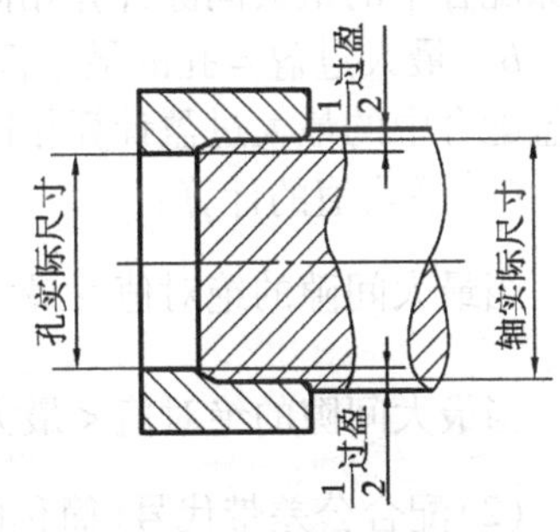

图 6.27 过盈配合示意图

相关的计算公式如下：

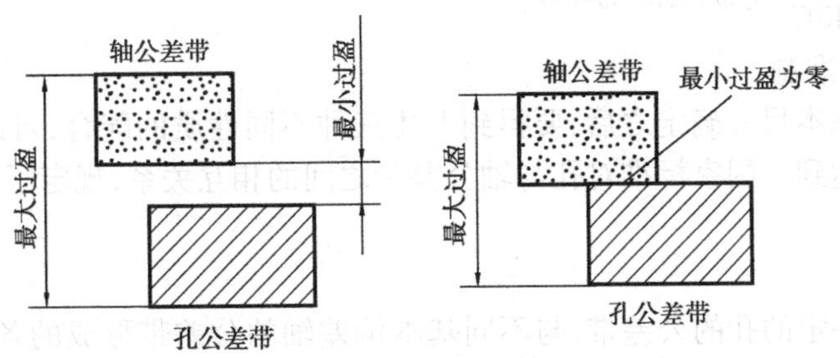

图 6.28 过盈配合公差带图

A 最大过盈 = 孔的最小极限尺寸 - 轴的最大极限尺寸 = 孔的下偏差 - 轴的上偏差 < 零

B 最小过盈 = 孔的最大极限尺寸 - 轴的最小极限尺寸 = 孔的上偏差 - 轴的下偏差 ≤ 零

C 过盈配合公差 = 最小过盈 - 最大过盈 = 孔的公差 + 轴的公差 > 零

③过渡配合

在基本尺寸相同的孔与轴的配合中，孔与轴的实际尺寸之差可能为正值，产生较小的间隙；也可能为负值，产生较小的过盈，从而具有间隙配合或过盈配合的两种可能性，这种配合叫过渡配合。这时，孔的公差带与轴的公差带相互交叠，如图 6.29。过渡配合主要用于要求对中性较好的场合。

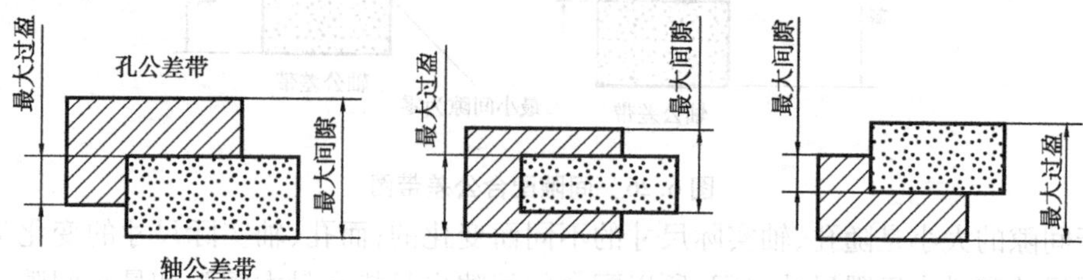

图 6.29　过渡配合公差带图

在过渡配合中，只有最大间隙和最大过盈的计算，没有最小间隙和最小过盈；而过渡配合公差，也只能计算平均值，即计算平均间隙或平均过盈。其公式如下：

A　最大间隙 = 孔的最大极限尺寸 − 轴的最小极限尺寸 = 孔的上偏差 − 轴的下偏差（与间隙配合中的最大间隙计算相同）

B　最大过盈 = 孔的最小极限尺寸 − 轴的最大极限尺寸 = 孔的下偏差 − 轴的上偏差（与过盈配合中的最大过盈计算相同）

C　平均值的计算：

当最大间隙的绝对值 > 最大过盈的绝对值时，平均间隙 $=\dfrac{\text{最大间隙}+\text{最大过盈}}{2}$（正值）

当最大间隙的绝对值 < 最大过盈的绝对值时，平均过盈 $=\dfrac{\text{最大间隙}+\text{最大过盈}}{2}$（负值）

（2）配合公差带代号（简称配合代号）

配合代号由孔、轴的公差带代号组成，写成分数形式为$\dfrac{\text{孔公差带代号}}{\text{轴公差带代号}}$或孔公差带代号/轴公差带代号，如$\dfrac{\phi40\text{H}8}{\phi40\text{f}7}$或 $\phi40\text{H}8/\phi40\text{f}7$。

（3）配合的基准制

当孔与轴的基本尺寸确定之后，要得到上述三种不同性质的配合，可改变孔、轴公差带之间的位置关系来达到。国家标准对孔与轴公差带之间的相互关系，规定了两种制度：基孔制和基轴制。

①基孔制

基本偏差为一定的孔的公差带，与不同基本偏差轴的公差带形成的各种配合，叫基孔制。基孔制的孔叫基准孔。基准孔的基本偏差代号用“H”表示，其下偏差为零。

②基轴制

基本偏差为一定的轴的公差带，与不同基本偏差孔的公差带形成的各种配合，叫基轴制。基轴制的轴叫基准轴。基准轴的基本偏差代号用“h”表示，其上偏差为零。

5. 极限与配合代号的识别

在机械图样中孔与轴配合的标注，常常是在标注尺寸的后面标注或配合代号，如图 6.30。

因此,识别极限与配合代号的含义,是阅读图样、技术文件和技术要求的必备知识。

(1)公差带代号与配合代号的识别

①公差带代号的识别

公差带代号,常常标注在零件图上,如图6.30(a)所示。

识别公差带代号含义的相关内容为:基本尺寸是多少,基本偏差是什么,公差等级是几级,是什么基准制,配合性质是什么,是孔还是轴等。

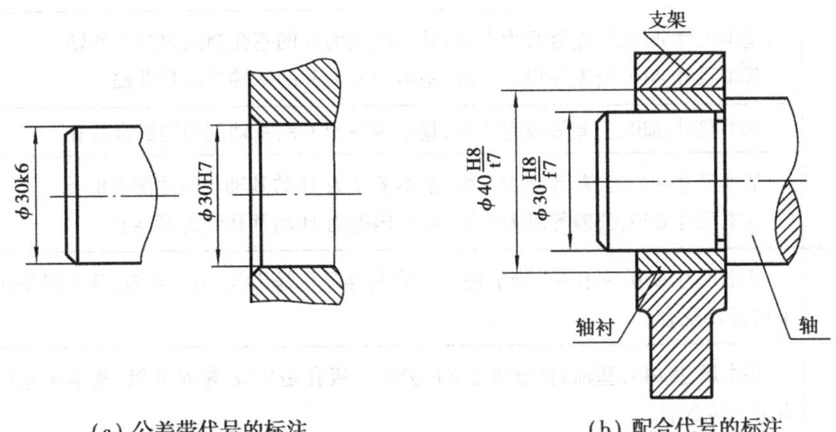

(a) 公差带代号的标注　　(b) 配合代号的标注

图6.30　孔、轴及其配合的标注

②配合代号的识别

配合代号常常标注在装配图上,如图6.30(b)。

识别配合代号含义的相关内容为:基本尺寸是多少,孔和轴的公差等级、基本偏差各是什么,配合性质是什么,是哪种配合制度等。

(2)配合性质的识别

①根据极限偏差值识别:

A　当孔的下偏差≥轴的上偏差时,为间隙配合;

B　当轴的下偏差≥孔的上偏差时,为过盈配合;

C　当以上两条同时不成立时,为过渡配合。

②根据基本偏差代号识别:

一般地,当配合件与基准件相配合时:

A　在a-h(A-H)时,为间隙配合;

B　在j-n(J-N)时,为过渡配合;

C　在p-zc(P-ZC)时,为过盈配合。

③根据公差带图识别:

A　当孔的公差带在轴的公差带上方时,为间隙配合;

B　当孔的公差带在轴的公差带下方时,为过盈配合;

C　当孔的公差带与轴的公差带交叠时,为过渡配合。

(3)基准件配合的识别

基孔制的孔是用“H”表示,基轴制的轴是用“h”表示。因此,凡是在配合代号中分子是H的就是基孔制,如φ30H7/g6、φ40H8/f8等;凡是在配合代号中分母是h的就是基轴制,如φ30M7/

h6、ϕ40U7/h6 等。也有的配合代号分子是 H，分母是 h 的，此种配合有三种解释：①基孔制；②基轴制；③基准件配合，如 ϕ30H7/h6、ϕ40H11/h11 等。此外，还有的配合代号，分子既不是 H，分母也不是 h，这是一种无基准件的配合，称无基准件配合，如 ϕ40M7/f6、如 ϕ50K7/g6 等。

（4）极限与配合代号含义的识别范例，见表 6.2。

表 6.2　极限与配合代号含义的识别范例

代号	含义
ϕ10k8	基本尺寸 ϕ10，公差等级为 8 级，基本偏差为 k 的基孔制过渡配合的轴。
ϕ10h7	基本尺寸 ϕ10，公差等级为 7 级，基本偏差为 h 的基孔制间隙配合的轴。 基本尺寸 ϕ10，公差等级为 7 级，基本偏差为 h 的基轴制的基准轴。
ϕ20F7	基本尺寸 ϕ20，公差等级为 7 级，基本偏差为 F 的基轴制间隙配合的孔。
ϕ20H5	基本尺寸 ϕ20，公差等级为 5 级，基本偏差为 H 的基轴制间隙配合的孔。 基本尺寸 ϕ20，公差等级为 5 级，基本偏差为 H 的基孔制的基准孔。
$\phi 30\ \frac{H7}{k6}$	基本尺寸 ϕ30，基孔制（分子是 H），公差等级孔是 7 级、轴是 6 级，基本偏差孔是 H、轴是 k 的过渡配合。
$\phi 40\ \frac{D9}{h9}$	基本尺寸 ϕ40，基轴制（分母是 h），公差等级孔是 9 级、轴是 9 级，基本偏差孔是 D、轴是 h 的间隙配合。
$\phi 30\ \frac{H11}{h11}$	1. 基本尺寸 ϕ30，基孔制（分子是 H），公差等级孔是 11 级、轴是 11 级，基本偏差孔是 H、轴是 h 的间隙配合。 2. 基本尺寸 ϕ30，基轴制（分母是 h），公差等级孔是 11 级、轴是 11 级，基本偏差孔是 H、轴是 h 的间隙配合。 3. 基本尺寸 ϕ30，基轴制（分母是 h），公差等级孔是 11 级、轴是 11 级，基本偏差孔是 H、轴是 h 的基准件配合（间隙配合性质）。

（5）在零件图上的公差注法

线性尺寸的公差应按图 6.31 的形式标注：

当公差带相对于基本尺寸对称地配置，即上、下偏差的绝对值相同时，偏差数字可以只注写一次，并应在偏差数字与基本尺寸之间注出符号“±”，且两者数字高度相同，见图 6.32。

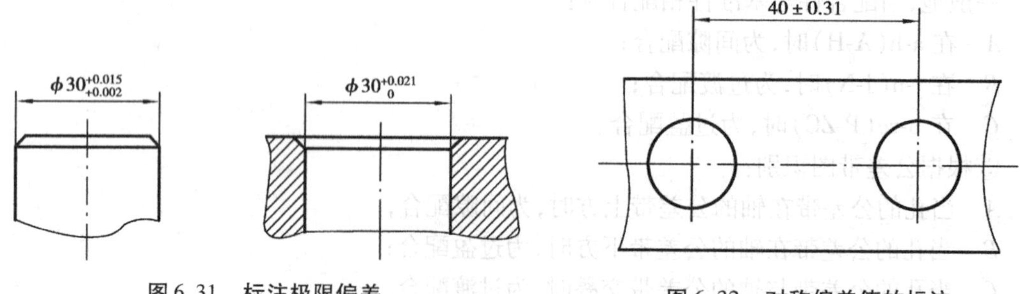

图 6.31　标注极限偏差

图 6.32　对称偏差值的标注

(6)在装配图上的配合注法

在装配图中标注线性尺寸的配合代号时,必须在基本尺寸右边用分数的形式注出,分子位置标注孔的公差带代号,分母位置标注轴的公差带代号,见图 6.33(a)。必要时也允许按图 6.33(b)或 6.33(c)的形式标注。

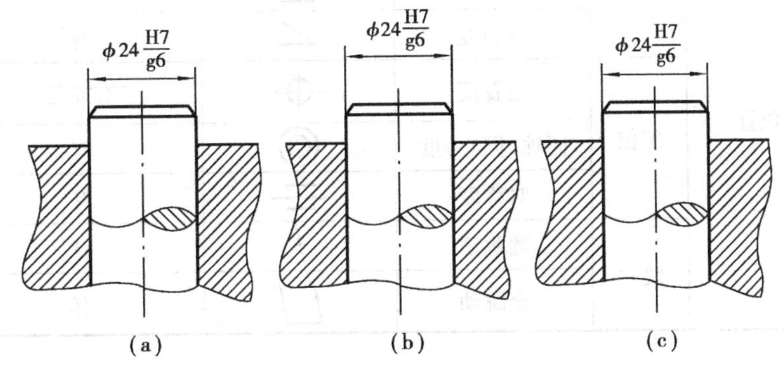

图 6.33　标注配合代号

三、形状和位置公差

1. 形状和位置误差对配合的影响

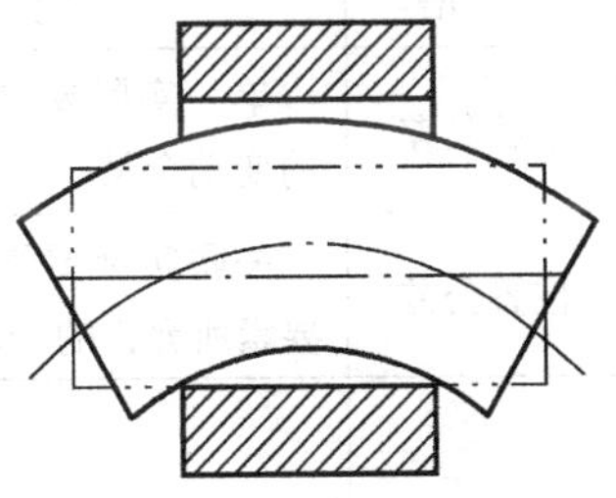

图 6.34　配合示意图

对于相互配合的孔、轴零件,其配合状态不仅由孔和轴的实际尺寸决定,还受到孔和轴的形状和位置误差的影响。如图 6.34 所示,当轴线不直的轴与形状正确的孔配合时,轴线的弯曲使配合的间隙比原来单纯考虑孔与轴的实际尺寸所形成的配合要紧。这时,轴线的直线度误差在配合效果上相当于增大了轴的实际尺寸。因此,在零件制造加工中应控制零件形状和位置的误差,也就是说,在图样上规定出合理的形状和位置公差(简称形位公差)。

2. 形位公差特征项目符号

按照国家标准规定,形位公差特征共有 14 个项目,分别用 14 个符号表示。形位公差特征项目符号见表 6.3。

表 6.3　形位公差特征项目符号

公　差		特征项目	符　号	有或无基准要求
形状	形状	直线度	—	无
		平面度	▱	无
		圆　度	○	无
		圆柱度	⌭	无
形状或位置	轮廓	线轮廓度	⌒	有或无
		面轮廓度	⌓	有或无

续表

公　差		特征项目	符　号	有或无基准要求
位置	定向	平行度	//	有
		垂直度	⊥	有
		倾斜度	∠	有
	定位	位置度	⌖	有或无
		同轴(同心)度	◎	有
		对称度	⌯	有
	跳动	圆跳动	↗	有
		全跳动	⌰	有

3. 为了看图方便，现将形状和位置公差的部分术语和定义列表 6.4

表 6.4　形状和位置公差部分术语和定义

术　语	定　义	附　注
形状公差	单一实际要素的形状所允许的变动全量	误差范围由规定的公差带确定，构成实际形状的面、线都必须位于此公差带内
位置公差	关联实际要素的位置对基准要素所允许的变动全量	误差范围由规定的公差带确定，构成实际形状的面、线都必须位于此公差带内
形位公差带	限制实际要素变动的区域	公差带的主要形式有以下 9 种： 1. 两平行直线(t)；　2. 两等距曲线(t)； 3. 两同心圆(t)；　4. 一个圆(ϕt)； 5. 一个球($S\phi t$)；　6. 一个圆柱(ϕt)； 7. 两同轴圆柱(t)；　8. 两平行平面(t)； 9. 两等距曲面(t)。

4. 形位公差的框格和指引线

形位公差的标注采用框格形式，框格用细实线绘制，如图 6.35。每一个公差框格内只能表达一项形位公差的要求，公差框格根据公差的内容要求可分两格和多格。

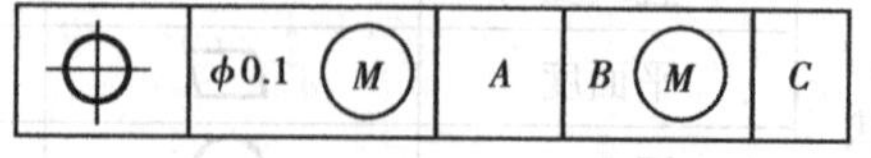

图 6.35　公差框格

框格内从左到右要求填写以下内容：

第一格——公差特征的符号；

第二格——公差数值和有关符号；

第三格和以后各格——基准代号的字母和有关符号。

因为形状公差无基准，所以形状公差只有两格，而位置公差框格可用三格或多格。

5. 形位公差的数值和有关符号

形位公差的数值标注在框格的第二格中。

被测要素、基准要素的标注要求及其他附加符号，见表6.5。

表6.5 被测要素、基准要素的标注及其他符号

说明		符号	说明	符号
被测要素的标注	直线		最大实体要求	Ⓜ
	用字母	A	最小实体要求	Ⓛ
基准要素的标注		Ⓐ	可逆要求	Ⓡ
基准目标的标注		ϕ2 / A1	延伸公差带	Ⓟ
理论正确尺寸		50	自由状态(非刚性状态)条件	Ⓕ
包容要求		Ⓔ	全周(轮廓)	

6. 基准

对于有形状或位置公差及有位置公差要求的零件被测要素，在图样上必须标明基准要素。相对于被测要素的基准，用基准代号表示，如图6.36所示。

7. 形位公差的标注

(1) 被测要素的标注方法

被测要素即检测对象，国标规定：图样上用带箭头的指引线将被测要素与公差框格一端相连，指引线的箭头应垂直地指向被测要素，如图6.37所示。

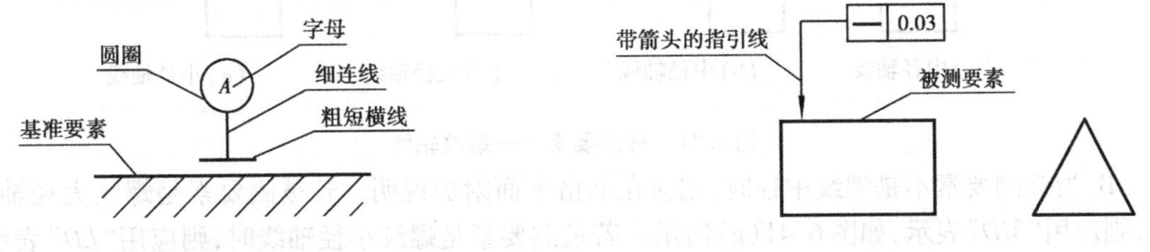

图6.36 基准代号　　图6.37 带箭头的指引线

指引线的箭头按下列方法与被测要素相连。

①当被测要素为直线或表面，指引线的箭头应指到该要素的轮廓线或轮廓线的延长线上，并应与尺寸线明显地错开，如图6.38所示。

②当被测要素为轴线、球心或中心平面时，指引线的箭头应与该要素的尺寸线对齐，如图6.39所示。

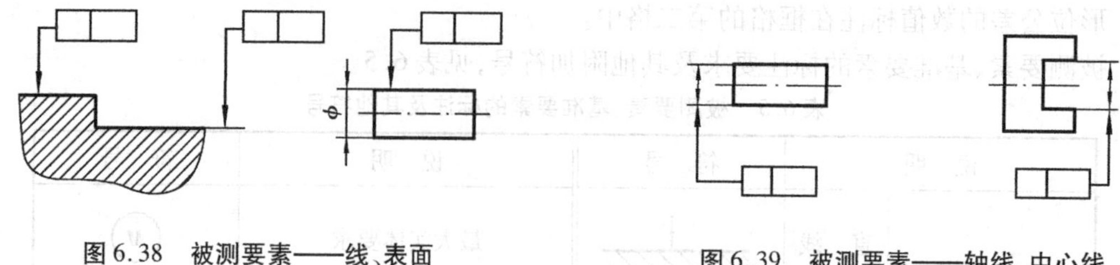

图6.38　被测要素——线、表面

图6.39　被测要素——轴线、中心线

③当被测要素为圆锥体轴线时，指引线箭头应与圆锥体的直径尺寸线(大端或小端)对齐，如图6.40(a)所示。如果直径尺寸线不能明显地区别圆锥体或圆柱体时，则应在圆锥体里画出空白尺寸线，并将指引线的箭头与空白尺寸线对齐，如图6.40(b)所示。如果圆锥体是使用角度尺寸标注时，则指引线的箭头应对着角度尺寸线，如图6.40(c)所示。

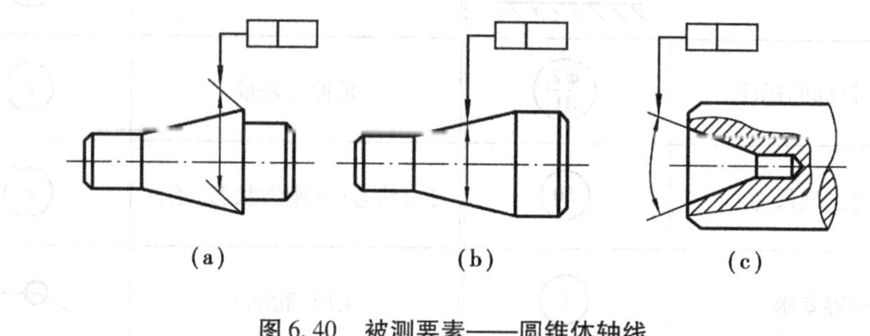

图6.40　被测要素——圆锥体轴线

④被测要素为螺纹轴线的标注

A. 当被测要素为螺纹中径时，在图样中画出中径，指引线箭头应与中径对齐，如图6.41(a)所示。如果图样中未画出中径，指引线箭头可与螺纹尺寸线对齐，如图6.41(b)所示，但其被测要素仍为螺纹中径轴线。

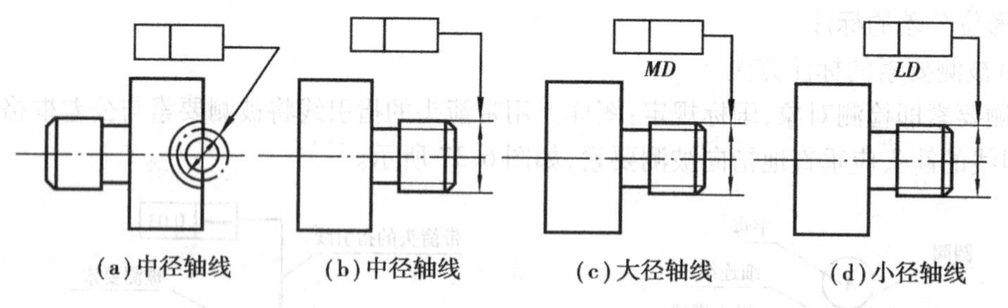

图6.41　被测要素——螺纹轴线

B. 当被测要素不是螺纹中径时，则应在框格下面附加说明。若被测要素是螺纹大径轴线时，则应用“*MD*”表示，如图6.41(c)所示。若被测要素是螺纹小径轴线时，则应用“*LD*”表示，如图6.41(d)所示。

⑤当同一被测要素有多项形位公差要求，其标注方法一致时，可以将这些框格绘制在一起，只画一条指引线，如图6.42所示。

⑥当多个被测要素有相同的形位公差要求时，可以从框格引出的指引线上画出多个指引

箭头,并分别指向各被测要素,如图 6.43 所示。

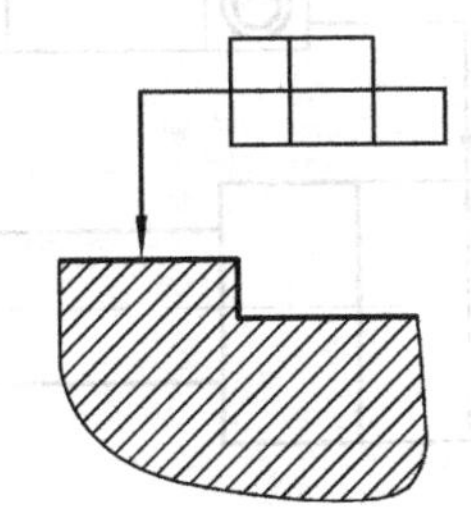

图 6.42　同一被测要素有多项要求

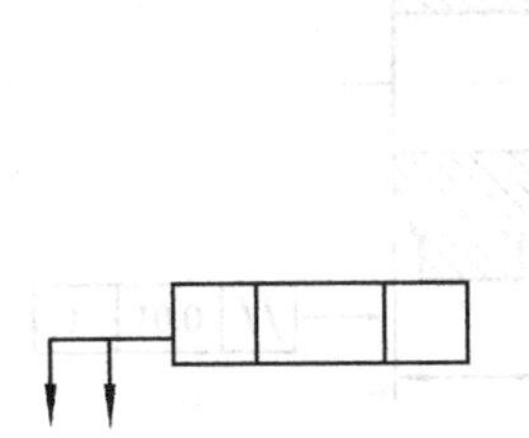

图 6.43　多个被测要素有相同要求

为了说明形位公差框格中所标注的形位公差的其他附加要求,或为了简化标注方法,可以在框格的正文或上方附加文字说明。凡用文字说明属于被测要素的,应写在公差框格的上方,如图 6.44(a)、(b)、(c)所示;凡属于解释性说明的应写在公差框格的下方,如图 6.44(d)、(e)、(f)所示。

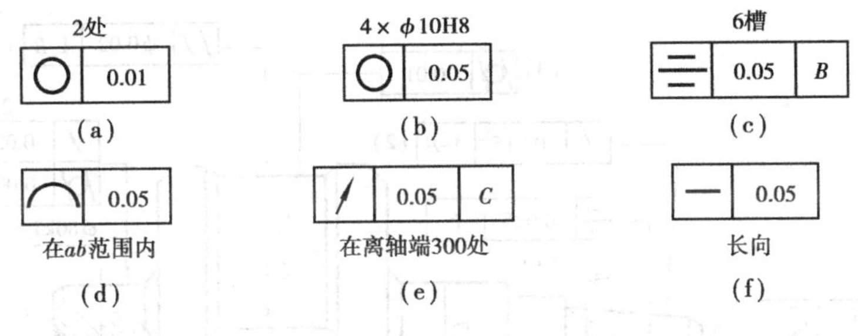

图 6.44　附加说明

(2)基准要素的标注方法

①当基准要素是轮廓线或表面时,带有字母的短横线应置于轮廓线或它的延长线上(应与尺寸线明显地错开),如图 6.45(a)所示。基准代号还可以置于用圆点指向实际表面的参考线上,如图 6.45(b)所示。当基准要素是轴线、中心平面或由带尺寸的要素确定的点时,则基准代号中的连线与尺寸线对齐,如图 6.45(c)所示。若尺寸线处安排不下两个箭头可用短线代替,如图 6.45(d)所示。

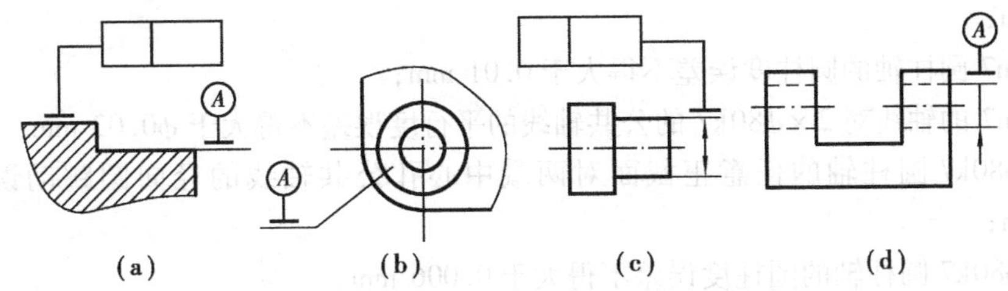

图 6.45　基准的标注

②有时对相关要素不指定基准(图 6.46),这种情况称为任选基准标注,也就是在测量时可以任选其中一个要素为基准。

③被测要素与基准要素

在位置公差标注中,被测要素用指引线箭头确定,而基准要素由基准代号表示,如图 6.47

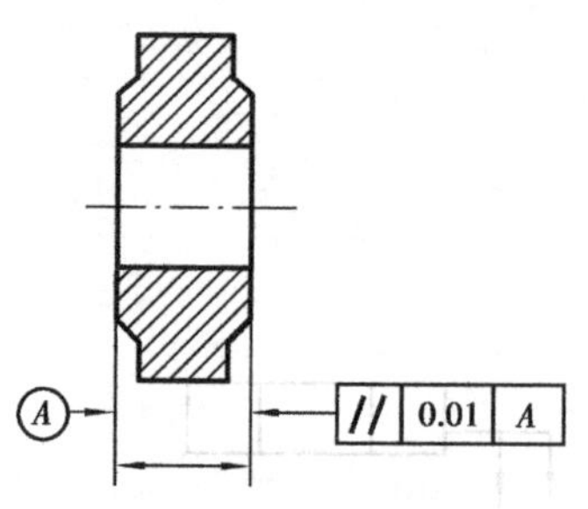

图 6.46 任选基准

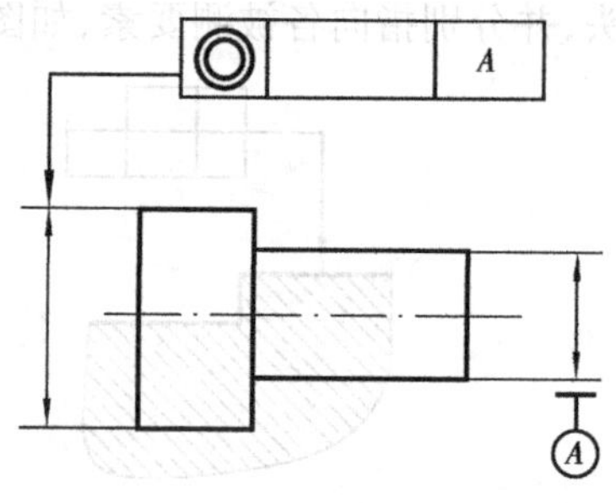

图 6.47 被测要素与基准要素

所示。

8. 形位公差的识读

识读形位公差,就是说明被测要素、基准要素、公差项目、公差值及有关说明等。

识读如图 6.48 所示的形位公差。

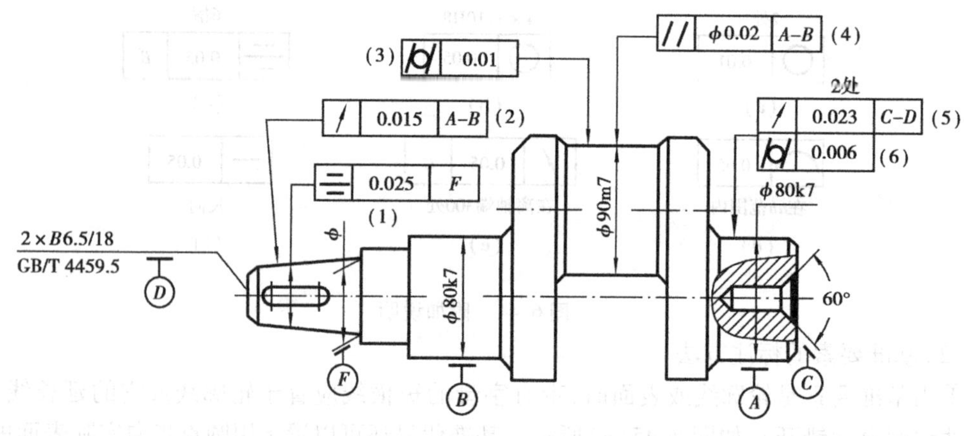

图 6.48 曲轴

①键槽两侧中心面对零件左端圆锥轴的轴线对称度误差不得大于 0.025 mm;

②左端圆锥轴的任意正截面对 2 × φ80k7 的公共轴线的斜向圆跳动误差不得大于0.015 mm;

③φ90m7 圆柱轴的圆柱度误差不得大于 0.01 mm;

④φ90m7 的轴线对 2 × φ80k7 的公共轴线的平行度误差不得大于 φ0.02 mm;

⑤2 × φ80k7 圆柱轴的任意正截面对两端中心孔公共轴线的径向圆跳动误差不得大于0.023 mm;

⑥2 × φ80k7 圆柱轴的圆柱度误差不得大于 0.006 mm。

四、表面粗糙度符号、代号及其注法

1. 表面粗糙度对配合的影响

对互相配合的零件,不仅要控制零件的尺寸误差、形位误差,而且还要控制零件的表面质量。如图 6.49 所示,零件表面经过加工后,用肉眼看来似乎很光滑平整,但用放大镜一看,可

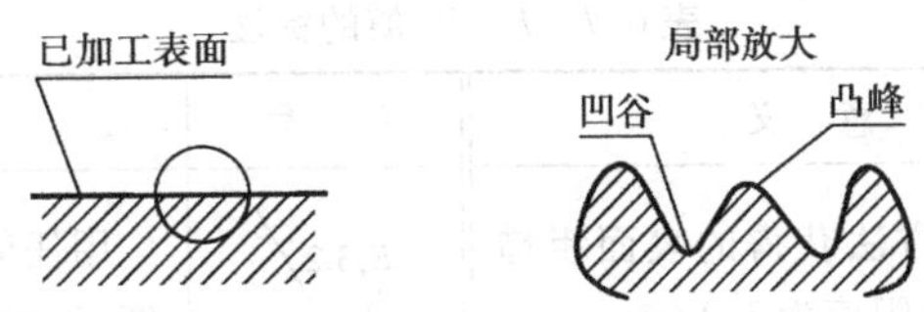

图 6.49　加工后的零件表面

以看到许多凹凸不平的加工痕迹。

由于零件表面的凹凸不平,使两接触表面一些凸峰相接触。当两接触表面相对运动时,接触表面会很快磨损,使配合间隙增大,影响配合的稳定性。

由于零件表面的凹凸不平,粗糙表面在装配压入的过程中,会将峰顶挤平,减少了实际有效的过盈量,降低了配合的连接强度。

因此,我们把零件表面上的凹凸不平即零件表面上具有的较小间距和微小峰谷所组成的微观几何形状特性,称为表面粗糙度。

2. 表面粗糙度符号、代号及其注法

(1)图样上所标注的表面粗糙度符号、代号是该表面完工后的要求。

(2)有关表面粗糙度的规定应按功能要求给定,若仅需要加工(采用去除材料的方法或不去除材料的方法)但对表面粗糙度的其他规定没有要求时,允许只注表面粗糙度符号。

(3)零件上表示表面粗糙度的符号见表 6.6。

表 6.6　表面粗糙度的符号及其意义

符　号	意义及说明
	基本符号,表示表面可用任何方法获得。当不加注粗糙度参数值或有关说明(如表面处理、局部热处理状况)时,仅适用于简化代号标注
	基本符号加一短划,表示表面是用去除材料的方法获得。例如车、铣、钻、磨、剪切、抛光、腐蚀、电火花加工、气割等
	基本符号加一小圆,表示表面是用不去除材料的方法获得。例如铸、锻、冲压变形、热扎、粉末冶金等 或者是用于保持原供应状况的表面(包括保持上道工序的状况)
	在上述三个符号的长边上均可加一横线,用于标注有关参数和说明
	在上述三个符号的长边上均可加一小圆,表示所有表面具有相同的表面粗糙度要求

(4)评定表面粗糙度的参数主要有轮廓算术平均偏差 R_a 和轮廓微观不平度十点高度 R_z。轮廓算术平均偏差 R_a 值的标注见表 6.7,R_a 在表面粗糙度代号中用数值表示(单位为微米),参数前可不标注参数代号。

(5)轮廓微观不平度十点高度 R_z 值(单位为微米)的标注见表 6.7,参数前需要标注出相应的参数代号。

表6.7　R_a、R_z 值的标注

代　号	意　义	代　号	意　义
3.2	用任何方法获得的表面粗糙度，R_a 的上限值为3.2 μm	R_z3.2	用任何方法获得的表面粗糙度，R_z 的上限值为3.2 μm
3.2	用去除材料方法获得的表面粗糙度，R_a 的上限值为3.2 μm	3.2max	用去除材料方法获得的表面粗糙度，R_a 的最大值为3.2 μm
3.2	用不去除材料方法获得的表面粗糙度，R_a 的上限值为3.2 μm	R_z200max	用不去除材料方法获得的表面粗糙度，R_z 的最大值为3.2 μm
3.2 1.6	用去除材料方法获得的表面粗糙度，R_a 的上限值为3.2 μm，R_a 的下限值为1.6 μm	R_z3.2max R_z1.6min	用去除材料方法获得的表面粗糙度，R_z 的最大值为3.2 μm，R_z 的最小值为1.6 μm

(6)图样上的标注方法

①表面粗糙度符号、代号一般标注在可见轮廓线、尺寸界线、引出线或它们的延长线上。符号的尖端必须从材料外指向表面，见图6.50。

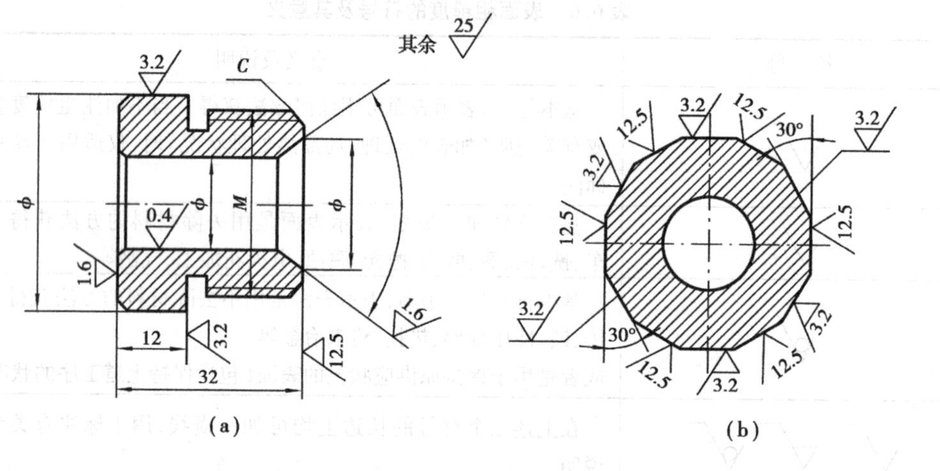

图6.50　表面粗糙度标注示例(一)

表面粗糙度代号中的数字及符号的方向必须按图6.50(b)的规定标注。

②在同一图样上，每一表面一般只标注一次符号、代号，并尽可能靠近有关的尺寸线，见图6.50。当标注的地方狭小或不便标注时，符号、代号可以引出标注，见图6.51。

③当零件所有表面具有相同的表面粗糙度要求时，其符号、代号可在图样的右上角统一标注，见图6.52。

④当零件的大部分表面具有相同的表面粗糙度要求时，对其中使用最多的一种符号、代号可以统一标注在图样的右上角，并加注“其余”两字，见图6.50(a)、图6.53。

⑤为了简化标注方法，或者标注位置受到限制时，可以标注简化代号，见图6.53，但必须

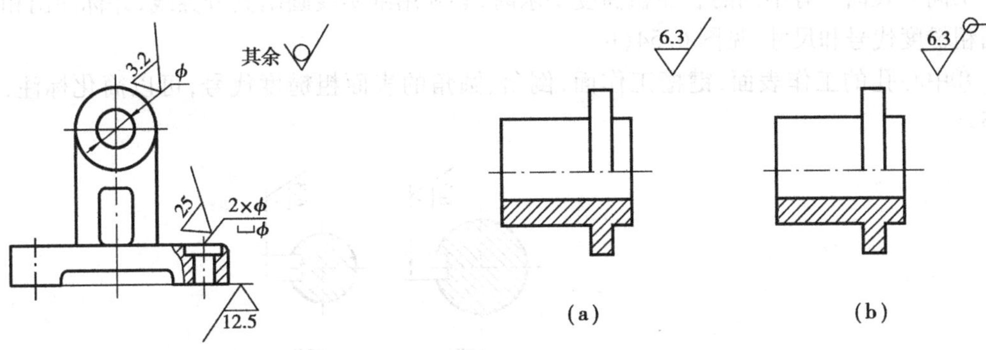

图6.51 表面粗糙度标注示例(二)

图6.52 表面粗糙度标注示例(三)

在标题栏附近说明这些简化代号的意义。

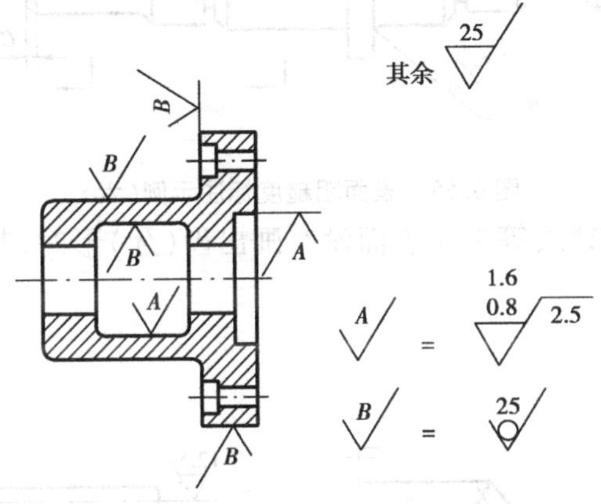

图6.53 表面粗糙度标注示例(四)

⑥零件上连续表面及重复要素(孔、槽、齿……等)的表面(图6.54(a))和用细实线连接不连续的同一表面(图6.51),其表面粗糙度符号、代号只标注一次。

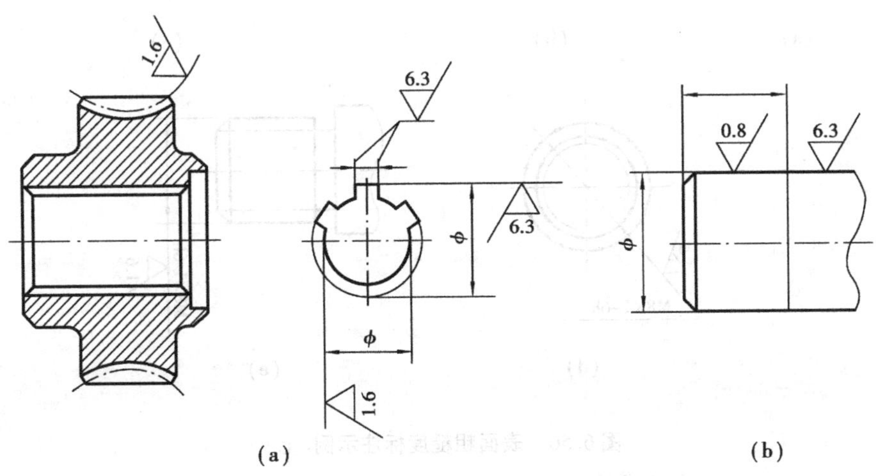

图6.54 表面粗糙度标注示例(五)

⑦同一表面上有不同的表面粗糙度要求时，必须用细实线画出其分界线，并标注出相应的表面粗糙度代号和尺寸，见图6.54(b)。

⑧中心孔的工作表面，键槽工作面，倒角、圆角的表面粗糙度代号，可以简化标注，见图6.55。

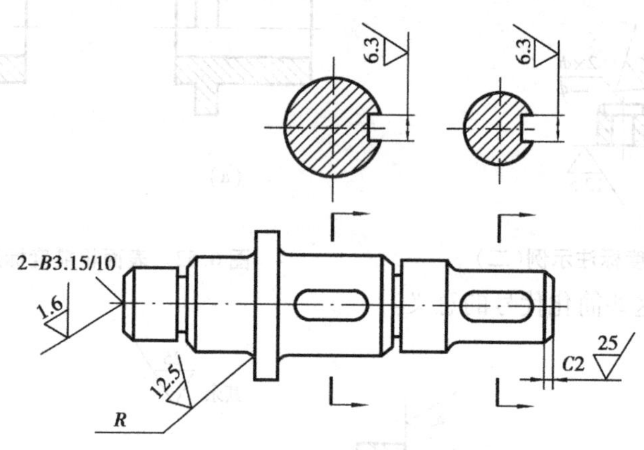

图6.55　表面粗糙度标注示例（六）

⑨齿轮、渐开线花键、螺纹等工作表面没有画出齿（牙）形时，其表面粗糙度代号可按图6.56的方式标注。

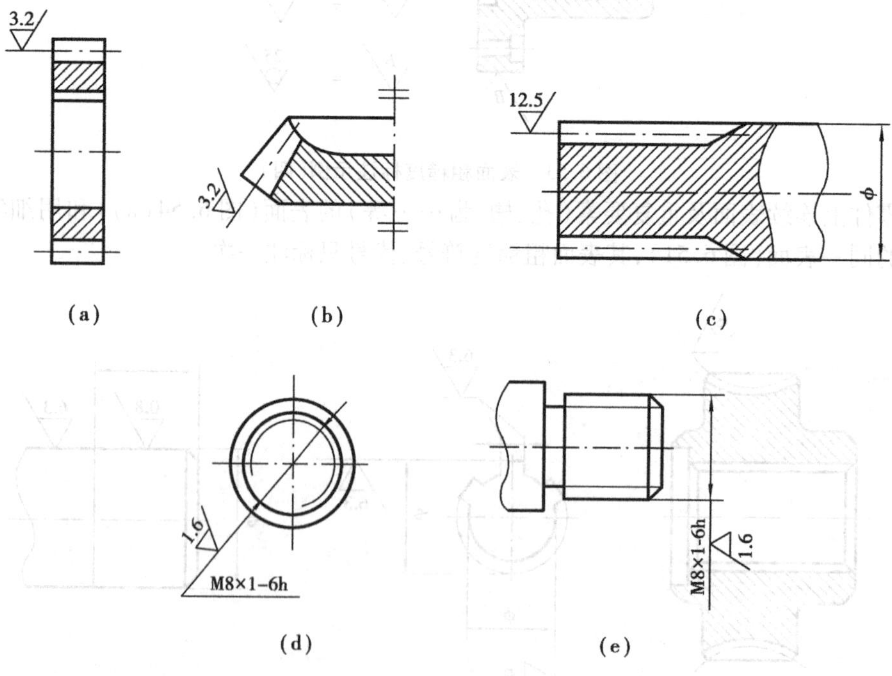

图6.56　表面粗糙度标注示例（七）

五、表面处理及热处理

表面处理是指为改善零件表面材料性能的一种处理方式，如渗碳、表面淬火、表面涂层等，以提高零件表面的硬度、耐磨性、抗腐蚀性等；热处理是改变零件材料的金相组织从而提高材料的机械性能的一种方法，如退火、正火、淬火、回火等。

当零件表面有各种热处理要求时，一般可按下述原则标注：

(1)零件表面需全部进行某种热处理时，可在技术要求中用文字统一加以说明。

(2)零件表面需局部热处理时，可在技术要求中用文字说明，也可在零件图上标注：需要将零件局部热处理或局部镀(涂)覆时，应用粗点划线画出其范围并标注相应的尺寸，也可将其要求注写在表面粗糙度符号长边的横线上，见图6.57。

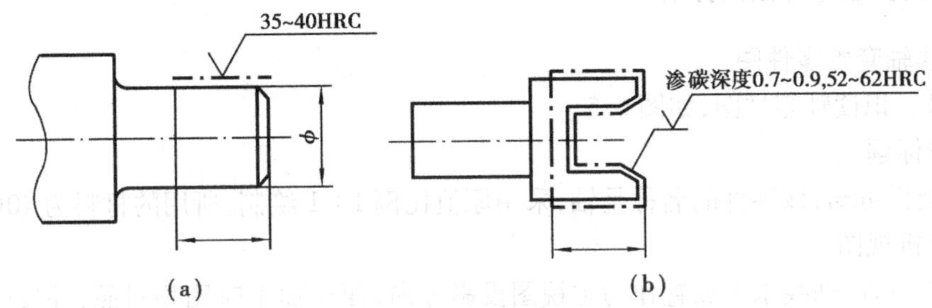

图6.57 表面局部热处理标注

六、材料的标注

制造零件所用的材料，按国家规定的牌号填写在零件图的标题栏内。

任务六 识读零件图

一、概述

1. 看零件图的目的

看零件图，就是要根据零件图形，运用形体分析法，分析、想象出零件的结构形状，同时弄清零件在机器中的作用、尺寸类别、尺寸基准、技术要求等，以便在加工零件时，采用合理的加工方法。

2. 看零件图的基本步骤

(1)看标题栏

通过看标题栏，可以知道零件的名称、比例、材料等，结合对全图的浏览，可对零件有个初步的认识。

(2)看各视图

先看主视图，再联系其他视图，分析图中采用了哪些表达方法，如剖视、断面及规定画法等。然后通过对图形的投影分析，想象出零件的结构形状。

(3)看尺寸标注

对零件的结构基本了解清楚之后,再分析零件的尺寸。首先确定零件各部分结构形状的大小尺寸,再确定各部分结构之间的位置尺寸,最后分析零件的总体尺寸。同时分析零件长、宽、高三个方向的尺寸基准,找出图中的重要尺寸和主要定位尺寸。

(4)看技术要求

对图中出现的各项技术要求,如尺寸公差、表面粗糙度、形位公差以及热处理等加工方面的要求,要逐个进行分析,弄清楚它们的含义。

通过上述分析,力求对零件有一个正确的全面了解。需说明的是上述步骤在看图时不能机械照搬,应结合具体情况具体分析,逐步提高识图能力。

二、常见典型零件图的分析

1.识读轴套类零件图

例6.1 识读轴零件图,如图6.5。

(1)看标题栏

由标题栏可知,该零件的名称是轴,采用原值比例1∶1绘制,所用的材料为40Cr(40铬)。

(2)分析视图

按加工位置,轴线水平放置作为主视图投影方向,便于加工时图物对照,并反映了轴向结构形状。从轴的右端起,有两处$\phi15\pm0.0055$的轴颈,并分别有越程槽2×0.5,$\phi16^{+0.012}_{+0.001}$处有键槽,是安装轮类零件的部位,并有越程槽,中部$\phi20$ mm为轴肩,$\phi14^{\ 0}_{-0.011}$处也有键槽,其左端有轴用弹性挡圈槽。为了表示两处键槽的深度及标注尺寸和表面粗糙度代号,选用了两个移出断面图*A-A*和*B-B*。

(3)分析尺寸标注

轴套类零件的主要尺寸是径向尺寸(高、宽尺寸)和轴向尺寸(长度尺寸)。该轴的径向基准是轴的轴线,并注出各段轴的直径尺寸。$\phi20$ mm轴肩的右端面是轴的长度方向尺寸的主要基准,从基准出发向右顺次注出尺寸24、14,向左顺次注出尺寸4、12、23,以轴的右端面为辅助基准注出轴的总长尺寸80。两个键槽长度的定位尺寸分别为4 mm和2 mm,定形尺寸(长度)均为18 mm,其键槽宽度和深度在*A-A*、*B-B*中标注。两轴颈处的越程槽2×0.5,表示槽宽为2 mm,槽深为0.5 mm;而越程槽1×0.5,则表示槽宽为1 mm,槽深为0.5 mm。挡圈槽的槽宽为1.1 mm,直径为$\phi13.4$ mm。

(4)看技术要求

轴两处$\phi15\pm0.0055$,其表面粗糙度R_a的上限值为0.8 μm,$\phi14^{\ 0}_{-0.011}$的表面粗糙度R_a的上限值为1.6 μm,这样的表面精度要求较高,一般需经过磨削才能达到;两键槽及其他一些表面粗糙度R_a的上限值分别为3.2 μm、6.3 μm,则只需车削就能达到。

从图中可看出,对该轴轴线给出了直线度公差的要求,其公差值为$\phi0.01$ mm。

为了提高轴的强度和韧性,在标题栏附近还给出了调质处理,硬度为230~280HB;为了避免出现毛刺和飞边,要求锐边倒角*C*0.5。

通过上面的分析可想象出该轴的结构形状,如图6.58所示。

由轴零件图分析可知,轴套类零件在尺寸标注方面的特点是:轴套类零件尺寸分径向和轴向两类，径向尺寸以轴线为基准，轴向尺寸常以重要的定位面为主要基准，再根据加工、测量要求选取辅助基准。由于轴套类零件的技术要求比较复杂，因此要根据零件的使用要求和在机器中的作用，给定技术要求。

2. 识读轮盘类零件图

例 6.2 识读手轮零件图，如图 6.59。

(1) 看标题栏

从标题栏可知，该零件的名称是手轮，图形

图 6.58 轴

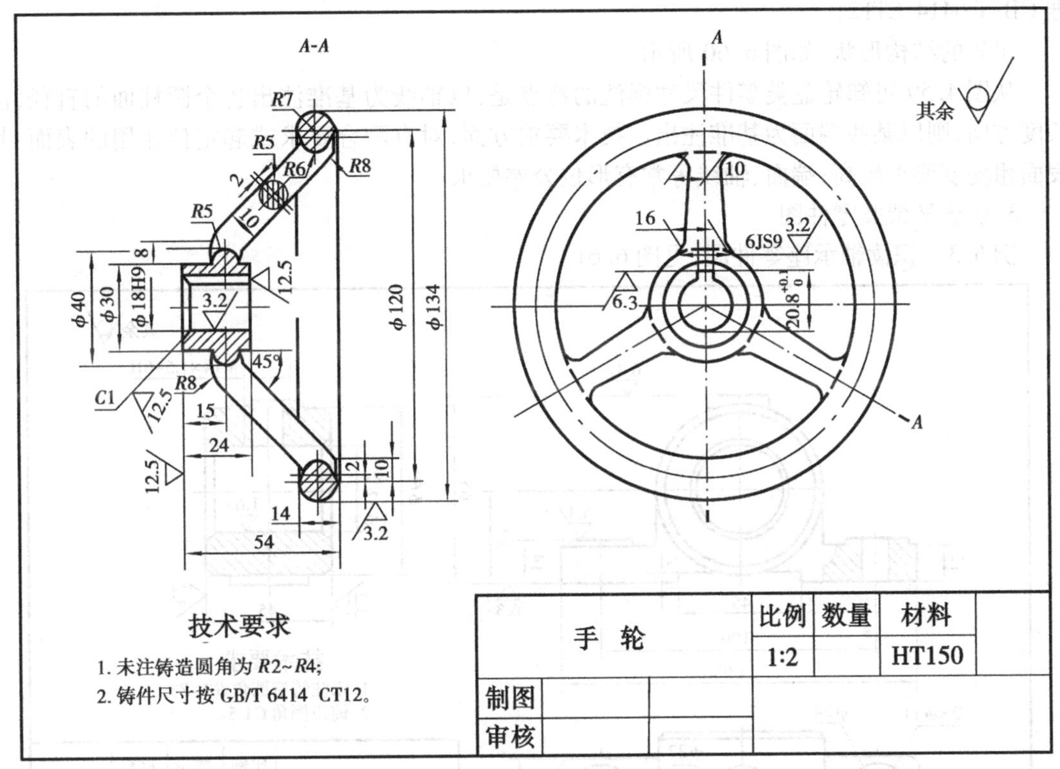

图 6.59 手轮零件图

采用的缩小比例 1∶2 绘制，材料是灰铸铁（HT150）。

(2) 分析视图

该零件用了两个基本视图来表达，主视图反映沿长度方向的位置关系，并采用了两相交平面剖切的全剖视图来表达轮缘的断面形状和轮毂的内部结构。手轮的轮辐在"*A-A*"剖视图中按规定不画剖面符号，而用粗实线将它与其邻接部分分开。为了表达轮辐的断面形状，采用了重合断面图。又因轮辐的主要轮廓线与水平方面成 45°，故重合断面的剖面线与水平成 60° 的平行线，并与其他剖面线方向一致，间隔相等。左视图主要反映手轮的外形和轮辐的数量及分布情况。

(3) 看尺寸标注

手轮的长度方向尺寸基准为左端面。以此为基准向右标注了尺寸 54、15、24。径向尺寸

图6.60　手轮

基准为轴线。手轮的总长为54 mm,最大直径为134 mm。轮缘断面中心的定位尺寸是ϕ120 mm。从主视图可知,轮辐与水平轴线倾斜成45°。键槽的大小由6js9和20.8$^{+0.1}_{0}$决定。

(4)看技术要求

轴孔直径ϕ18H9是基准孔,公差等级为IT9,其表面粗糙度为R_a上限值为3.2 μm,是零件上要求最高的表面。轮毂两个端面的表面粗糙度为R_a上限值为12.5 μm,其他没有标注表面粗糙度的表面见"其余✓"。在标题栏附近的技术要求中说明了未标注的铸造图角半径为$R2\sim R4$,未标注的铸件尺寸公差按国家标准GB/T 6414 CT12。

手轮的结构形状,如图6.60所示。

从图4.59可知轮盘类零件尺寸标注的特点是:以轴线为基准注出各个圆柱面的直径,而长度方向,则以某些端面为基准注出。技术要求方面,对有配合要求或起定位作用的表面,其表面粗糙度要求较高;端面、轴线等常有形位公差要求。

3.识读叉架类零件图

例6.3　识读轴承座零件图,见图6.61。

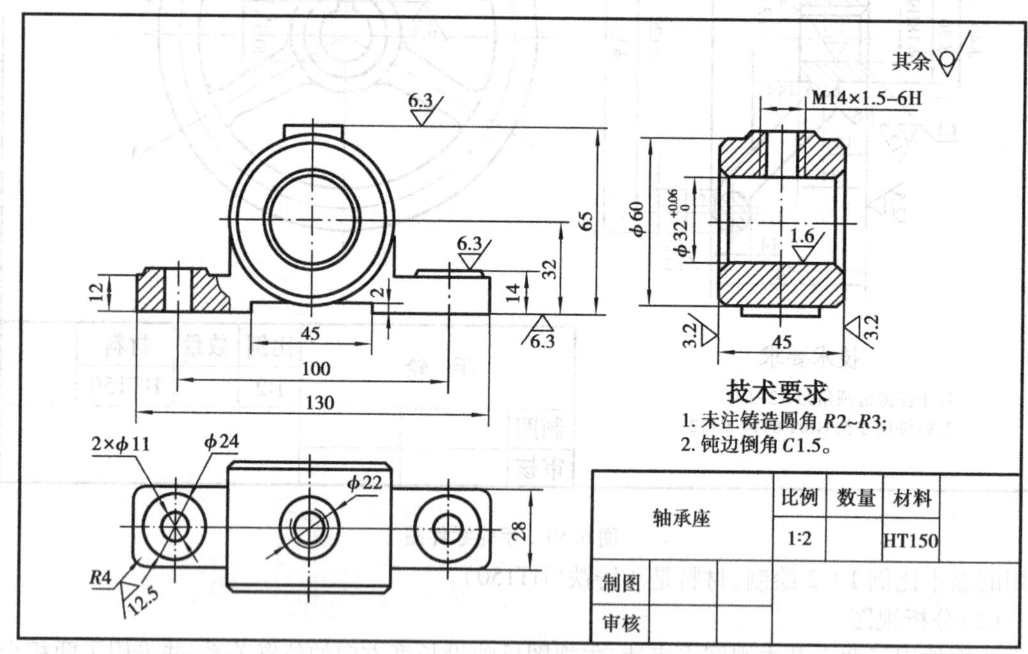

图6.61　轴承座零件图

从标题栏可知,该零件的名称是轴承座,用缩小比例1∶2绘制,所用材料为HT150。

该零件共用了主视图、左视图、俯视图三个基本视图表达。其中主视图按照安装位置确定,反映了支承部分、安装部分、连接部分的相互位置关系及零件的部分结构形状,而局部剖视图反映的是安装孔结构。左视图作的全剖,主要反映螺孔和轴承孔的结构形状。俯视图突出反映了底板及凸台的形状特征。

叉架类零件有三个方向的尺寸基准。该轴承座的底面为安装基准面,它是高度方向的基准。以此为基准标注的尺寸有 12、2、14、32、65。轴承座左、右对称，因此，长度方向的尺寸基准就是对称中心面，以此为基准标注了尺寸 45、100、130。轴承座前、后也对称，因此，选前后对称中心面为宽度方向的尺寸基准，标注尺寸 28、45。在上述尺寸中，高向尺寸 32 mm 为轴承孔的定位尺寸，长向尺寸 100 mm 为安装孔的定位尺寸。

轴承座零件精度要求高的部位是支承部分即轴承孔，该孔为 $\phi 32^{+0.05}_{0}$，表面粗糙度 R_a 的上限值为 1.6 μm，说明该表面要求较高。除此之外，轴承座的前后面及底面的表面粗糙度 R_a 的上限值分别为 3.2 μm、6.3 μm，这几个面均为接触面。

该轴承座的结构形状，如图 6.62 所示。

图 6.62 轴承座

通过以上分析，可知叉架类零件的尺寸基准常选主要轴线、对称中心面、安装平面、较大的端面等。技术要求则根据具体使用要求确定各加工表面的粗糙度、尺寸精度以及各组成部分形体的形位公差。

4. 识读箱体类零件图

例 6.4 识读回转泵泵体零件图，如图 6.63。

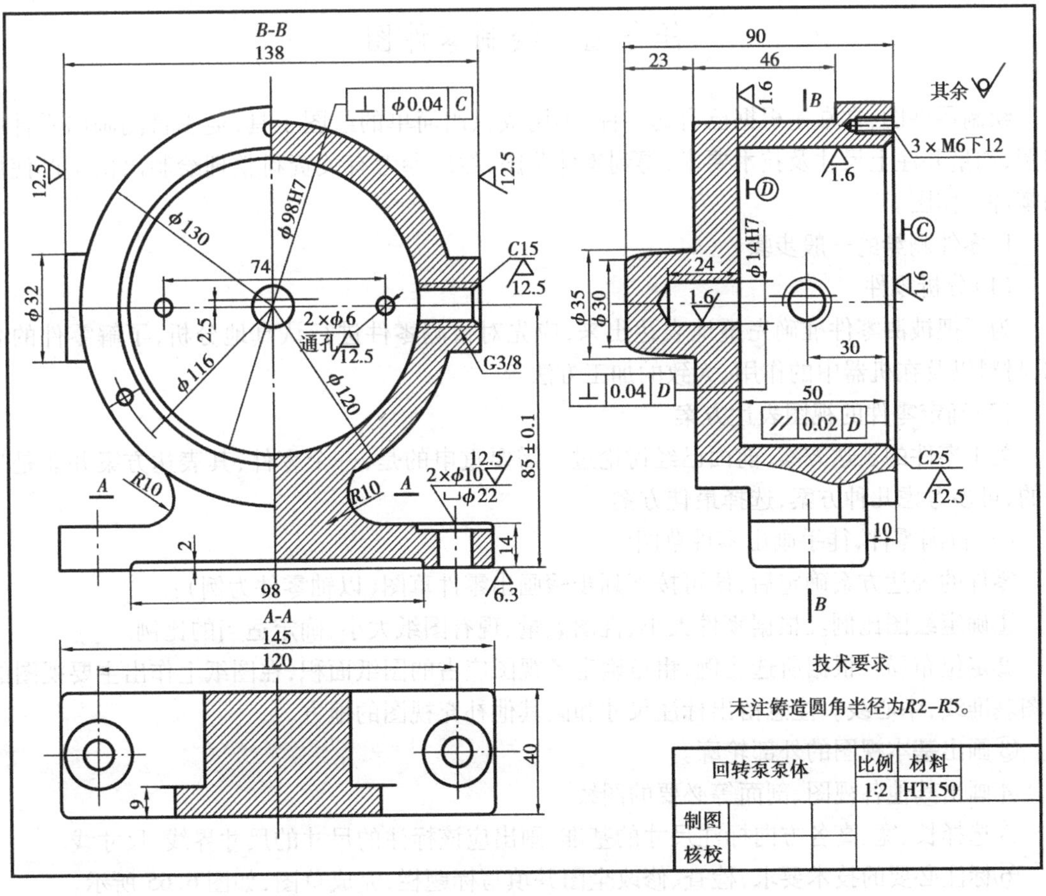

图 6.63 回转泵泵体零件图

从零件图可知，该泵体共用了3个图形。其中，主视图采用的半剖视图，左视图采用的局部剖视图，这样既清楚地表达了$\phi130$端面均布的3个M6深12的螺孔，又可清楚地反映出$\phi98H7$圆柱形的内腔以及孔$\phi14H7$和两个供拆卸用的工艺孔($2\times\phi6$)。俯视图为*A-A*全剖视图，它表达了泵体下面的带有两个沉孔的安装板，以及连接泵体和安装板的弧形丁字板。

该回转泵泵体的结构形状，如图6.64所示。

图6.64 回转泵泵体

箱体类零件由于形状、结构比较复杂，加工位置变化较多，所以尺寸标注通常运用形体分析的方法来进行分析，从而正确地标注。技术要求应根据具体使用要求来确定。

通过对上述四类典型零件的分析，可以看出要认识零件图，必须充分利用前面所学的知识，根据零件的结构特点，从主视图着手，结合其他图形，由概括了解到深入细致的分析，逐步弄清零件各部分的形状、大小及技术要求等，这样才能做到从真正意义上的认识图形。

任务七　绘制零件图

绘制零件图，常常是根据已有的零件，不用或只用简单的绘图工具，徒手目测画出零件的视图，测量并注上尺寸及技术要求，得到零件草图，然后参考有关资料整理绘制出供生产使用的零件工作图。

1. 零件测绘的一般步骤

(1)分析零件

为了把被测零件准确完整地表达出来，应先对被测零件进行认真地分析，了解零件的名称、材料以及在机器中的作用、大致的加工方法等。

(2)确定零件的视图表达方案

关于零件的表达方案，前面已经讨论过。需要重申的是，一个零件，其表达方案并非是唯一的，可多考虑几种方案，选择最佳方案。

(3)目测零件，徒手画出零件草图

零件的表达方案确定后，便可按下列步骤画出零件草图(以轴零件为例)：

①确定绘图比例。根据零件大小、视图数量、现有图纸大小，确定适当的比例。

②定位布局。根据所选比例，粗略确定各视图应占的图纸面积，在图纸上作出主要视图的作图基准线，中心线。注意留出标注尺寸和画其他补充视图的地方。

③画出基本视图的外部轮廓。

④画出其他各视图、剖面等必要的图线。

⑤选择长、宽、高各方向标注尺寸的基准，画出应该标注的尺寸的尺寸界线、尺寸线。

⑥标注必要的技术要求，检查、修改全图并填写标题栏，完成草图，如图6.65所示。

(4)集中测量、注写各个尺寸。注意最好不要画一个，量一个，注写一个。这样不但费时，

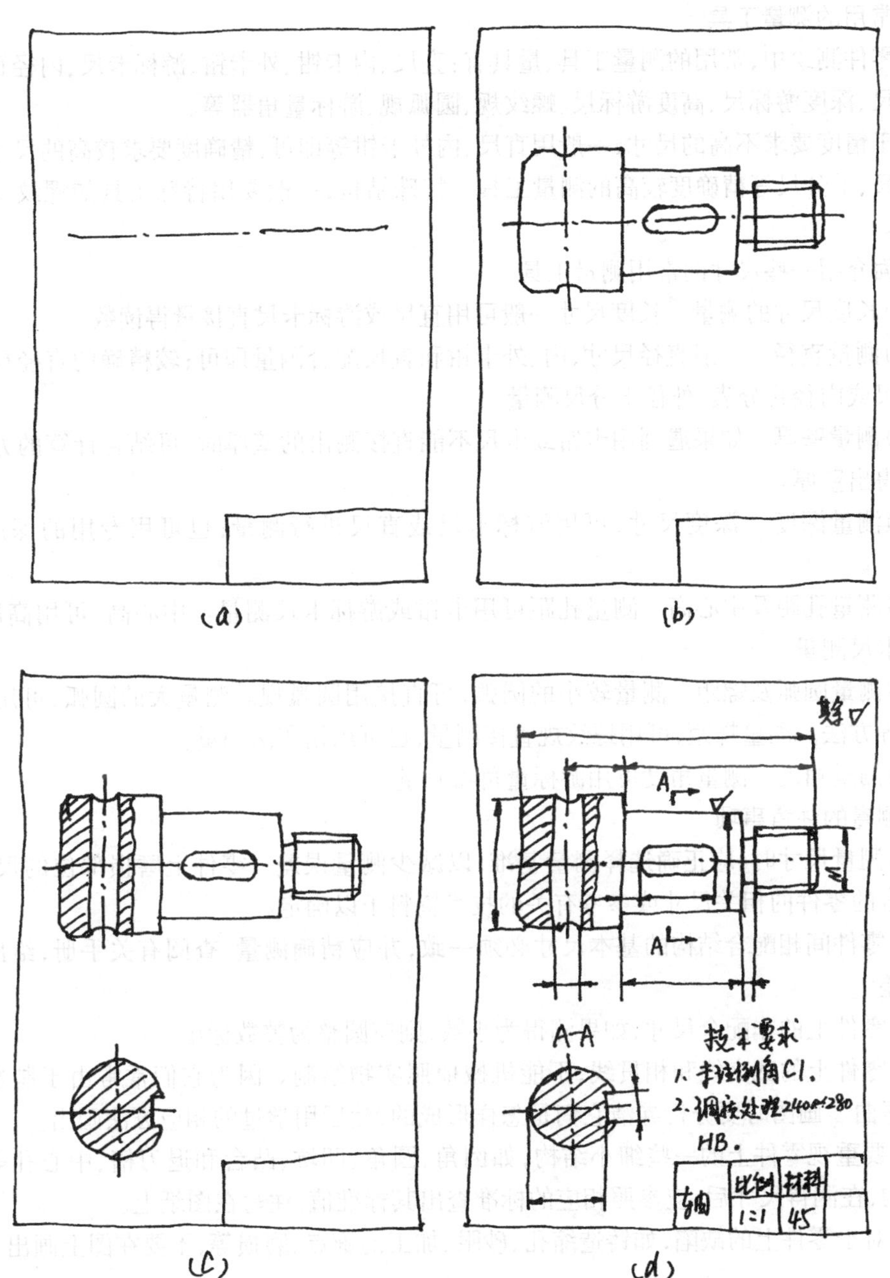

图 6.65　零件草图的画图步骤

而且容易将某些尺寸遗漏或注错。

(5)根据零件草图,结合实物,进行认真的检查、校对。

由于绘制零件草图时,往往受地点条件的限制,有些问题有可能处理得不够完善,因此在画零件工作图时,还需要对草图进一步检查和校对,然后用仪器或计算机画出零件工作图,经批准后,整个零件测绘的工作就进行完了。

2. 常用的测量工具

在零件测绘中,常用的测量工具、量具有:直尺、内卡钳、外卡钳、游标卡尺、内径百分表、外径千分尺、深度游标尺、高度游标尺、螺纹规、圆弧规、游标量角器等。

对于精度要求不高的尺寸,一般用直尺、内外卡钳等即可,精确度要求较高的尺寸,一般用游标卡尺、千分尺等精确度较高的测量工具。特殊结构,一般要用特殊工具如螺纹规、圆弧规来测量。

下面介绍一些尺寸的常用测量工具。

(1)长度尺寸的测量　长度尺寸一般可用直尺或游标卡尺直接量得读数。

(2)测量直径　一般直径尺寸,内、外卡钳和直尺配合测量即可;较精确的直径尺寸,多用游标卡尺或内径百分表、外径千分尺测量。

(3)测量壁厚　如果遇到用卡钳或卡尺不能直接测出的壁厚时,可结合计算的方法,测量并计算得出壁厚。

(4)测量深度　深度尺寸,可用游标卡尺或直尺进行测量;也可用专用的深度游标尺测量。

(5)测量孔距及中心高　测量孔距可用卡钳或游标卡尺测量。中心高,可用高度游标尺和游标卡尺测量。

(6)测量圆弧及螺距　测量较小的圆弧,可直接用圆弧规。测量大的圆弧,可用拓印法,坐标法等方法。测量螺距,可用螺纹规直接测量,也可用拓印法测量。

(7)测量角度　测量角度可用游标量角器测量。

3. 测量的注意事项

(1)测量尺寸时,应正确选择测量基准,以减少测量误差。零件上磨损部位的尺寸,应参考其配合的零件的相关尺寸或参考有关的技术资料予以确定。

(2)零件间相配合结构的基本尺寸必须一致,并应精确测量,查阅有关手册,给出恰当的尺寸偏差。

(3)零件上的非配合尺寸,如果测得为小数,则应圆整为整数标出。

(4)零件上的截交线和相贯线,不能机械地照实物绘制。因为它们常常由于制造上的缺陷而被歪曲。画图时要分析弄清它们是怎样形成的,然后用学过的相应方法画出。

(5)要重视零件上的一些细小结构,如倒角、圆角、凹坑、凸台和退刀槽、中心孔等。如系标准结构,在测得尺寸后,应参照相应的标准查出其标准值,注写在图纸上。

(6)对于零件上的缺陷,如铸造缩孔、砂眼、加工的疵点、磨损等,不要在图上画出。

项目小结

零件图是加工和检验零件的依据。因此,正确认识零件图,是每一个从事机械工作的人员所必须具备的技能。

零件图的尺寸标注,除了本章介绍的以外,更重要的是要切合生产实际,特别要注意零件图尺寸标注的注意事项。

零件图上的技术要求,主要包括:尺寸公差、形位公差、表面粗糙度、表面处理及热处理,以及材料和特殊要求的说明。

认识零件图的主要方法是形体分析法。通过对零件图进行形体分析,再结合其他知识,才能正确而快速地读懂零件图,从而采用合理的加工方法。

复习思考题

1. 什么叫零件图？它的作用是什么？它包括哪几方面的内容？
2. 认识零件图的基本步骤是哪几步？
3. 零件图中主要有哪些方面的技术要求？
4. 怎样计算公差、极限尺寸？
5. 配合有哪几种形式？如何识读极限与配合代号？
6. 如何识读形位公差？
7. 常用零件分为哪几大类？各类零件的视图表达、尺寸标注、技术要求有什么特点？
8. 测绘零件的步骤有哪几步？

项目七　装配图

项目内容

1. 装配图的作用和内容。
2. 装配图的视图选择及画法。
3. 装配图的尺寸标注。
4. 装配图的零件序号及名细栏。
5. 识读装配图。

项目目的

了解装配图作用和内容，理解装配图的基本规定，能看懂一般复杂程度的装配图。

项目实施过程

任务一　装配图的作用和内容

经过前面第六章的学习我们认识了零件图，零件加工完成之后，工人师傅把各个零件按一定的技术要求，装配起来就组成一台机器或一个部件。这台机器或部件就称为装配体，表达装配体结构的图样就称为装配图。那么装配图起什么作用？又有哪些内容？下面就分别介绍装配图作用和装配图内容。

一、装配图的作用

在机械设计过程中，设计者一般根据要求首先绘制装配图，表达所设计机器或部件的工作原理，结构及装配关系等，然后再根据装配图分别绘制出零件图。在生产过程中，当零件制成后，又要按装配图进行机器或部件的装配，检验和调试；装配完成后，机器或部件要安装使用或维修，也要以装配图为依据。在交流技术经验，引进先进技术时，装配图更是必不可少的技术资料。因此装配图作用是：制定装配工艺规程，进行装配、检验、安装及维修的技术文件。

二、装配图的内容

由图 7.1 滑动轴承装配图可以看出，一张完整的装配图应具备如以下内容：

1. 必要的视图

装配图和零件图一样，根据部件的复杂程度，采用必要的视图和剖视图以及一些特殊表达方法，明确地表示机器或部件各零件之间的相互位置，装配关系，连接方式和装配结构。

在图 7.1 滑动轴承装配图中，有三个基本视图。主视图用半剖视表示滑动轴承座 1 的安装孔和螺栓 6 及轴承与轴承盖以及油杯 8 的连接关系。左视图用半剖视表示上轴承衬 4 和轴承衬固定套 5 与轴承座 1 的装配连接关系。俯视图用拆去轴承盖 3 画法，表示内外结构的形状位置。

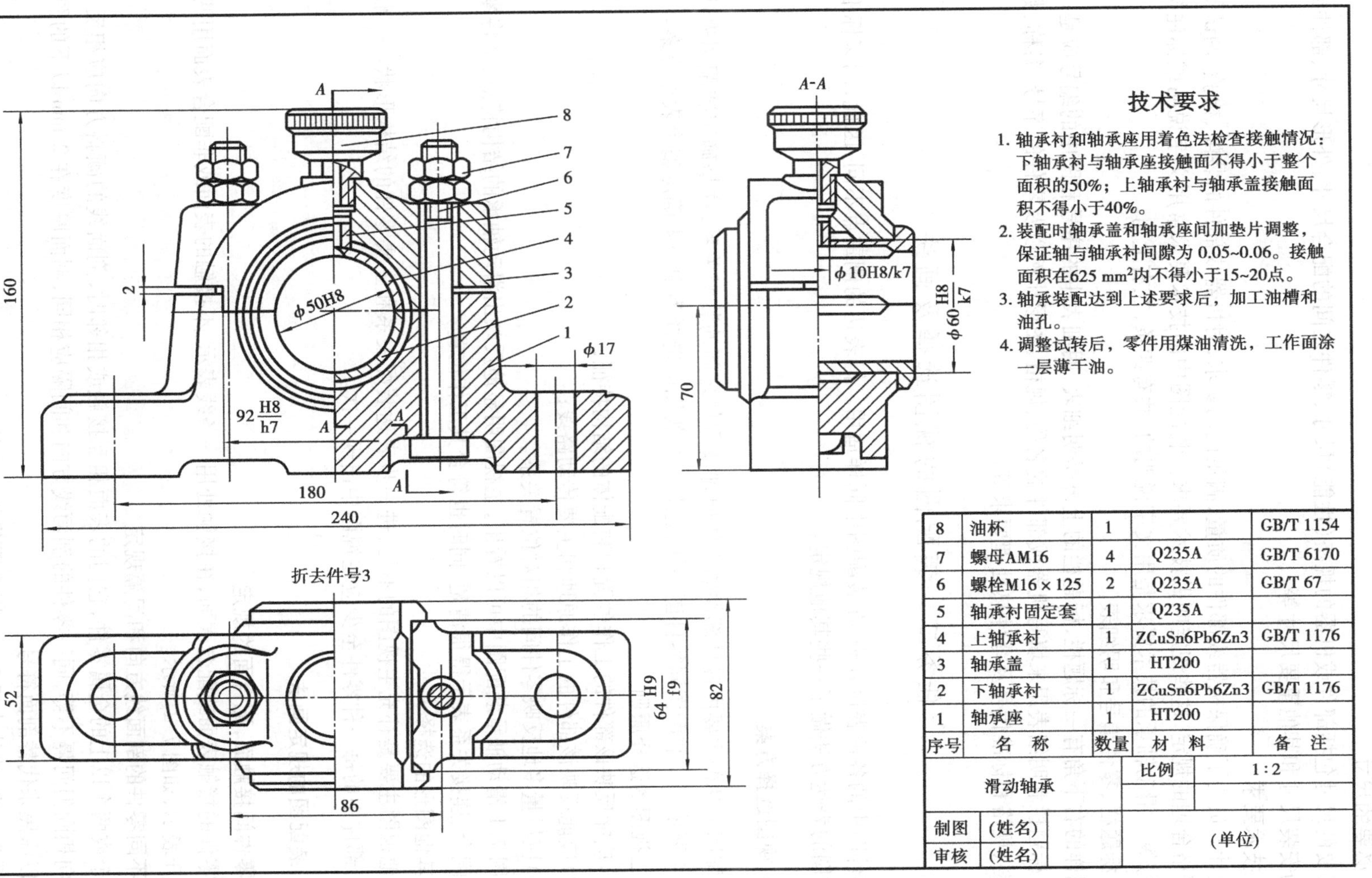

8	油杯	1		GB/T 1154
7	螺母AM16	4	Q235A	GB/T 6170
6	螺栓M16×125	2	Q235A	GB/T 67
5	轴承衬固定套	1	Q235A	
4	上轴承衬	1	ZCuSn6Pb6Zn3	GB/T 1176
3	轴承盖	1	HT200	
2	下轴承衬	1	ZCuSn6Pb6Zn3	GB/T 1176
1	轴承座	1	HT200	
序号	名称	数量	材料	备注

滑动轴承		比例	1:2
制图	(姓名)	(单位)	
审核	(姓名)		

图7.1 滑动轴承装配图

2. 必要的尺寸

必要的尺寸包括部件或机器的规格(性能)尺寸、零件之间的配合尺寸、外形尺寸、部件或机器的安装尺寸和其他重要尺寸等。

3. 技术要求

设计人员为了确保机器或部件的质量,满足使用要求,对机器或部件的装配、检验、调试等提出严格合理的规定,这些规定叫做技术要求。装配图中的技术要求常用文字说明或标注标记、代号等。滑动轴承的技术要求是用文字说明的,共有四条,在右上角。

4. 标题栏、零件编号和明细表

图样的右下角有一标题栏,标题栏的上方是明细表,明细表中的序号和图中的编号应是一致的。标题栏和明细表用来填写机器或部件的名称、规格、图形比例以及零件的序号、名称、数量、材料、规格和标准代号及零件热处理要求等。

任务二 装配图的视图选择及画法

零件图中的各种表达方法,在装配图中同样适用。但表达的侧重点不同,因此,国家标准对装配图的表达方法做了一些其他规定。

一、视图选择方案

装配图表达的主要内容是部件的工作原理及零件之间的装配关系,这是确定装配图表达方案的主要依据。装配图同零件图一样,也是以主视图的选择为中心来确定整个表达方案。

1. 主视图的选择原则

(1)应能反映该部件的工作位置和装配体的结构特征;

(2)应能反映该部件的工作原理和主要传动路线;

(3)应尽量多地反映零件间的相对位置关系。

如图 7.1 滑动轴承装配图中可以看出,主视图明显地反映出滑动轴承的结构特点,又将零件间的配合、连接关系表示得很清楚,同时也符合其工作位置。

2. 其他图形的选择

其他视图主要是补充主视图的不足,进一步表达装配关系和主要零件的结构形状。一般情况下,部件中的每一种零件至少应在视图中出现一次。

二、装配图的规定画法

1. 零件间接触面,配合面的规定

两零件的接触表面或配合表面,在接触处用一条线表示,不接触的表面或非配合表面用两条线分开表示,如图 7.2 所示。

2. 不同零件的剖面线方向和间隔规定

两个或两个以上的金属零件,它们的表面相互接触或相邻时,剖面线的倾斜方向应相反,或者方向相同但间隔不等,同一零件的剖面线方向和间隔应相同,剖面厚度在 2 mm 以下的图形允许以涂黑来代替剖面符号。

在图 7.5 中,垫片小于 2 mm 用涂黑代替剖面线。

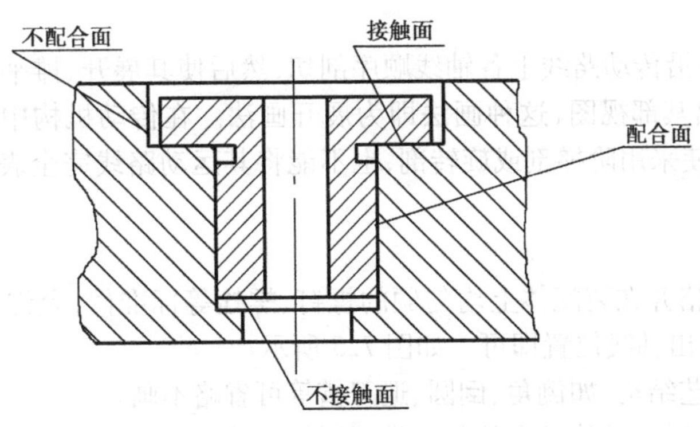

图 7.2 零件间接触面与配合面规定

3. 关于实心零件和紧固件的表示法

在装配图中，当剖切平面通过其对称中心线或轴线时，实心零件和紧固件均按不剖绘制。需要时，可采用局部剖视，如图 7.3 和图 7.4 所示。

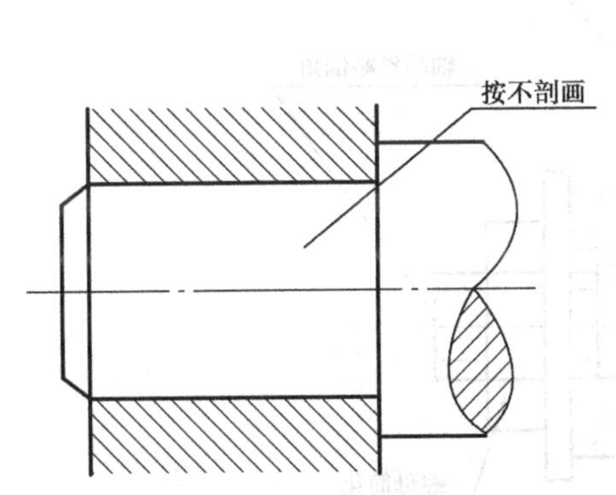

图 7.3 剖切平面通过轴线按不剖绘制

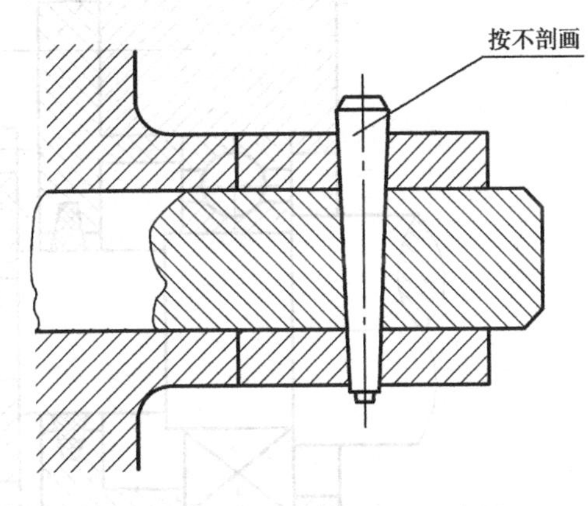

图 7.4 实心零件按不剖绘制

三、特殊表示方法和简化画法

1. 装配图的特殊表达方法

(1)拆卸画法

在装配图中可假想沿某些零件的结合面剖切或假想将某些零件拆卸后绘制，但要标注“拆去××”。

如图 7.1 所示滑动轴承俯视图，就是沿结合面剖切，拆去轴承盖和上轴衬的右半部而绘制出的半剖视图，以拆卸代替剖视。被横向剖切的轴、螺栓或销等要画剖面线。

(2)假想画法

为了表示运动零件的极限位置或部件相邻零件(或部件)的相互关系，可以用双点画线画出其轮廓；对于与该部件相关联，但不属于该部件的零件，为了表明它与该部件的关系，可用双点划线画出其轮廓图形。

(3)夸大画法

对于直径或厚度小于 2 mm 的较小零件或较小间隙，如薄片零件、细丝弹簧等，若按它们的实际尺寸在装配图中很难画出或难以明显表示时，可不按比例而采用夸大画法。

(4)展开画法

假想用剖切平面沿传动路线上各轴线顺序剖切,然后使其展开、摊平在一个平面上(平行于某投影面),再画出其部视图,这种画法即为展开画法。在传动机构中,各轴系的轴线往往不在同一平面内,即使采用阶梯剖或旋转剖,也不能将其运动路线完全表达出来,这时可采用展开画法。

2. 简化画法

(1)对于同一规格并在装配体上均匀颁的螺钉、螺栓等标准件,允许只画一个(或一组),其余的用点划线表示出轴线位置即可。如图7.5所示。

(2)零件上的工艺结构,如倒角、倒圆、退刀槽等可省略不画。

(3)在装配图中,对于带传动中的传动带可用细实线表示,对于链传动中的链条可用点划线表示。

(4)滚动轴承可用简化画法或示意画法表示。

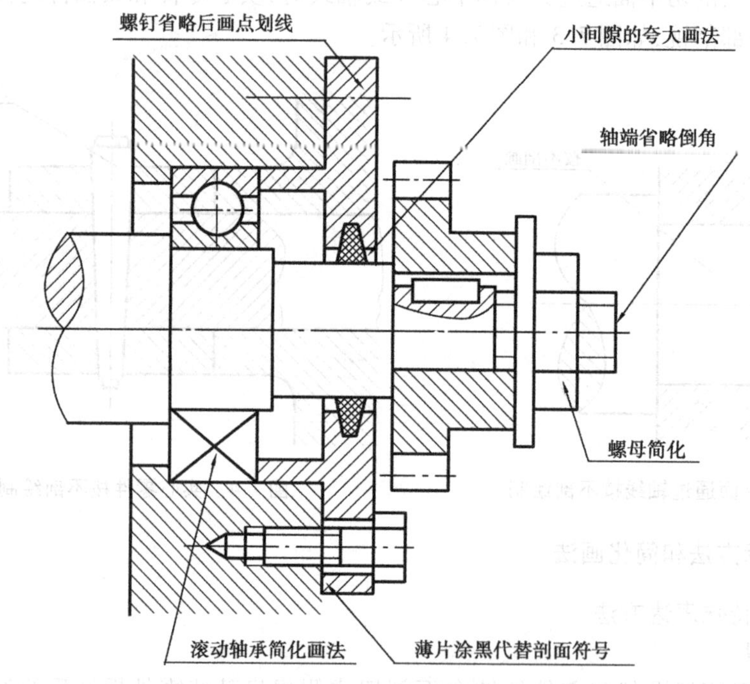

图7.5　简化画法

任务三　装配图的尺寸标注

装配图不是制造零件的直接依据。因此,装配图中不需注出零件的全部尺寸,而只需标注出一些必要的尺寸。

一、装配图的性能(规格)尺寸

用以表示机器或部件的性能、规格或主要结构的尺寸。这类尺寸是设计、使用机器或部件的依据。如图7.1中,滑动轴承的孔径 ϕ50H8 就是规格尺寸。在设计轴承时,根据这个尺寸来确定轴衬、轴承座的结构、大小和油杯型号。在使用时，也要根据这个尺寸来确定与其相配的轴颈尺寸。

二、装配图的装配尺寸

包括零件之间的配合尺寸和重要的相对位置尺寸。在设计和装配时，用以保证机器或部件的工作精度和性能要求。图 7.1 中滑动轴承的轴衬和轴承座孔的尺寸 $\phi 60\ \frac{H8}{k7}$ 就是配合尺寸。轴衬孔的中心高 70 就是重要的相对位置尺寸。

三、装配图的安装尺寸

将机器或部件安装在基础上或其他零件、部件上所需要的尺寸。图 7.1 中滑动轴承座上的两个孔径中 $\phi 17$ 和两孔的中心距 180 就是安装尺寸。

四、装配图的外形尺寸

表示机器或部件的总长、总宽、总高的尺寸。为了产品的包装，运输和安装，用来计算占有多大的空间。图 7.1 中滑动轴承的外形尺寸为 240，82，160。

五、装配图的其他重要尺寸

运动零件的极限尺寸、主体零件的重要尺寸等。

任务四　装配图的零件序号及明细栏

为了便于看图和生产管理，对部件中每种零件和组件应编注序号。同时，在标题栏上方编制相应的明细栏。

一、装配图的零件序号

1. 编号方法

装配图中所有的零、部件都必须编写序号，并与明细栏中的序号一致。序号应注写在视图外较明显的位置上，从所注零件的轮廓内用细实线画出指引线，在指引线的起始处画圆点，圆点不能与剖面线或轮廓线重合。另一端画出水平细实线或细实线圈。序号注写在横线上边或圆内，序号字高比图中所注尺寸数字大一号。也可直接注写在指引线附近，这时的序号应比图上尺寸数字大两号。如所指部分很薄或是涂黑的剖面，则可用箭头代替圆点指向该部分的轮廓线。如图 7.6 装配图零件序号 2。所画指引线不可相互交叉，不要与剖面线平行。必要时可画成一次折线。

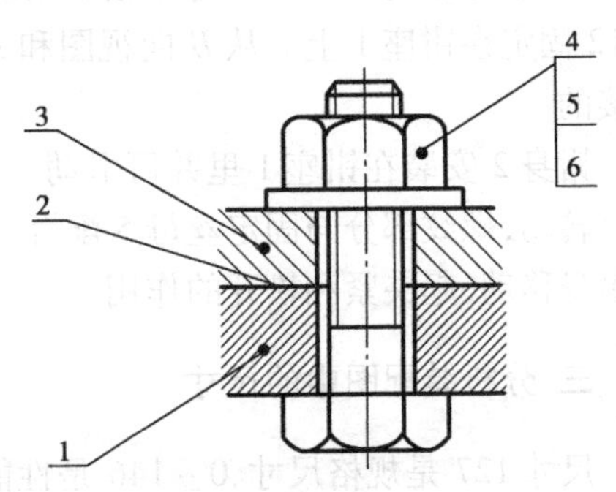

图 7.6　装配图零件序号

2. 序号编写的顺序

每一种相同的零件或组件只编一个序号，并且一般只注写一次。序号应按顺时针或逆时针方向整齐地顺序排列。

3. 标准件、紧固件的编排

同一组紧固件可采用公共指引线。如图7.6 装配图零件序号4、5、6；标准部件（如油杯、滚动轴承等）可看成一个部件，只编写一个序号。

二、装配图的零件序号及明细栏

明细栏是由序号、代号、名称、数量、材料、质量、备注等内容组成的栏目。明细栏一般编注在标题栏的上方。在图中填写明细栏时，应自下而上顺序进行。当位置不够时，可移至标题栏左边继续编制。

任务五　识读装配图

在机械的设计、装配、使用与维修以及技术交流中，都涉及装配图。识读装配图的目的，主要是了解机器或部件的名称、作用、工作原理、零件之间的装配连接关系、配合性质和技术要求等。下面以台虎钳装配图（图7.7）为例，说明识读装配图的方法和步骤。

一、概括了解

首先看标题栏、明细表和产品说明书等有关技术资料。从标题栏中可以看出，部件名称叫虎钳，是夹持工件的一种部件。它由15 种零件组成，最大夹持厚度为164 毫米，钳身可以回转360°，装配图共采用三个基本视图和三个局部视图。

二、分析零件之间的连接方式和装配关系

从主视图和*K*向视图中可以清楚看出，底盘3 与钳座1 是通过$\phi70\ \frac{H7}{f6}$配合定位，用方头螺母10 来连接的。丝杆4 与挡板6 用螺钉7 连接固定在钳身2 上，固定丝母5 通过燕尾槽和销12 固定在钳座1 上。从*B*向视图和*A-A*局部放大图中可以看出钳口15 与钳身2 是用螺钉连接的。

钳身2 安装在钳座1 里并可滑动。固定丝母5 固定在钳座1 上。丝杆4 固定在钳身2 上可以转动，螺纹部分与固定丝母5 配合，因此当旋转杆13 时，丝杆4 转动并通过固定丝母5 带动钳身移动，起夹紧和松开的作用。

三、分析装配图中的尺寸

尺寸127 是规格尺寸，0～146 是性能尺寸，$\phi240$是安装尺寸，420～566，237 是总体尺寸，Tr30×6－7H/7e 是重要的设计尺寸。

$64\ \frac{H9}{f9}$，$\phi30\ \frac{H9}{f9}$，$\phi70\ \frac{H7}{f6}$是配合尺寸，它们都是基孔制的孔与基本偏差*f*的轴间隙配合。

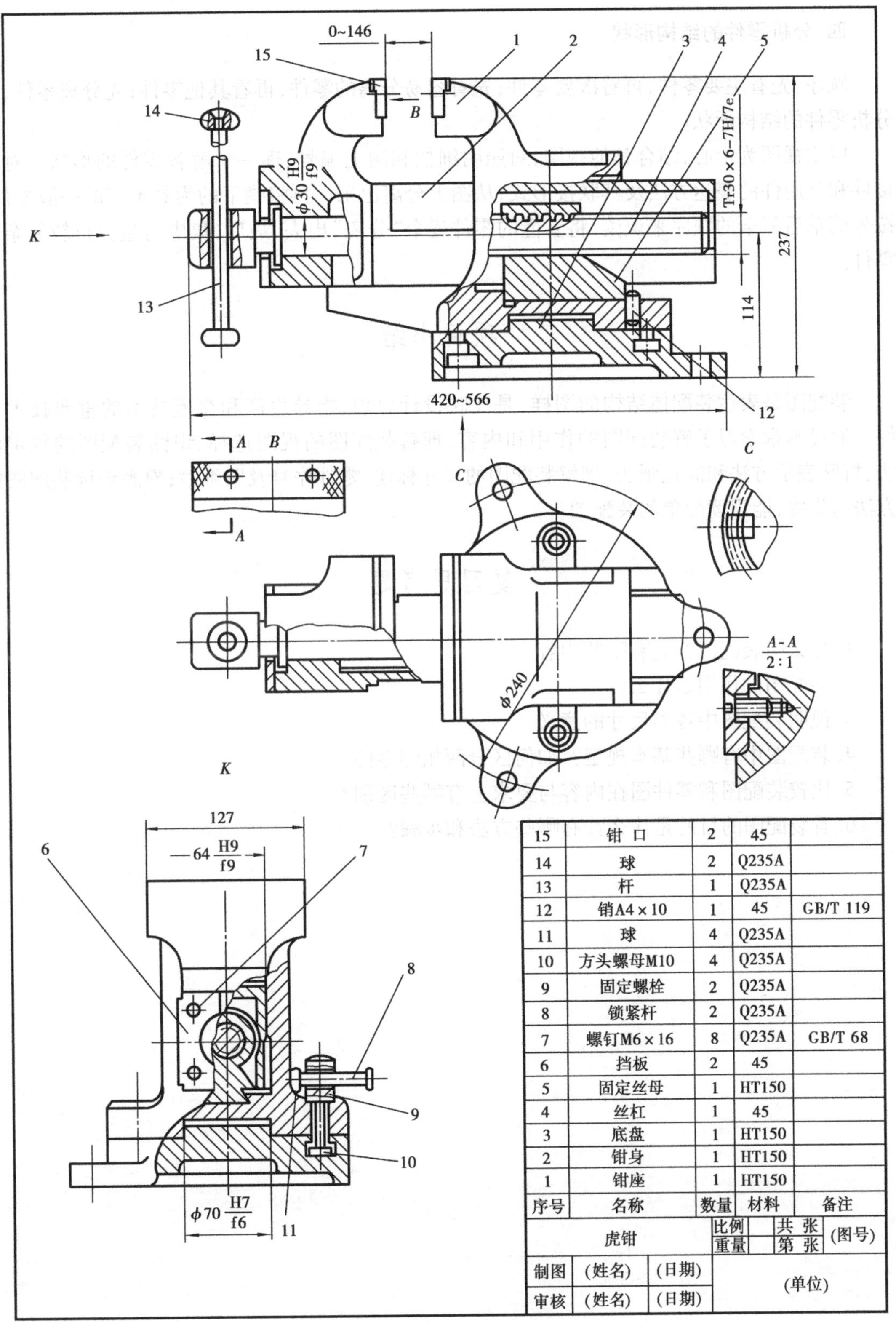

15	钳 口	2	45	
14	球	2	Q235A	
13	杆	1	Q235A	
12	销A4×10	1	45	GB/T 119
11	球	4	Q235A	
10	方头螺母M10	4	Q235A	
9	固定螺栓	2	Q235A	
8	锁紧杆	2	Q235A	
7	螺钉M6×16	8	Q235A	GB/T 68
6	挡板	2	45	
5	固定丝母	1	HT150	
4	丝杠	1	45	
3	底盘	1	HT150	
2	钳身	1	HT150	
1	钳座	1	HT150	
序号	名称	数量	材料	备注

虎钳	比例		共 张	(图号)
	重量		第 张	
制图	(姓名)	(日期)	(单位)	
审核	(姓名)	(日期)		

图 7.7 台虎钳装配图

四、分析零件的结构形状

顺序：先看主要零件，再看次要零件；先看容易分离的零件，再看其他零件；先分离零件，再分析零件的结构形状。

以主视图为中心，结合其他视图，对照明细栏和图上编号，逐一了解各零件的形状。对联接件和常用件的表达方法及其联接形式，从图上分离出来。再将剩下的为数不多的一般零件，按先简单后复杂的顺序来识读，将看懂的零件逐个“分离”出去，最后，集中力量分析较复杂的零件。

项目小结

装配图是表达装配体结构的图样，是反映设计思想，指导生产和交流技术的重要技术文件。通过本章学习了解装配图的作用和内容；理解装配图的视图选择、识读装配图的规定画法、特殊表示方法和简化画法；理解装配图的尺寸标注、零件序号及明细栏；熟悉识读装配图的方法与步骤，能识读简单的装配图。

复习思考题

1. 什么叫装配图？它有哪些内容。
2. 装配图的作用是什么？
3. 说明装配图中各类尺寸的意义。
4. 装配图中有哪些基本规定？如何区分两相邻零件。
5. 比较装配图和零件图在内容与要求上有哪些区别？
6. 看装配图的目的是什么？有哪些方法和步骤？

附　录

附 录 一

附表 1　标准公差数值(摘自 GB/T 1800.3—1998)

基本尺寸/mm		标准公差等级																	
		IT1	IT2	IT3	IT4	IT5	IT6	IT7	IT8	IT9	IT10	IT11	IT12	IT13	IT14	IT15	IT16	IT17	IT18
大于	至	μm											mm						
—	3	0.8	1.2	2	3	4	6	10	14	25	40	60	0.1	0.14	0.25	0.4	0.6	1	1.4
3	6	1	1.5	2.5	4	5	8	12	18	30	48	75	0.12	0.18	0.3	0.48	0.75	1.2	1.8
6	10	1	1.5	2.5	4	6	9	15	22	36	58	90	0.15	0.22	0.36	0.58	0.9	1.5	2.2
10	18	1.2	2	3	5	8	11	18	27	43	70	110	0.18	0.27	0.43	0.7	1.1	1.8	2.7
18	30	1.5	2.5	4	6	9	13	21	33	52	84	130	0.21	0.33	0.52	0.84	1.3	2.1	3.3
30	50	1.5	2.5	4	7	11	16	25	39	62	100	160	0.25	0.39	0.62	1	1.6	2.5	3.9
50	80	2	3	5	8	13	19	30	46	74	120	190	0.3	0.46	0.74	1.2	1.9	3	4.6
80	120	2.5	4	6	10	15	22	35	54	87	140	220	0.35	0.54	0.87	1.4	2.2	3.5	5.4
120	180	3.5	5	8	12	18	25	40	63	100	160	250	0.4	0.63	1	1.6	2.5	4	6.3
180	250	4.5	7	10	14	20	29	46	72	115	185	290	0.46	0.72	1.15	1.85	2.9	4.6	7.2
250	315	6	8	12	16	23	32	52	81	130	210	320	0.52	0.81	1.3	2.1	3.2	5.2	8.1
315	400	7	9	13	18	25	36	57	89	140	230	360	0.57	0.89	1.4	2.3	3.6	5.7	8.9
400	500	8	10	15	20	27	40	63	97	155	250	400	0.63	0.97	1.55	2.5	4	6.3	9.7

注:尺寸小于或等于 1 mm 时,无 IT14 至 IT18。

附表 2　轴的极限偏差表　基本尺寸至 500 mm(摘自 GB/T 1800.4—1999)

μm

代号	c	d		e		f		g		h						μ	k		m		n		p		r		s		t		u	v	x	y	z
基本尺寸/mm	等级																																		
	11	8	9	7	8	7	8	6	7	5	6	7	8	9	10	11	6	6	7	6	7	5	6	6	7	6	7	5	6	6	7	6	6	6	6	6
≤3	-60 -120	-20 -34	-20 -45	-14 -24	-14 -28	-6 -10	-6 -20	-2 -8	-2 -12	0 -4	0 -6	0 -10	0 -14	0 -25	0 -40	0 -60	±3	+6 0	+10 0	+8 +2	+12 +2	+3 +4	+10 +4	+12 +6	+16 +6	+16 +10	+20 +10	+18 +14	+20 +14	—	—	+24 +18	—	+26 +20	—	+32 +26
>3 ~6	-70 -145	-30 -48	-30 -60	-20 -32	-20 -38	-10 -22	-10 -28	-4 -12	-4 -16	0 -5	0 -8	0 -12	0 -18	0 -30	0 -48	0 -75	±4	+9 +1	+13 +1	+12 +4	+16 +4	+ 3 +3	+16 +8	+20 +12	+24 +12	+23 +15	+27 +15	+24 +19	+27 +19	—	—	+31 +23	—	+36 +28	—	+43 +35
>6 ~10	-80 -170	-40 -62	-40 -76	-25 -40	-25 -47	-13 -28	-13 -35	-5 -14	-5 -20	0 -6	0 -9	0 -15	0 -22	0 -36	0 -58	0 -90	±4.5	+10 +1	+16 +1	+15 +6	+21 +6	+ 6 + 0	+19 +10	+24 +15	+30 +15	+28 +19	+34 +19	+29 +23	+32 +23	—	—	+37 +28	—	+43 +34	—	+51 +42
>10 ~14	-95	-50	-50	-32	-32	-16	-16	-6	-6	0	0	0	0	0	0	0	±5.5	+12	+19	+18	+25	+20	+23	+29	+36	+34	+41	+36	+39	—	—	+44	—	+51 +40	—	+61 +50
>14 ~18	-205	-77	-93	-50	-59	-34	-43	-17	-24	-8	-11	-18	-27	-13	-70	-110		+1	+1	+7	+7	+ 2	+12	+18	+18	+23	+23	+28	+28			+33	+50 +39	+56 +45	—	+71 +60
>28 24	-110	-65	-65	-40	-40	-20	-20	-7	-7	0	0	0	0	0	0	0	±6.5	+15	+23	+21	+29	+24	+28	+35	+43	+41	+49	+44	+48	—	—	+54 +41	+60 +47	+67 +54	+76 +63	+86 +73
>24 ~30	-240	-98	-117	-61	-73	-41	-53	-20	-28	-9	-13	-21	-33	-52	-84	-130		+2	+2	+8	+8	+ 5	+15	+22	+22	+28	+28	+35	+35	+54 +41	+62 +41	+61 +48	+68 +55	+77 +64	+88 +75	+101 +88
>30 ~40	-120 -280	-80	-80	-50	-50	-25	-25	-9	-9	0	0	0	0	0	0	0	±8	+18	+27	+25	+34	+28	+33	+42	+51	+50	+59	+54	+59	+64 +48	+73 +48	+76 +60	+84 +68	+96 +80	+110 +94	+128 +112
>40 ~50	-130 -290	-119	-142	-75	-89	-50	-64	-25	-34	-11	-16	-25	-39	-62	-100	-160		+2	+2	+9	+9	+ 7	+17	+26	+26	+34	+34	+43	+43	+70 +54	+79 +54	+86 +70	+97 +81	+113 +97	+130 +114	+152 +136
>50 ~65	-140 -330	-100	-100	-60	-60	-30	-30	-10	-10	0	0	0	0	0	0	0	±9.5	+21	+32	+30	+41	+33	+39	+51	+62	+60 +41	+70 +41	+66 +53	+72 +53	+85 +66	+96 +66	+106 +87	+121 +102	+141 +122	+163 +144	+191 +172
>65 ~80	-130 -340	-146	-174	-90	-105	-60	-36	-29	-40	-13	-19	-30	46	-74	-120	-190		+2	+2	+11	+11	+20	+20	+32	+32	+62 +43	+72 +43	+72 +59	+78 +59	+94 +75	+105 +75	+121 +102	+139 +120	+165 +146	+193 +174	+229 +210
>90 ~100	-170 -190	-120	-120	72	-72	36	36	12	-12	0	0	0	0	0	0	0	±11	+25	+38	+35	+48	+38	+45	+59	+72	+73 +51	+86 +51	+86 +71	+93 +71	+113 +91	+126 +91	+146 +124	+168 +146	+200 +178	+236 +214	+280 +258
>100 ~120	-180 -400	-174	-207	-100	-126	-11	-90	-34	-43	-15	-22	-35	-54	-87	-140	-220		+3	+3	+13	+13	+23	+23	+37	+37	+76 +54	+89 +54	+94 +79	+101 +79	+126 +104	+139 +104	+166 +144	+194 +172	+232 +210	+276 +254	+332 +310

>120	-200																									+88	+103	+110	+117	+147	+162	+195	+227	+273	+325	+390
~140	-450																									+63	+63	+92	+92	+122	+122	+170	+202	+248	+300	+365
>140	-210	-145	-145	-85	-85	-43	-43	-14	-14	0	0	0	0	0	0	0	±12.5	+28	+43	+40	+55	+45	+52	+68	+83	+90	+105	+118	+125	+159	+174	+215	+253	+305	+365	+440
~160	-460	-204	-245	-125	-148	-83	-106	-39	-54	-18	-25	-40	-63	-100	-160	-250		+3	+3	+15	+15	+27	+27	+43	+43	+65	+65	+100	+100	+134	+134	+190	+228	+280	+340	+415
>160	-230																									+93	+108	+126	+133	+171	+186	+235	+277	+335	+405	+490
~180	-550																									+68	+68	+108	+108	+146	+146	+210	+252	+310	+380	+465
>180	-240																									+106	+123	+142	+151	+195	+212	+265	+313	+379	+454	+549
~200	-530																									+77	+77	+122	+122	+166	+166	+236	+284	+350	+425	+520
>200	-260	-170	-170	-100	-100	-50	-50	-15	-15	0	0	0	0	0	0	0	±14.5	+33	+50	+46	+63	+51	+60	+79	+96	+109	+126	+150	+159	+209	+226	+287	+339	+414	+499	+604
~225	-550	-242	-285	-146	-172	-96	-122	-44	-60	-20	-29	-46	-72	-115	-185	-290		+4	+4	+17	+17	+31	+31	+50	+50	+80	+80	+130	+130	+180	+180	+258	+310	+385	+470	+575
>225	-280																									+113	+130	+160	+169	+225	+242	+313	+369	+454	+549	+669
~250	-570																									+84	+84	+140	+140	+196	+196	+284	+340	+425	+520	+640
>250	-300	-190	-190	-110	-110	-56	-56	-17	-17	0	0	0	0	0	0	0	±16	+36	+56	+52	+72	+57	+66	+88	+108	+126	+146	+181	+190	+250	+270	+347	+417	+507	+612	+742
~290	-620																									+94	+94	+158	+158	+218	+218	+315	+385	+475	+580	+710
>290	-330	-231	-320	-162	-191	-108	-137	-43	-69	-23	-32	-52	-81	-130	-230	-320		+4	+4	+20	+20	+34	+34	+56	+56	+130	+150	+193	+202	+272	+292	+382	+457	+557	+682	+822
~315	-650																									+98	+98	+170	+170	+240	+240	+350	+425	+525	+650	+790
>315	-360	-210	-210	-125	-125	-62	-62	-18	-18	0	0	0	0	0	0	0	±18	+40	+61	+57	+78	+62	+73	+98	+119	+144	+165	+215	+226	+304	+325	+426	+511	+626	+766	+936
~355	-720																									+108	+108	+190	+190	+268	+268	+390	+475	+590	+730	+900
>355	-400	-290	-350	-182	-214	-119	-151	-54	-75	-25	-36	-57	-89	-140	-230	-390		+4	+4	+21	+21	+37	+37	+62	+62	+150	+171	+233	+244	+330	+351	+471	+566	+696	+856	+1 036
~400	-760																									+114	+114	+208	+208	+294	+294	+435	+530	+660	+820	+1 000
>400	-440	-230	-230	-135	-135	-68	-68	-20	-20	0	0	0	0	0	0	0	±20	+45	+68	+63	+86	+67	+80	+108	+131	+166	+189	+259	+272	+370	+393	+530	+635	+780	+960	+1 140
~450	-840																									+126	+126	+232	+232	+330	+330	+490	+595	+740	+920	+1 100
>450	-480	-327	-385	-198	-232	-131	-165	-60	-83	-27	-40	-63	-90	-155	-290	-400		+5	+5	+23	+23	+40	+40	+68	+68	+172	+195	+279	+292	+400	+423	+580	+700	+860	+1 040	+1 290
~500	-880																									+132	+132	+252	+252	+360	+360	+540	+660	+820	+1 000	+1 250

附表3 孔的极限偏差表 基本尺寸至500 mm(摘自 GB/T 1800.4—1999)

μm

代号	C	D		E		F		G		H							JS		K		M		N		P		R		S		T		U
基本尺寸/mm	等级																																
	11	9	10	8	9	8	9	6	7	6	7	8	9	10	11	12	7	8	6	7	7	8	6	7	6	7	6	7	6	7	6	7	6
≤3	+220 60	+46 +20	+60 +20	+28 +14	+39 +14	+20 +6	+31 +6	+8 +2	+12 +2	+6 0	+10 0	+16 0	+25 0	+45 0	+60 0	+100 0	±5	±7	0 -6	0 -10	-2 -12	-2 -16	-4 -10	-4 -14	-6 -12	-6 -16	-10 -16	-10 -20	-14 -20	-14 -24	—	—	-18 -24
>3~6	+145 +70	+60 +30	+78 +30	+28 +20	+50 +20	+28 +10	+40 +10	+12 +4	+16 +4	+8 0	+12 0	+18 0	+30 0	+48 0	+35 0	+120 0	±6	±9	+2 -6	+3 -9	0 -12	+2 -16	-5 -13	-4 -16	-9 -17	-8 -20	-12 -20	-11 -23	-16 -24	-15 -27	—	—	-20 -28
>6~10	+170 +80	+76 +40	+98 +40	+47 +25	+64 +25	+35 +13	+49 +13	+14 +3	+20 +3	+9 0	+15 0	+22 0	+36 0	+58 0	+90 0	+150 0	±7	±11	+2 -7	+5 -10	0 -15	+1 -21	-7 -16	-4 -19	-12 -21	-9 -24	-16 -25	-13 -28	-20 -29	-17 -32	—	—	-25 -34
>10~14	+200	+93	+120	+59	+25	+43	+59	+17	+24	+11	+18	+27	+43	+70	+110	+180	±9	±13	+2	+6	0	+2	-9	-5	-15	-11	-20	-16	-25	-21	—	—	-30
>14~18	+95	+50	+50	+32	+32	+16	+16	+6	+6	0	0	0	0	0	0	0			-9	-12	-18	-25	-20	-23	-26	-29	-31	-34	-36	-39			-41
>18~24	+200	+117	+149	+73	+92	+53	+72	+20	+28	+13	+21	+33	+52	+34	+130	+250	±10	±16	+2	+6	0	+4	-11	-7	-18	-14	-24	-20	-31	-27	—	—	-37 -50
>24~30	+110	+65	+65	+40	+40	+20	+20	+7	+7	0	0	0	0	0	0	0			-11	-15	-21	-29	-24	-28	-31	-35	-37	-41	-44	-48	-37 -50	-33 -54	-44 -57
>30~40	+280 +120	+142	+180	+89	+112	+64	+87	+25	+34	+16	+25	+39	+62	+100	+160	+250	±12	±19	+3	+7	0	+5	-12	-8	-21	-17	-29	-25	-38	-34	-43 -59	-39 -64	-55 -71
>40~50	290 130	+80	+80	+50	+50	+25	+25	+9	+9	0	0	0	0	0	0	0			+13	-18	-25	-34	-28	-33	-37	-42	-45	-50	-54	-59	-49 -65	-45 -70	-65 -81
>50~65	+330 +140	+174	+220	+106	+134	+76	+104	+29	+40	+19	+30	+46	+72	+120	+190	+200	±15	±23	+4	+9	0	+5	-14	-9	-26	-21	-35 -54	-30 -60	-47 -66	-42 -72	-60 -79	-55 -85	-81 -100
>65~80	+340 +150	+100	+100	+60	+60	+30	+30	+10	+10	0	0	0	0	0	0	0			-15	-21	-30	-41	-33	-39	-45	-51	-37 -56	-32 -62	-53 -72	-48 -78	-69 -88	-64 -94	-96 -115
>80~100	+250 +170	+207	+160	+125	+159	+90	+123	+34	+47	+22	+35	+54	+87	+140	+220	+350	±17	±27	+4	+10	0	+6	-16	-10	-30	-24	-44 -66	-38 -73	-64 -86	-58 -93	-84 -106	-78 -113	-117 -139
>100~120	+400 +160	+120	+120	+72	+72	+36	+36	+12	+12	0	0	0	0	0	0	0			-18	-25	-35	-48	-38	-45	-52	-59	-47 -69	-41 -76	-72 -94	-66 -101	-97 -119	-91 -126	-137 -159

>120	+450																										-56	-48	-85	-77	-115	-107	-163
~140	+200	+245	+305	+148	+185	+106	+143	+39	+54	+25	+40	+63	+100	+150	+250	+400			+4	+12	0	+8	-20	-12	-36	-28	-81	-88	-110	-117	-140	-147	-188
>140	+460																±20	±31									-58	-50	-93	-85	-127	-119	-183
~160	+210	+145	+145	+85	+85	+43	+43	+14	+14	0	0	0	0	0	0	0			-21	-28	-40	-55	-45	-52	-61	-68	-33	-90	-118	-125	-152	-159	-208
>160	+480																										-61	-53	-101	-93	-139	-131	-203
~130	+230																										-86	-93	-126	-133	-164	-171	-228
>180	+500																										-68	-60	-113	-105	-157	-149	-227
~200	+200	+285	+355	+172	+215	+172	+165	+44	+61	+29	+46	+72	+115	+185	+290	+460			+5	+13	0	+9	-22	-14	-41	-33	-97	-160	-142	-151	-186	-195	-256
>200	+550																±23	±36									-71	-63	-121	-113	-171	-163	-249
~225	+260	+170	+170	+100	+100	+50	+50	+15	+15	0	0	0	0	0	0	0			-24	-33	-46	-63	-51	-60	-70	-79	-100	-109	-150	-159	-200	-209	-278
>225	+570																										-75	-67	-131	-123	-187	-179	-275
~250	+280																										-104	-113	-160	-169	-216	-225	-304
>250	+630	+320	+400	+191	+240	+137	+116	+49	+69	+32	+52	+81	+130	+210	+320	+520			+5	+16	0	+9	-25	-14	-47	-36	-85	-74	-149	-138	-209	-198	-306
~280	+300																±26	±40									-117	-126	-181	-190	-241	-250	-338
>280	+650	+190	+190	+110	+110	+56	+56	+17	+17	0	0	0	0	0	0	0			-27	-36	-52	-72	-57	-66	-79	-88	-89	-78	-161	-150	-231	-220	-341
~315	+330																										-121	-130	-193	-202	-263	-272	-373
>315	+720	+350	+440	+214	+265	+151	+202	+54	+25	+36	+57	+89	+140	+230	+360	+570			+7	+17	0	+11	-26	-16	-51	-41	-97	-87	-179	-169	-257	-247	-379
~355	+360																±28	±44									-133	-144	-215	-226	-293	-304	-415
>355	+760	+210	+210	+125	+125	+62	+62	+18	+18	0	0	0	0	0	0	0			-29	-40	-57	-78	-62	-73	-87	-98	-103	-93	-197	-187	-283	-273	-424
~400	+400																										-139	-150	-233	-244	-319	-370	-460
>400	+840	+385	+480	+232	+290	+165	+223	+60	+83	+40	+63	+97	+155	+250	+400	+630			+8	+18	0	+11	-27	-17	-55	-45	-113	-103	-219	-209	-317	-307	-477
~450	+440																±31	±48									-153	-166	-259	-272	-357	-370	-517
>450	+880	+230	+230	+135	+135	+68	+68	+20	20	0	0	0	0	0	0	0			-32	-45	-63	-86	-67	-80	-95	-108	-119	-109	-239	-229	-347	-337	-527
~500	+480																										-159	-172	-279	-292	-387	-400	-567

附表4　基孔制优先、常用配合(摘自GB/T 1801—1999)

基准孔	轴																				
	a	b	c	d	e	f	g	h	js	k	m	n	p	r	s	t	u	v	x	y	z
	间隙配合								过渡配合			过盈配合									
H6						$\frac{H6}{f5}$	$\frac{H6}{g5}$	$\frac{H6}{h5}$	$\frac{H6}{js5}$	$\frac{H6}{k5}$	$\frac{H6}{m5}$	$\frac{H6}{n5}$	$\frac{H6}{p5}$	$\frac{H6}{r5}$	$\frac{H6}{a5}$	$\frac{H6}{t5}$					
H7						$\frac{H7}{f6}$	▼ $\frac{H7}{g6}$	▼ $\frac{H7}{h6}$	$\frac{H7}{js6}$	▼ $\frac{H7}{k6}$	$\frac{H7}{m6}$	▼ $\frac{H7}{n6}$	▼ $\frac{H7}{p6}$	$\frac{H7}{r6}$	▼ $\frac{H7}{s6}$	$\frac{H7}{t6}$	▼ $\frac{H7}{u6}$	$\frac{H7}{v6}$	$\frac{H7}{x6}$	$\frac{H7}{y5}$	$\frac{H7}{z5}$
H8					$\frac{H8}{e7}$	▼ $\frac{H8}{f7}$	$\frac{H8}{g7}$	▼ $\frac{H8}{h7}$	$\frac{H8}{js7}$	$\frac{H8}{k7}$	$\frac{H8}{m7}$	$\frac{H8}{n7}$	$\frac{H8}{p7}$	$\frac{H8}{r7}$	$\frac{H8}{s7}$	$\frac{H8}{t7}$	$\frac{H8}{u7}$				
				$\frac{H8}{d8}$	$\frac{H8}{e8}$	$\frac{H8}{f8}$		$\frac{H8}{h8}$													
H9			$\frac{H9}{c9}$	▼ $\frac{H9}{d9}$	$\frac{H9}{e9}$	$\frac{H9}{f9}$		▼ $\frac{H9}{h9}$													
H10			$\frac{H10}{c10}$	$\frac{H10}{d10}$				$\frac{H10}{h10}$													
H11	$\frac{H11}{a11}$	$\frac{H11}{b11}$	▼ $\frac{H11}{c11}$	$\frac{H11}{d11}$				▼ $\frac{H11}{h11}$													
H12		$\frac{H12}{b12}$						$\frac{H12}{h12}$													

注:1. 标注▼的配合为优先配合。

2. $\frac{H6}{n6}$、$\frac{H7}{p7}$在基本尺寸小于或等于3 mm和$\frac{H8}{r7}$在小于或等于100 mm时,为过渡配合。

附表 5　基轴制优先、常用配合(摘自 GB/T 1801—1999)

基准轴	孔																				
	A	B	C	D	E	F	G	H	JS	K	M	N	P	R	S	T	U	V	X	Y	Z
	间隙配合								过渡配合			过盈配合									
h5						F6/h5	G6/h5	H6/h5	JS6/h5	K6/h5	M6/h5	N6/h5	P6/h5	R6/h5	S6/h5	T6/h5					
h6						F7/h6	▼ G7/h6	▼ H7/h6	JS7/h6	▼ K7/h6	M7/h6	▼ N7/h6	▼ P7/h6	R7/h6	▼ S7/h6	T7/h6	▼ U7/h6				
h7					E8/h7	▼ F8/h7		H8/h7	▼ JS8/h7	K8/h7	M8/h7	N8/h7									
h8				D8/h8	E8/h8	F8/h8		H8/h8													
h9				▼ D9/h9	E9/h9	F9/h9		▼ H9/h9													
h10				D10/h10				H10/h10													
h11	A11/h11	B11/h11	▼ C11/h11	D11/h11				▼ H11/h11													
h12		B12/h12						H12/h12													

注:标注▼的配合为优先配合。

附录二

一、螺纹

附表6　普通螺纹(摘自 GB/T 193—2003、GB/T 196—2003)

标记示例

普通粗牙螺纹,公称直径 10 mm,中径公差带代号 5g,顶径公差带代号 6g,中等旋合长度标记为:M10—5g6g

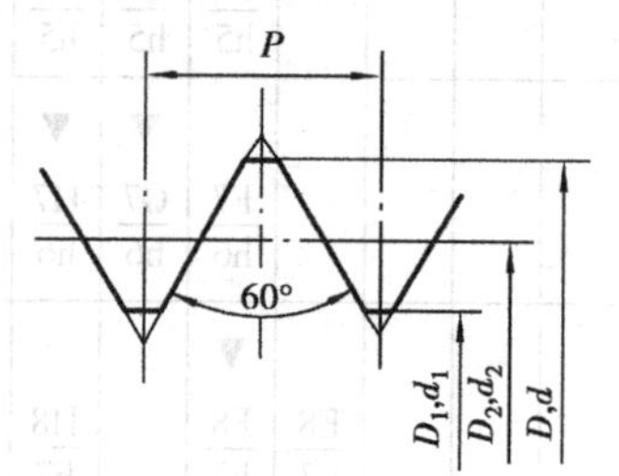

mm

公称直径 D,d			螺距 P	粗牙小径 D_1,d_1	公称直径 D,d		螺距 P		粗牙小径 D_1,d_1
第一系列	第二系列	粗牙	细牙		第一系列	第二系列	粗牙	细牙	
3		0.5	0.35	2.459	20		2.5	2,1.5,1	17.294
	3.5	0.6		2.850		22	2.5		19.294
4		0.7	0.5	3.242	24		3		20.752
	4.5	0.75		3.688		27	3		23.752
5		0.8		4.134	30		3.5	(3),2,1.5,1	26.211
6		1	0.75	4.917		33	3.5	(3),2,1.5	29.211
	7	1		5.917	36		4	3,2,1.5	31.670
8		1.25	1,0.75	6.647		39	4		34.670
10		1.5	1.25,1,0.75	8.376	42		4.5	4,3,2,1.5	37.129
12		1.75	1.25,1	10.106		45	4.5		40.129
	14	2	1.5,1.25,1	11.835	48		5		42.587
16		2	1.5,1	13.835		52	5		46.587
	18	2.5	2,1.5,1	15.294	56		5.5		50.046

注:1. 优先选用第一系列,括号内尺寸尽可能不用。第三系列未列入。

2. M14 ×1.25 仅用于发动机的火花塞。

附表 7 梯形螺纹(摘自 GB/T 5796.1～5796.4—1986) (mm)

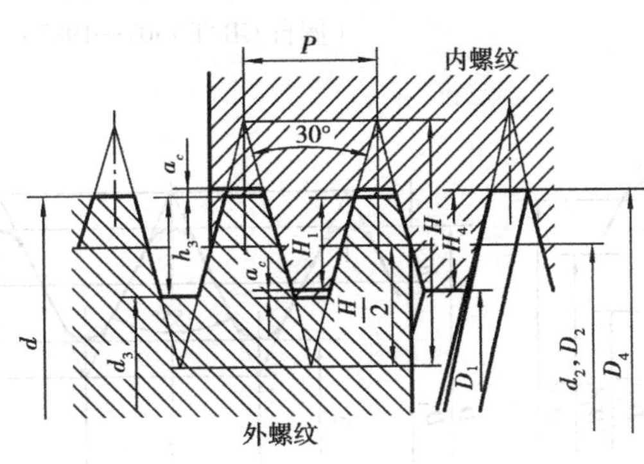

d ——外螺纹大径(公称直径)
d_3 ——外螺纹小径
D_4 ——内螺纹大径
D_1 ——内螺纹小径
d_2 ——外螺纹中径
D_2 ——内螺纹中径
P ——螺距
a_c ——牙顶间隙

标记示例:

Tr40×7-7H(单线梯形内螺纹、公称直径 $d=40$、螺距 $P=7$、右旋、中径公差带为 7H、中等旋合长度)

Tr60×18(P9)LH-8e-L(双线梯形外螺纹、公称直径 $d=60$、导程 $S=18$、螺距 $P=9$、左旋、中径公差带为 8e、长旋合长度)

梯 形 螺 纹 的 基 本 尺 寸

d 公称系列		螺距	中径	大径	小 径		d 公称系列		螺距	中径	大径	小 径	
第一系列	第二系列	P	$d_2=D_2$	D_4	d_3	D_1	第一系列	第二系列	P	$d_2=D_2$	D_4	d_3	D_1
8	—	1.5	7.25	8.3	6.2	6.5	32	—		29.0	33	25	26
—	9		8.0	9.5	6.5	7	—	34	6	31.0	35	27	28
10	—	2	9.0	10.5	7.5	8	36	—		33.0	37	29	30
—	11		10.0	11.5	8.5	9	—	38		34.5	39	30	31
12	—	3	10.5	12.5	8.5	9	40	—	7	36.5	41	32	33
—	14		12.5	14.5	10.5	11	—	42		38.5	43	34	35
16	—		14.0	16.5	11.5	12	44	—		40.5	45	36	37
—	18	4	16.0	18.5	13.5	14	—	46		42.0	47	37	38
20	—		18.0	20.5	15.5	16	48	—	8	44.0	49	39	40
—	22		19.5	22.5	16.5	17	—	50		46.0	51	41	42
24	—	5	21.5	24.5	18.5	19	52	—		48.0	53	43	44
—	26		23.5	26.5	20.5	21	—	55	9	50.5	56	45	46
28	—		25.5	28.5	22.5	23	60	—		55.5	61	50	51
—	30	6	27.0	31.0	23.0	24	—	65	10	60.0	66	54	55

注:1. 优先选用第一系列的直径。

2. 表中所列的螺距和直径,是优先选择的螺距及与之对应的直径。

附表 8 管螺纹

用螺纹密封的管螺纹

（摘自 GB/T 7306—1987）

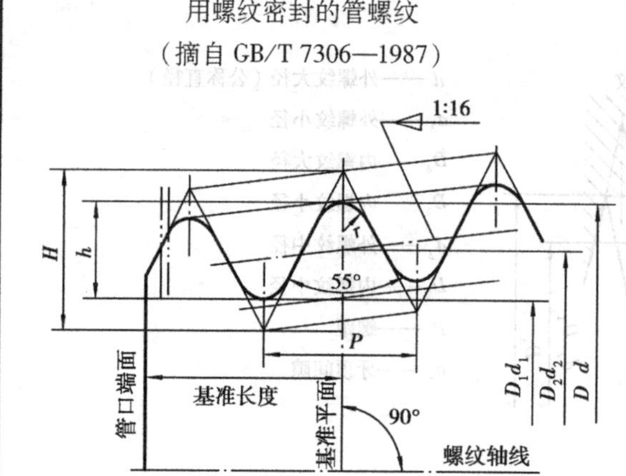

非螺纹密封的管螺纹

（摘自 GB/T 7307—1987）

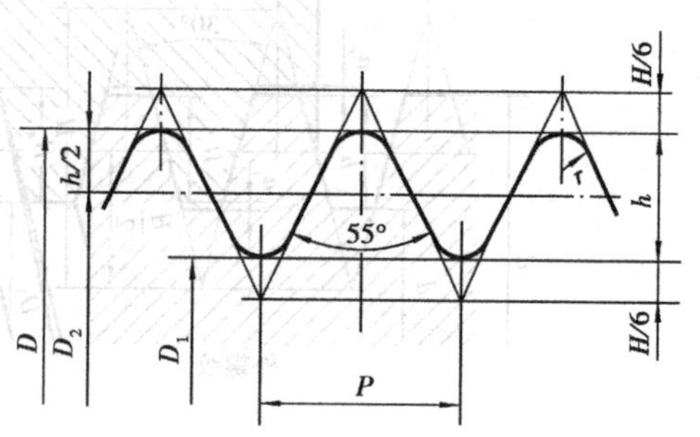

标记示例：

R1½（尺寸代号 1½，右旋圆锥外螺纹）

Rc1¼-LH（尺寸代号 1¼，左旋圆锥内螺纹）

Rp2（尺寸代号 2，右旋圆柱内螺纹）

标记示例：

G1½-LH（尺寸代号 1½，左旋内螺纹）

G1¼A（尺寸代号 1¼，A 级右旋外螺纹）

G2B-LH（尺寸代号 2，B 级左旋外螺纹）

尺寸代号	基面上的直径（GB 7306—1987）基本直径（GB 7307—1987）			螺距 P /mm	牙高 h /mm	圆弧半径 r /mm	每 25.4 mm 内的牙数 n	有效螺纹长度/mm（GB 7306—1987）	基准的基本长度 /mm（GB 7306—1987）
	大径 $d=D$ /mm	中径 $d_2=D_2$ /mm	小径 $d_1=D_1$ /mm						
1/16	7.723	7.142	6.561	0.907	0.581	0.125	28	6.5	4.0
1/8	9.728	9.147	8.566						
1/4	13.157	12.301	11.445	1.337	0.856	0.184	19	9.7	6.0
3/8	16.662	15.806	14.950					10.1	6.4
1/2	20.955	19.793	18.631	1.814	1.162	0.249	14	13.2	8.2
3/4	26.441	25.279	24.117					14.5	9.5
1	33.249	31.770	30.291	2.309	1.479	0.317	11	16.8	10.4
1¼	41.910	40.431	28.952					19.1	12.7
1½	47.803	46.324	44.845						
2	59.614	58.135	56.656					23.4	15.9
2½	75.184	73.705	72.226					26.7	17.5
3	87.884	86.405	84.926					29.8	20.6
4	113.030	111.551	110.072					35.8	25.4
5	138.430	136.951	135.472					40.1	28.6
6	163.830	162.351	160.872						

二、螺栓

附表 9　六角头螺栓(摘自 GB/T 5782—2000、GB/T 5783—2000)

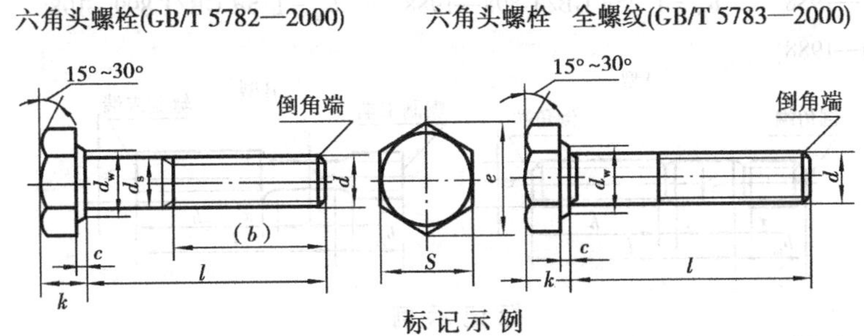

标记示例

螺纹规格 d=M12、公称长度l=80 mm、性能等级为8.8级、表面氧化、产品等级为A级的六角头螺栓:螺栓　GB/T 5782　M12×80

螺纹规格 d=M12、公称长度l=80 mm、性能等级为8.8级、表面氧化、全螺纹、产品等级为A级的六角头螺栓:螺栓　GB/T 5783　M12×80

mm

螺纹规格	d	M4	M5	M6	M8	M10	M12	M16	M20	M24	M30	M36	M42	M48
b 参考	l≤125	14	16	18	22	26	30	38	46	54	66	—	—	—
	125<l≤200	20	22	24	28	32	36	44	52	60	72	84	96	108
	l>200	33	35	37	41	45	49	57	65	73	85	97	109	121
c max		0.4	0.5		0.6			0.8					1	
k max	A	2.925	3.65	4.15	5.45	6.58	7.68	10.18	12.715	15.215	—	—	—	—
	B	3	3.74	4.24	5.54	6.69	7.79	10.29	12.85	15.35	19.12	22.92	26.42	30.42
d_s max		4	5	6	8	10	12	16	20	24	30	36	42	48
s max		7	8	10	13	16	18	24	30	36	46	55	65	75
e min	A	7.66	8.79	11.05	14.38	17.77	20.03	26.75	33.53	39.98	—	—	—	—
	B	7.50	8.63	10.89	14.2	17.59	19.85	26.17	32.95	39.55	50.85	60.79	71.3	82.6
d_w max	A	5.88	6.88	8.88	11.63	14.63	16.63	22.49	28.19	33.61	—	—	—	—
	B	5.74	6.74	8.74	11.47	14.47	16.47	22	27.7	33.25	42.75	51.11	59.95	69.45
l范围	GB/T 5782	25~40	25~50	30~60	40~80	45~100	50~120	65~160	80~200	90~240	110~300	140~360	160~440	180~480
	GB/T 5783	8~40	10~50	12~60	16~80	20~100	25~120	30~150	40~150	50~150	60~200	70~200	80~200	100~200
l系列	GB/T 5782	20~65(5进位)、70~160(10进位)、180~500(20进位)												
	GB/T 5783	8,10,12,16,20~65(5进位),70~160(10进位),180,200												

注:1. P——螺距。末端应倒角,对螺纹规格 d≤M4 为辗制末端(GB/T 2)。

2. 螺纹公差带:6g。

3. 产品等级:A 级用于 d=(1.6~24)mm 和 l≤10d 或≤150 mm(按较小值);B 级用于 d>24 mm 或 l<10d 或>150 mm(按较小值)的螺栓。

三、螺柱

附表 10　双头螺柱(摘自 GB/T 897～900—1988)

$b_m=1d$ GB/T 897—1988　　$b_m=1.25d$ GB/T 898—1988　　$b_m=1.5d$ GB/T 899—1988

$b_m=2d$ GB/T 900—1988

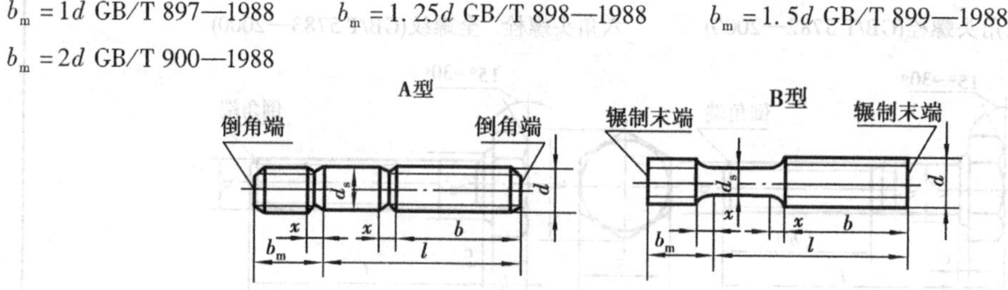

标记示例

两端均为粗牙普通螺纹,$d=10$ mm,$l=50$ mm,性能等级为 4.8 级,B 型,$b_m=1d$:螺柱　GB/T 897 M10×50

旋入一端为粗牙普通螺纹,旋螺母一端为螺距 $P=1$ mm 的细牙普通螺纹,$d=10$ mm,$l=50$ mm,性能等级为 4.8 级,A 型,$b_m=1d$:螺柱　GB/T 897 AM10—M10×1×50

旋入一端为过渡配合的第一种配合,旋螺母一端为粗牙普通螺纹,$d=10$ mm,$l=50$ mm,性能等级为 8.8 级,B 型,$b_m=1d$:螺柱　GB/T 897 BM10—M10×50—8.8

mm

螺纹规格 d		M5	M6	M8	M10	M12	M16	M20	M24	M30	M36	M42	M48
b_m	GB/T 897	5	6	8	10	12	16	20	24	30	36	42	48
	GB/T 898	6	8	10	12	15	20	25	30	38	45	52	60
	GB/T 899	8	10	12	15	18	24	30	36	45	54	63	72
	GB/T 900	10	12	16	20	24	32	40	48	60	72	84	96
d_s		5	6	8	10	12	16	20	24	30	36	42	48
X		1.5 P	1.5 P	1.5 P	1.5 P	1.5 P	1.5 P	1.5 P	1.5 P	1.5 P	1.5 P	1.5 P	1.5 P
$\frac{l}{b}$		$\frac{16\sim22}{10}$ $\frac{25\sim50}{16}$	$\frac{20\sim22}{10}$ $\frac{25\sim30}{14}$ $\frac{32\sim75}{18}$	$\frac{20\sim22}{12}$ $\frac{25\sim30}{16}$ $\frac{32\sim90}{22}$	$\frac{25\sim28}{14}$ $\frac{30\sim38}{16}$ $\frac{40\sim120}{26}$ $\frac{130}{32}$	$\frac{25\sim30}{16}$ $\frac{32\sim40}{20}$ $\frac{45\sim120}{30}$ $\frac{130\sim180}{36}$	$\frac{30\sim38}{20}$ $\frac{40\sim55}{30}$ $\frac{60\sim120}{38}$ $\frac{130\sim200}{44}$	$\frac{35\sim40}{25}$ $\frac{45\sim65}{35}$ $\frac{70\sim120}{46}$ $\frac{130\sim200}{52}$	$\frac{45\sim50}{30}$ $\frac{55\sim75}{45}$ $\frac{80\sim120}{54}$ $\frac{130\sim200}{60}$	$\frac{60\sim65}{40}$ $\frac{70\sim90}{50}$ $\frac{95\sim120}{60}$ $\frac{130\sim200}{72}$ $\frac{210\sim250}{85}$	$\frac{65\sim75}{45}$ $\frac{80\sim110}{60}$ $\frac{120}{78}$ $\frac{130\sim200}{84}$ $\frac{210\sim300}{97}$	$\frac{70\sim80}{50}$ $\frac{85\sim110}{70}$ $\frac{120}{90}$ $\frac{130\sim200}{96}$ $\frac{210\sim300}{109}$	$\frac{80\sim90}{60}$ $\frac{95\sim110}{80}$ $\frac{120}{102}$ $\frac{130\sim200}{108}$ $\frac{210\sim300}{121}$
l(系列)		16,(18),20,(22),25,(28),30,(32),35,(38),40,45,50,(55),60,(65),70,(75),80,(85),90,(95),100,110,120,130,140,150,160,170,180,190,200,210,220,230,240,250,260,280,300											

注:1. 括号内的规格尽可能不采用。

2. P 为螺距。

3. d_s≈螺纹中径(仅适用于 B 型)。

四、螺母

附表 11 六角螺母(摘自 GB/T 6170—2000,GB/T 41—2000)

1 型六角螺母(GB/T 6170—2000) 六角螺母 C 级(GB/T 41—2000)

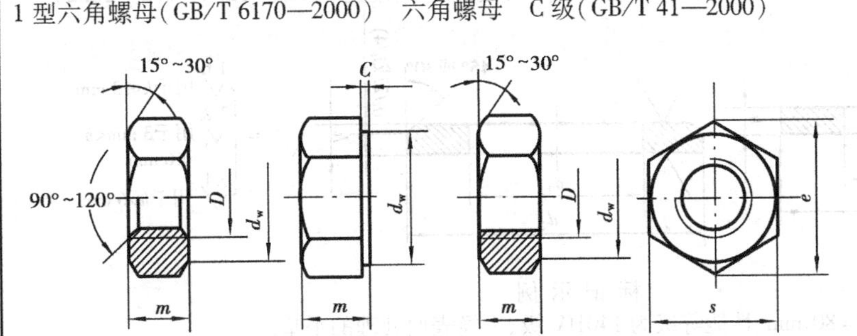

标记示例

螺纹规格 D = M12、性能等级为 10 级、不经表面处理、产品等级为 A 级的 1 型六角螺母:

螺母 GB/T 6170 M12

螺纹规格 D = M12、性能等级为 5 级、不经表面处理、产品等级为 C 级的六角螺母:

螺母 GB/T 41 M12

mm

螺纹规格 D		M4	M5	M6	M8	M10	M12	M16	M20	M24	M30	M36	M42	M48
c max		0.4	0.5		0.6			0.8					1	
s 公称 = max		7	8	10	13	16	18	24	30	36	46	55	65	75
e min	A,B 级	7.66	8.79	11.05	14.38	17.77	20.03	26.75	32.95	39.55	50.85	60.79	71.3	82.6
	C 级	—	8.63	10.89	14.2	17.59	19.85	26.17	32.95	39.55	50.85	60.79	71.3	82.6
m max	A,B 级	3.2	4.7	5.2	6.8	8.4	10.8	14.8	18	21.5	25.6	31	34	38
	C 级	—	5.6	6.4	7.9	9.5	12.2	15.9	19.0	22.3	26.4	31.9	34.9	38.9
d_w min	A,B 级	5.9	6.9	8.9	11.6	14.6	16.6	22.5	27.7	33.3	42.8	51.1	60	69.5
	C 级	—	6.7	8.7	11.5	14.5	16.5	22	27.7	33.3	42.8	51.1	60	69.5

注:1. A 级用于 $D \leqslant 16$ mm 的 1 型六角螺母;B 级用于 $D > 16$ mm 的 1 型六角螺母;C 级用于螺纹规格为 M5 ~ M64 的六角螺母。

2. 螺纹公差:A,B 级为 6H,C 级为 7H;性能等级:A,B 级为 6,8,10 级(钢),A2-50,A2-70,A4-50,A4-70 级(不锈钢),CU2,CU3,AL4 级(有色金属);C 级为 4,5 级。

五、垫圈

附表12 平垫圈（摘自 GB/T 97.1～97.2—2002）

平垫圈 A级（GB/T 97.1—2002）　　平垫圈 倒角型 A级（GB/T 97.2—2002）

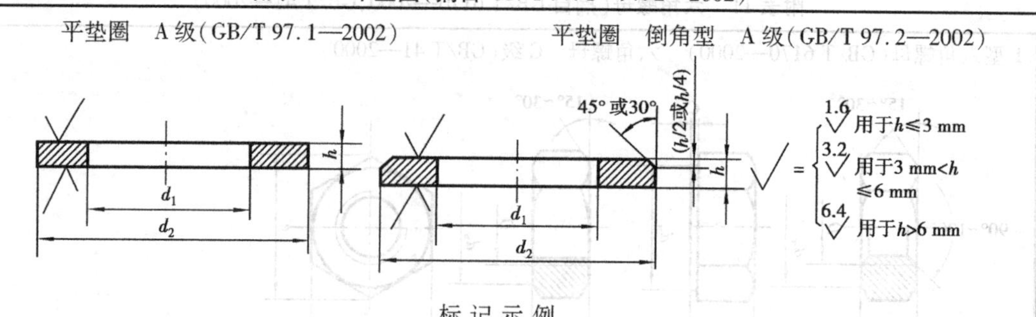

标 记 示 例

标准系列、公称尺寸 $d=80$ mm、性能等级为140HV级、不经表面处理的平垫圈：
垫圈 GB/T 97.1 8

mm

公称规格（螺纹大径 d）	内径 d_1		外径 d_2		厚度 h		
	公称（min）	max	公称（max）	min	公称	max	min
1.6	1.7	1.84	4	3.7	0.3	0.35	0.25
2	2.2	2.34	5	4.7	0.3	0.35	0.25
2.5	2.7	2.84	6	5.7	0.5	0.55	0.45
3	3.2	3.38	7	6.64	0.5	0.55	0.45
4	4.3	4.48	9	8.64	0.8	0.9	0.7
5	5.3	5.48	10	9.64	1	1.1	0.9
6	6.4	6.62	12	11.57	1.6	1.8	1.4
8	8.4	8.62	16	15.57	1.6	1.8	1.4
10	10.5	10.77	20	19.48	2	2.2	1.8
12	13	13.27	24	23.48	2.5	2.7	2.3
16	17	17.27	30	29.48	3	3.3	2.7
20	21	21.33	37	36.38	3	3.3	2.7
24	25	25.33	44	43.38	4	4.3	3.7
30	31	31.39	56	55.26	4	4.3	3.7
36	37	37.62	66	64.8	5	5.6	4.4
42	45	45.62	78	76.8	8	9	7
48	52	52.74	92	90.6	8	9	7
56	62	62.74	105	103.6	10	11	9
64	72	70.74	115	113.6	10	11	9

注：平垫圈 倒角型 A级（GB/T 97.2—2002）用于螺纹规格为M5～M64。

六、螺钉

附表 13　螺钉(摘自 GB/T 65—2000,GB/T 67—2000)

1. 开槽圆柱头螺钉(GB/T 65—2000)

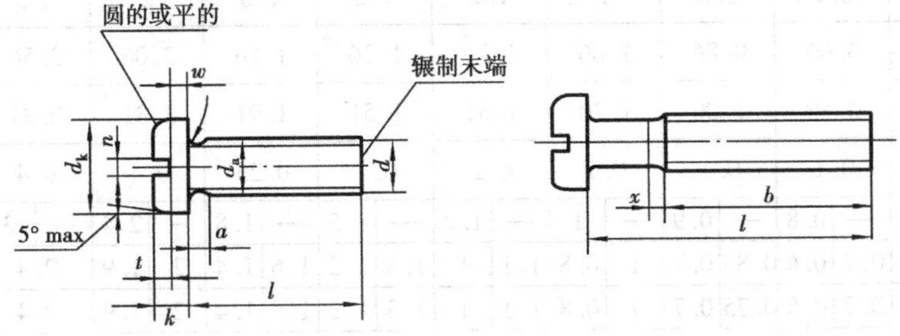

无螺纹部分杆径约等于中径或允许等于螺纹大径

标 记 示 例

螺纹规格 d = M5、公称长度 l = 20 mm、性能等级为 4.8 级、不经表面处理的 A 级开槽圆柱头螺钉:

螺钉 GB/T 65 M5 ×20

2. 开槽盘头螺钉(GB/T 67—2000)

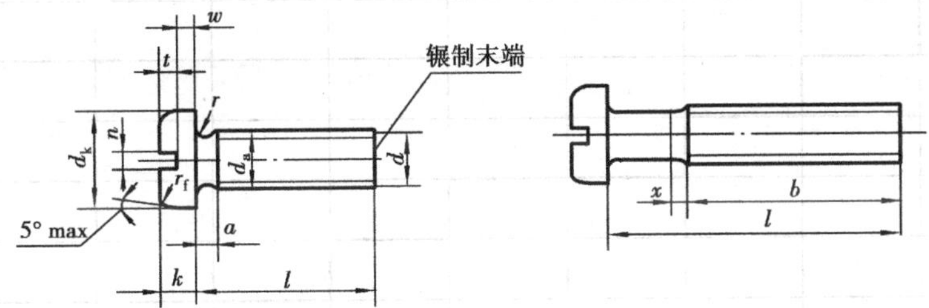

无螺纹部分杆径约等于中径或允许等于螺纹大径

标 记 示 例

螺纹规格 d = M5、公称长度 l = 20 mm、性能等级为 4.8 级、不经表面处理的 A 级开槽盘头螺钉:

螺钉 GB/T 67 M5 ×20

mm

螺纹规格 d		M1.6		M2		M2.5		M3		(M3.5)		M4		M5		M6		M8		M10	
类别		GB/T 65	GB/T 67	GB/T 65	GB/T 67	GB/T 65	GB/T 67	GB/T 65	GB/T 67	GB/T 65	GB/T 67	GB/T 65	GB/T 67	GB/T 65	GB/T 67	GB/T 65	GB/T 67	GB/T 65	GB/T 67	GB/T 65	GB/T 67
P		0.35		0.4		0.45		0.5		0.6		0.7		0.8		1		1.25		1.5	
a max		0.7		0.8		0.9		1		1.2		1.4		1.6		2		2.5		3	
b min		25		25		25		25		38		38		38		38		38		38	
d_k	公称 = max	3.00	3.2	3.80	4.0	4.50	5.0	5.50	5.6	6.00	7.00	7	8	8.5	9.5	10	12	13	16	16	20
	min	2.86	2.9	3.62	3.7	4.32	4.7	5.32	5.3	5.82	6.64	6.78	7.64	8.28	9.14	9.78	11.57	12.73	15.57	15.73	19.48
d_a max		2		2.6		3.1		3.6		4.1		4.7		5.7		6.8		9.2		11.2	
k	公称 = max	1.10	1.00	1.40	1.30	1.80	1.50	2.00	1.80	2.40	2.10	2.6	2.40	3.30	3.00	3.9	3.6	5	4.8	6	
	min	0.96	0.86	1.26	1.16	1.66	1.36	1.86	1.66	2.26	1.96	2.46	2.26	3.12	2.86	3.6	3.3	4.7	4.5	5.7	

续表

螺纹规格 *d*		M1.6		M2		M2.5		M3		(M3.5)		M4		M5		M6		M8		M10	
n	公称	0.4		0.5		0.6		0.8		1		1.2		1.2		1.6		2		2.5	
	min	0.46		0.56		0.66		0.86		1.06		1.26		1.26		1.66		2.06		2.56	
	max	0.60		0.70		0.80		1.00		1.20		1.51		1.51		1.91		2.31		2.81	
r	min	0.1		0.1		0.1		0.1		0.1		0.2		0.2		0.25		0.4		0.4	
r_f	参考	—	0.5	—	0.6	—	0.8	—	0.9	—	1	—	1.2	—	1.5	—	1.8	—	2.4	—	3
t	min	0.45	0.35	0.6	0.5	0.7	0.6	0.85	0.7	1	0.8	1.1	1	1.3	1.2	1.6	1.4	2	1.9	2.4	
w	min	0.4	0.3	0.5	0.4	0.7	0.5	0.75	0.7	1	0.8	1.1	1	1.3	1.2	1.6	1.4	2	1.9	2.4	
x	max	0.9		1		1.1		1.25		1.5		1.75		2		2.5		3.2		3.8	

l 公称	min	max	M1.6	M2	M2.5	M3	(M3.5)	M4	M5	M6	M8	M10
2	1.8	2.2										
2.5	2.3	2.7										
3	2.8	3.2										
4	3.76	4.24										
5	4.76	5.24										
6	5.76	6.24										
8	7.71	8.29		商品								
10	9.71	10.29										
12	11.65	12.35										
(14)	13.65	14.35										
16	15.65	16.35					规格					
20	19.58	20.42										
25	24.58	25.42										
30	29.58	30.42										
35	34.5	35.5									范围	
40	39.5	40.5										
45	44.5	45.5										
50	49.5	50.5										
(55)	54.05	55.95										
60	59.05	60.95										

注:1. 尽可能不采用括号内的规格。

2. *P*——螺距。

3. 公称长度在阶梯虚线以上的螺钉,制出全螺纹($b=l-a$)。

4. 开槽圆柱头螺钉(GB/T 65)无公称长度 $l=2.5$ mm 规格。

七、圆锥销

附表 14　圆锥销(摘自 GB/T 117—2000)

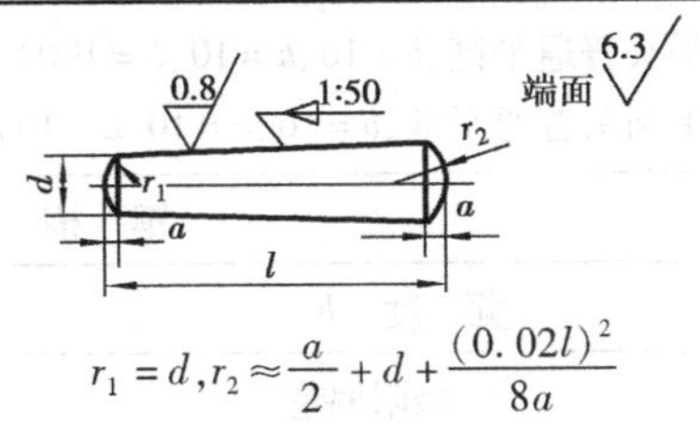

$$r_1 = d, r_2 \approx \frac{a}{2} + d + \frac{(0.02l)^2}{8a}$$

标 记 示 例

公称直径 d = 10 mm、公称长度 l = 60 mm、材料 35 钢,热处理硬度 28 ~ 38 HRC、表面氧化处理的 A 型圆锥销:

销　　GB/T 117　10 × 60

mm

d 公称	2	2.5	3	4	5	6	8	10	12	16	20
a ≈	0.25	0.3	0.4	0.5	0.63	0.8	1	1.2	1.6	2	2.5
l(商品范围)	10 ~ 35		12 ~ 45	14 ~ 55	18 ~ 60	22 ~ 90	22 ~ 120	26 ~ 160	32 ~ 180	40 ~ 200	45 ~ 200
l(系列)	10,12,14,16,18,20,22,24,26,28,30,32,35,40,45,50,55,60,65,70,75,80,85,90,95,100,120,140,160,180,200										

注:1. 公称直径 d 的公差规定为 h10,其他公差如 a11,c11 和 f8 由供需双方协议。

2. 圆锥销有 A 型和 B 型。A 型为磨削,锥面 R_a = 0.8 μm;B 型为切削或冷镦,锥面 R_a = 3.2 μm。

3. 公称长度 l 大于 200 mm,按 20 mm 递增。

八、键

附表 15　平键及键槽各部尺寸(摘自 GB/T 1095 ~ 1096—1979)(1990 年确认有效)　(mm)

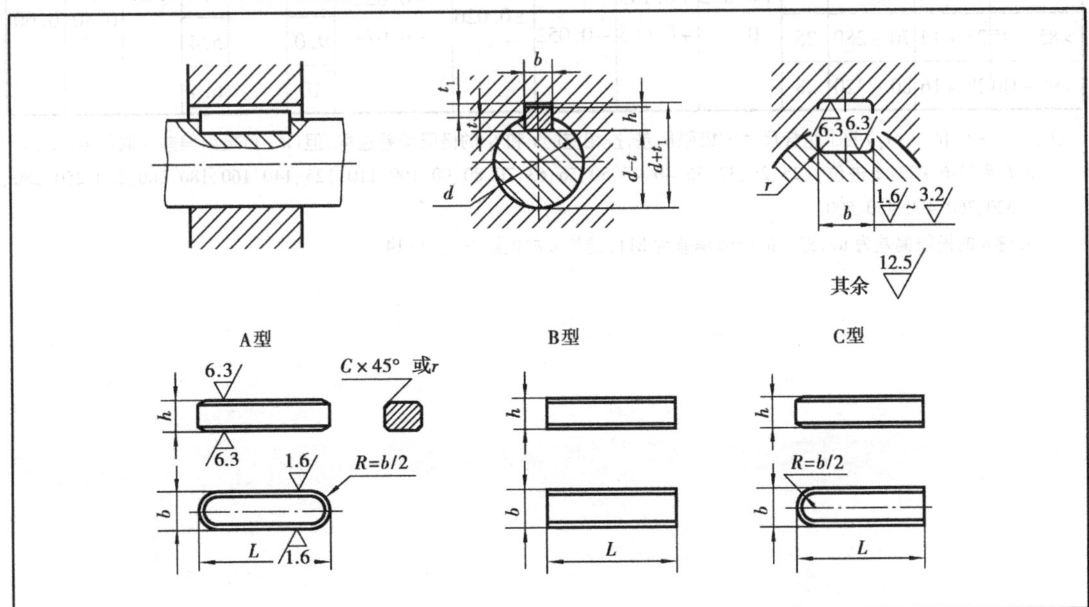

续表

标记示例：

键 16×100GB/T 1096—1979（圆头普通平键、$b=16$、$h=10$、$L=100$）

键 B16×100GB/T 1096—1979（平头普通平键、$b=16$、$h=10$、$L=100$）

键 C16×100GB/T 1096—1979（单圆头普通平键、$b=16$、$h=10$、$L=10$）

轴	键		键槽											
公称直径 d	公称尺寸 $b\times h$（h9）	长度 L（h11）	宽度 b						深度				半径 r	
			公称尺寸 b	极限偏差					轴 t		毂 t_1			
				较松键连接		一般键连接		较紧键连接	公称尺寸	极限偏差	公称尺寸	极限偏差		
				轴 H9	毂 D10	轴 N9	毂 JS9	轴和毂 P9					最大	最小
>10~12	4×4	8~45	4						2.5		1.8		0.08	0.16
>12~17	5×5	10~56	5	+0.030 0	+0.078 +0.030	0 −0.030	±0.015	−0.012 −0.042	3.0	+0.1 0	2.3	+0.1 0		
>17~22	6×6	14~70	6						3.5		2.8		0.16	0.25
>22~30	8×7	18~90	8	+0.036 0	+0.098 +0.040	0 −0.036	±0.018	−0.015 −0.051	4.0		3.3			
>30~38	10×8	22~110	10						5.0		3.3			
>38~44	12×8	28~140	12						5.0		3.3			
>44~50	14×9	36~160	14	+0.043 0	+0.120 +0.050	0 −0.043	±0.022	−0.018 −0.061	5.5		3.8		0.25	0.40
>50~58	16×10	45~180	16						6.0	+0.2 0	4.3	+0.2 0		
>58~65	18×11	50~200	18						7.0		4.4			
>65~75	20×12	56~220	20						7.5		4.9			
>75~85	22×14	63~250	22	+0.052 0	+0.149 +0.065	0 −0.052	±0.026	−0.022 −0.074	9.0		5.4		0.40	0.60
>85~95	25×14	70~280	25						9.0		5.4			
>95~110	28×16	80~320	28						10		6.4			

注：1. $(d-t)$ 和 $(d+t_1)$ 两个组合尺寸的极限偏差，按相应的 t 和 t_1 的极限偏差选取，但 $(d-t)$ 极限偏差应取负号（−）。

2. L 系列：6~22（2 进位）、25、28、32、36、40、45、50、56、63、70、80、90、100、110、125、140、160、180、200、220、250、280、320、360、400、450、500。

3. 键 b 的极限偏差为 h9，键 h 的极限偏差为 h11，键长 L 的极限偏差为 h14。

附表 16　半圆键(下列标准 1990 年确认有效)　(mm)

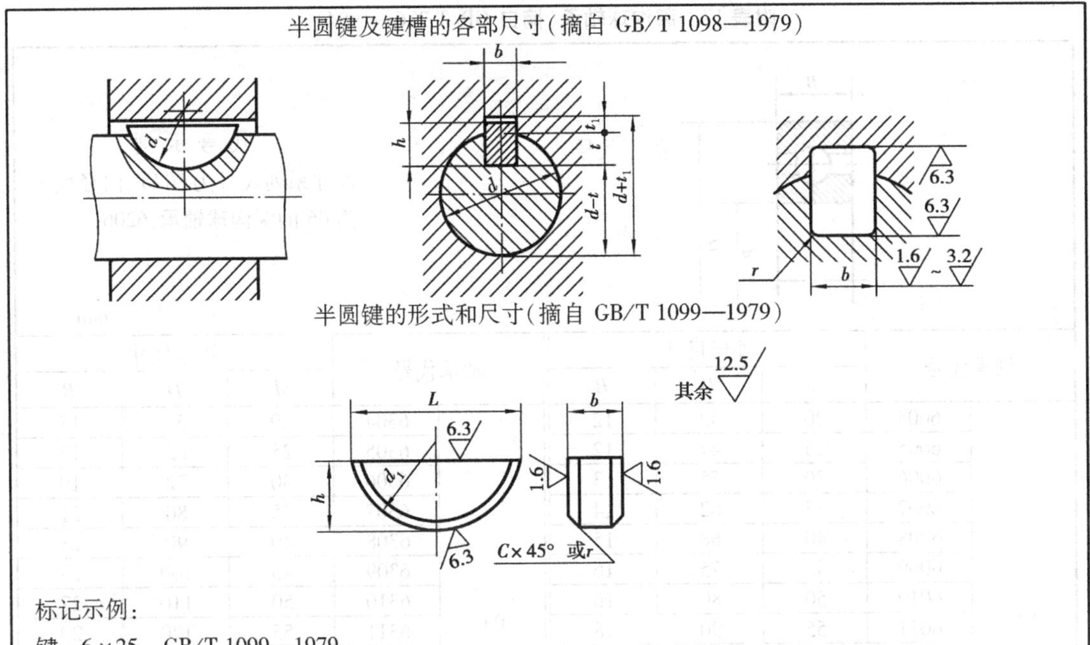

标记示例:

键　6×25　GB/T 1099—1979

(半圆键、$b=16$、$h=10$、$L=100$)

轴径 d		键			键槽							
		公称尺寸	其他尺寸		槽宽 b			深度				半径 r
					极限偏差			轴 t		毂 t_1		
键传递扭矩用	键定位用	$b\times h\times d1$ (h9)(h11)(h12)	$L\approx$	c	一般键连接		较紧键连接	公称尺寸	极限偏差	公称尺寸	极限偏差	
					轴 N9	毂 JS9	轴和毂 P9					
>8~10	>12~15	3×5×13	12.7	0.16~0.25	-0.004 -0.029	±0.012	-0.006 0.031	3.8	+0.2 0	1.4	+0.1 0	0.08~0.16
>10~12	>15~18	3×6.5×16	15.7					5.3				0.16~0.25
>12~14	>18~20	4×6.5×16		0.25~0.4	0 -0.030	±0.015	-0.012 -0.042	5		1.8		
>14~16	>20~22	4×7.5×19	18.6					6				
>16×18	>22~25	5×6.5×16	15.7					4.5		2.3		
>18~20	>25~28	5×7.5×19	18.6					5.5				
>20~22	>28~32	5×9×22	21.6					7		2.8		
>22~25	>32~36	6×9×22						6.5				
>25~28	>36~40	6×10×25	24.5					7.5	+0.3 0		+0.2 0	0.25~0.4
>28~32	40	8×11×28	27.4	0.4~0.6	0 -0.036	±0.018	-0.015 -0.051	8		3.3		
>32~38	—	10×13×32	31.4					10				

注:$(d-t)$和$(d+t_1)$两个组合尺寸的极限偏差,按相应的 t 和 t_1 的极限偏差选取,但$(d-t)$极限偏差应取负号(-)。

九、滚动轴承

附表 17　深沟球轴承(摘自 GB/T 276—1994)

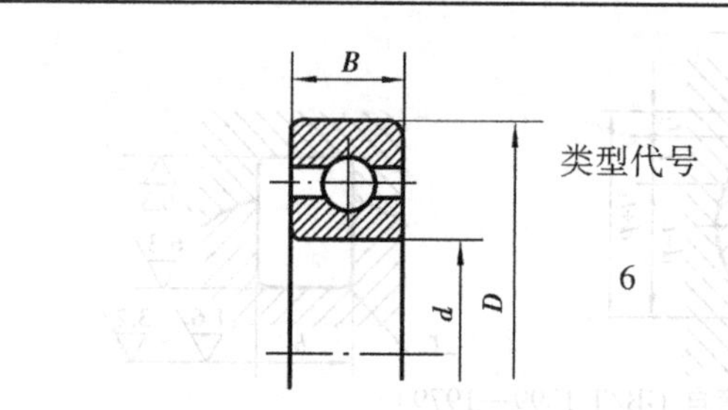

代 号 示 例

尺寸系列代号为(02)、内径代号为 06 的深沟球轴承:6206

mm

轴承代号		外形尺寸			轴承代号		外形尺寸		
		d	*D*	*B*			*d*	*D*	*B*
01系列	6004	20	42	12	03系列	6304	20	52	15
	6005	25	47	12		6305	25	62	17
	6006	30	55	13		6306	30	72	19
	6007	35	62	14		6307	35	80	21
	6008	40	68	15		6308	40	90	23
	6009	45	75	16		6309	45	100	25
	6010	50	80	16		6310	50	110	27
	6011	55	90	18		6311	55	120	29
	6012	60	95	18		6312	60	130	31
	6013	65	100	18		6313	65	140	33
	6014	70	110	20		6314	70	150	35
	6015	75	115	20		6315	75	160	37
	6016	80	125	22		6316	80	170	39
	6017	85	130	22		6317	85	180	41
	6018	90	140	24		6318	90	190	43
	6019	95	145	24		6319	95	200	45
	6020	100	150	24		6320	100	215	47
02系列	6204	20	47	14	04系列	6404	20	72	19
	6205	25	52	15		6405	25	80	21
	6206	30	62	16		6406	30	90	23
	6207	35	72	17		6407	35	100	25
	6208	40	80	18		6408	40	110	27
	6209	45	85	19		6409	45	120	29
	6210	50	90	20		6410	50	130	31
	6211	55	100	21		6411	55	140	33
	6212	60	110	22		6412	60	150	35
	6213	65	120	23		6413	65	160	37
	6214	70	125	24		6414	70	180	42
	6215	75	130	25		6415	75	190	45
	6216	80	140	26		6416	80	200	48
	6217	85	150	28		6417	85	210	52
	6218	90	160	30		6418	90	225	54
	6219	95	170	32		6419	95	240	55
	6220	100	180	34		6420	100	250	58

附表 18　圆锥滚子轴承(摘自 GB/T 297—1994)

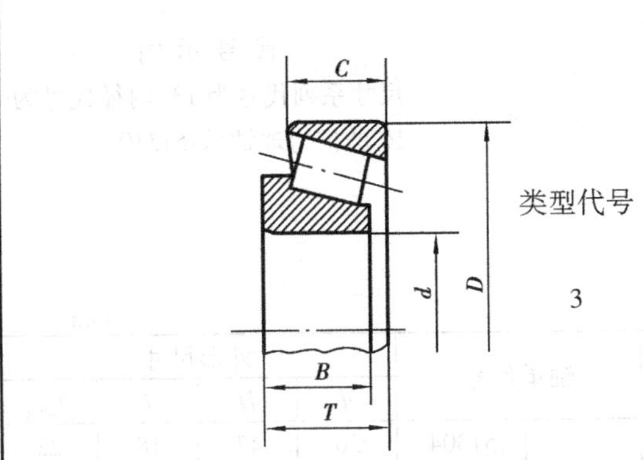

代 号 示 例

尺寸系列代号为 03、内径代号为 12 的圆锥滚子轴承:30312

mm

轴承代号		外形尺寸				
		d	D	T	B	C
02系列	30204	20	47	15.25	14	12
	30205	25	52	16.25	15	13
	30206	30	62	17.25	16	14
	30207	35	72	18.25	17	15
	30208	40	80	19.75	18	16
	30209	45	85	20.75	19	16
	30210	50	90	21.75	20	17
	30211	55	100	22.75	21	18
	30212	60	110	23.75	22	19
	30213	65	120	24.75	23	20
	30214	70	125	26.25	24	21
	30215	75	130	27.25	25	22
	30216	80	140	28.25	26	22
	30217	85	150	30.50	28	24
	30218	90	160	32.50	30	26
	30219	95	170	34.50	32	27
	30220	100	180	37	34	29
03系列	30304	20	52	16.25	15	13
	30305	25	62	18.25	17	15
	30306	30	72	20.75	19	16
	30307	35	80	22.75	21	18
	30308	40	90	25.25	23	20
	30309	45	100	27.25	25	22
	30310	50	110	29.25	27	23
	30311	55	120	31.50	29	25
	30312	60	130	33.50	31	26
	30313	65	140	36	33	28
	30314	70	150	38	35	30
	30315	75	160	40	37	31
	30316	80	170	42.50	39	33
	30317	85	180	44.50	41	34
	30318	90	190	46.50	43	36
	30319	95	200	49.50	45	38
	30320	100	215	51.50	47	39

轴承代号		外形尺寸				
		d	D	T	B	C
22系列	32204	20	47	19.25	18	15
	32205	25	52	19.25	18	16
	32206	30	62	21.25	20	17
	32207	35	72	24.25	23	19
	32208	40	80	24.75	23	19
	32209	45	85	24.75	23	19
	32210	50	90	24.75	23	19
	32211	55	100	26.75	25	21
	32212	60	110	29.75	28	24
	32213	65	120	32.75	31	27
	32214	70	125	33.25	31	27
	32215	75	130	33.25	31	27
	32216	80	140	35.25	33	28
	32217	85	150	38.50	36	30
	32218	90	160	42.50	40	34
	32219	95	170	45.50	43	37
	32220	100	180	49	46	39
23系列	32304	20	52	22.25	21	18
	32305	25	62	25.25	24	20
	32306	30	72	28.75	27	23
	32307	35	80	32.75	31	25
	32308	40	90	35.25	33	27
	32309	45	100	38.25	36	30
	32310	50	110	42.25	40	33
	32311	55	120	45.50	43	35
	32312	60	130	48.50	46	37
	32313	65	140	51	48	39
	32314	70	150	54	51	42
	32315	75	160	58	55	45
	32316	80	170	61.50	58	48
	32317	85	180	63.50	60	49
	32318	90	190	67.50	64	53
	32319	95	200	71.50	67	55
	32320	100	215	77.50	73	60

附表19 推力球轴承(摘自GB/T 301—1995)

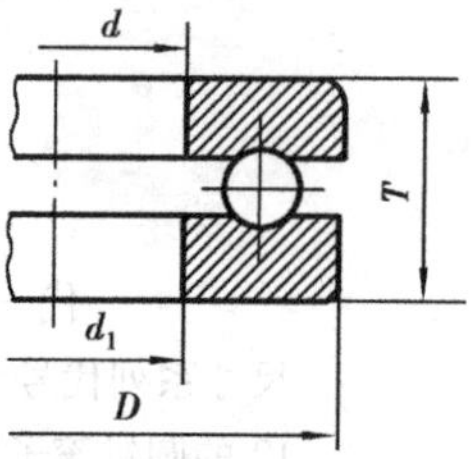

d T d_1 D

类型代号

5

代 号 示 例

尺寸系列代号为13、内径代号为10的推力球轴承:51310

mm

轴承代号		外形尺寸				轴承代号		外形尺寸			
		d	D	T	d_{1min}			d	D	T	d_{1min}
11系列	51104	20	35	10	21	13系列	51304	20	47	18	22
	51105	25	42	11	26		51305	25	52	18	27
	51106	30	47	11	32		51306	30	60	21	32
	51107	35	52	12	37		51307	35	68	24	37
	51108	40	60	13	42		51308	40	78	26	42
	51109	45	65	14	47		51309	45	85	28	47
	51110	50	70	14	52		51310	50	95	31	52
	51111	55	78	16	57		51311	55	105	35	57
	51112	60	85	17	62		51312	60	110	35	62
	51113	65	90	18	67		51313	65	115	36	67
	51114	70	95	18	72		51314	70	125	40	72
	51115	75	100	19	77		51315	75	135	44	77
	51116	80	105	19	82		51316	80	140	44	82
	51117	85	110	19	87		51317	85	150	49	88
	51118	90	120	22	92		51318	90	155	50	93
	51120	100	135	25	102		51320	100	170	55	103
12系列	51204	20	40	14	22	14系列	51405	25	60	24	27
	51205	25	47	15	27		51406	30	70	28	32
	51206	30	52	16	32		51407	35	80	32	37
	51207	35	62	18	37		51408	40	90	36	42
	51208	40	68	19	42		51409	45	100	39	47
	51209	45	73	20	47		51410	50	110	43	52
	51210	50	78	22	52		51411	55	120	48	57
	51211	55	90	25	57		51412	60	130	51	62
	51212	60	95	26	62		51413	65	140	56	68
	51213	65	100	27	67		51414	70	150	60	73
	51214	70	105	27	72		51415	75	160	65	78
	51215	75	110	27	77		51416	80	170	68	83
	51216	80	115	28	82		51417	85	180	72	88
	51217	85	125	31	88		51418	90	190	77	93
	51218	90	135	35	93		51420	100	210	85	103
	51220	100	150	38	103		51422	110	230	95	113

参考文献

[1] 王幼龙. 机械制图[M]. 2 版. 北京:高等教育出版社,2005.
[2] 钱可强. 工程制图基础[M]. 北京:高等教育出版社,2004.
[3] 刘伟. 机械制图与公差[M]. 北京:高等教育出版社,2003.
[4] 陆叔华. 土木建筑制图[M]. 北京:高等教育出版社,2004.
[5] 韩湘,谢敏. 机械制图[M]. 北京:高等教育出版社,2002.
[6] 危道军. 土木建筑制图[M]. 北京:高等教育出版社,2002.
[7] 韩玉秀. 化工制图[M]. 北京:高等教育出版社,2001.
[8] 胡建生. 化工制图[M]. 北京:高等教育出版社,2001.
[9] 金大鹰. 机械制图[M]. 北京:机械工业出版社,2003.
[10] 机械工业职业技能鉴定指导中心. 机械识图[M]. 北京:机械工业出版社,2004.
[11] 赵香梅. 机械常识与识图[M]. 北京:机械工业出版社, 2004.
[12] 顾兆宁,陶建东. 机械制图与 AutoCAD[M]. 2002.
[13] 张潮. 机械制图[M]. 北京:机械工业出版社, 2004.
[14] 沈学勤,李世维. 极限配合与技术测量[M]. 北京:高等教育出版社,2008.